Verkehrssicherung

Von Professor Dr.-Ing. Hans Fricke
und Professor Dr.-Ing. Klaus Pierick
Institut für Verkehr, Eisenbahnwesen und Verkehrssicherung
der Technischen Universität Braunschweig
IVV Ingenieurgesellschaft für Verkehrsplanung
und Verkehrssicherung GmbH, Braunschweig

Mit 82 Bildern und 2 Tabellen

B. G. Teubner Stuttgart 1990

CIP-Titelaufnahme der Deutschen Bibliothek

Fricke, Hans:
Verkehrssicherung: von Hans Fricke u. Klaus Pierick. —
Stuttgart: Teubner, 1990
  ISBN-13: 978-3-322-87188-6   e-ISBN-13: 978-3-322-87187-9
  DOI: 10.1007/978-3-322-87187-9
NE: Pierick, Klaus:

© B. G. Teubner Stuttgart 1990
Softcover reprint of the hardcover 1st edition 1990

Umschlaggestaltung: Peter Pfitz, Stuttgart

Vorwort

Die Einführung der elektronischen Datenverarbeitung hat in allen sachproduzierenden und allen dienstleistenden Prozessen tiefgreifende Veränderungen bewirkt. Diese Entwicklung hat zwar im Verkehr relativ spät und zunächst vor allem bei den öffentlichen Verkehrsmitteln eingesetzt, ihre Vorteile zeichnen sich jedoch auch hier inzwischen deutlich ab. Insbesondere hat das Durchdenken der Einsatzmöglichkeiten für die elektronische Datenverarbeitung dazu geführt, daß die Verkehrs- und Transportmittel in zunehmendem Maße als prozeßgeregelte Gesamtsysteme begriffen werden. Die ordnende und strukturierende Beschäftigung mit dem Gesamtsystem Verkehr hat, insbesondere unter dem Gesichtspunkt der elektronischen Steuerungs- und Regelungsmöglichkeiten der Systeme, auch dazu geführt, daß die praktizierte Sicherungsmethodik des Verkehrs, insbesondere die des öffentlichen Verkehrs, einer systematischen Analyse mit dem Ziel der Fortschreibung in die Technologiegeneration der Elektronik unterzogen werden mußte. Aus zahlreichen Forschungsarbeiten und den ersten Anwendungen der hierbei erzielten Ergebnisse in der Praxis ist inzwischen ein Erfahrungsschatz herangereift, der mit dem vorliegenden Werk als Stand der Technik auf dem Gebiet der Verkehrssicherung veröffentlicht werden kann.

Auch dieses Werk beschäftigt sich vorwiegend mit den Methoden zur Sicherung des öffentlichen Verkehrs, weil sich dessen Prozeßlogik derzeit noch am ehesten technisch objektivierend nachbilden läßt. Ehe sich im Individualverkehr technisch organisierte Prozeßregelungen zur Realisierung anbieten, ist sicher noch eine erhebliche Steigerung der Leistungsfähigkeit in der elektronischen Datenverarbeitung erforderlich. Immerhin würden sich die in diesem Werk erarbeiteten Grundsätze der Verkehrssicherung auch auf einen technisierten oder automatisierten Individualverkehr übertragen lassen; sie könnten sogar heute schon wichtige Entwicklungslinien für ein derartiges Konzept aufzeigen.

Der Inhalt des Werkes baut auf den Grundgedanken von Professor Dr.-Ing. Hermann Lagershausen, Direktor des Institutes für Verkehr, Eisenbahnwesen und Verkehrssicherung der damaligen Technischen Hochschule von 1951 bis 1970, auf. An der forschenden Weiterentwicklung der theoretischen Grundlagen waren, und sind sicher auch noch weiterhin, maßgeblich zunächst die Mitarbeiter des obengenannten Institutes mit zahlreichen Forschungsberichten, Veröffentlichungen und Dissertationen beteiligt.

Für die Finanzierung dieser Arbeiten konnten die Grundausstattung des Institutes durch das Land Niedersachsen sowie auch maßgebliche niedersächsische Sondermittel der „Stiftung Volkswagenwerk" in Anspruch genommen werden. Die Deutsche Forschungsgemeinschaft ermöglichte mit der Finanzierung von Einzelvorhaben die Lösung von wichtigen Sonderproblemen. An den vom Bundesministerium für Forschung und Technologie im Verkehr geförderten Forschungsprojekten konnten die erzielten Forschungsergebnisse auf die praktischen Bedürfnisse eingestellt werden, ehe sie nun, als zum Stand der Technik gehörig, vorgestellt werden konnten.

Braunschweig, im April 1990   Hans Fricke   Klaus Pierick

Inhalt

1 Verkehrssicherheit

Das Wort „Verkehrssicherheit" wird in der fachlichen Diskussion in widersprüchlichen Bedeutungen benutzt. Eine gewisse Einheitlichkeit besteht lediglich darin, daß man meist unter diesem Wort eine bestimmte Zahlenangabe zu Schadensereignissen aus der Unfallstatistik versteht, mit der Situationen in einzelnen Verkehrssystemen, wie im Straßenverkehr oder bei der Deutschen Bundesbahn, aber auch in regionalen Abgrenzungen, wie für die Bundesrepublik Deutschland oder auch die Stadt Remscheid, gekennzeichnet werden sollen. In dieser Absicht werden einerseits die absoluten Zahlen aus der Statistik abgelesen, in dem man beispielsweise mehr oder weniger willkürlich eine bestimmte Anzahl von Verkehrstoten anführt, oder es werden die Schadensereignisse zu ausgewählten Leistungsmerkmalen, z. B. zu den geleisteten Personenkilometern in Beziehung gesetzt. Insgesamt kann man feststellen, daß es keine einheitlich vereinbarte und begründete Kennzeichnung oder Kennzeichnungsmethodik gibt, um die Sicherheit im Verkehr als Auswertung der Unfallstatistik objektiv angeben oder vergleichen zu können. Es ist beinahe immer möglich, aus den Kombinationsmöglichkeiten von Schadensereignissen und Leistungsmerkmalen eine auszuwählen, mit der eine bestimmte These zum Verkehrsgeschehen zahlenmäßig unterstützt wird. Wenn man überhaupt den Versuch vergleichender und auswertbarer Zahlenangaben zum Unfallgeschehen im Verkehr machen will, ist es erforderlich, eine Vielzahl von Voraussetzungen anzugeben, unter denen die jeweilige Betrachtung Gültigkeit besitzt.

In diesem Buch soll zwar nicht der Versuch gemacht werden, diese Verständnisvielfalt zur Verkehrssicherheit in der Art eines Vorschriftenwerkes zu vereinheitlichen. Damit aber, zumindest im Rahmen dieses Werkes, die Beziehungen zwischen den verschiedenen Darstellungsebenen in lehrbuchmäßiger Darstellung klar bleiben, sollen im nachstehenden einige Begriffe erläuternd vorangestellt werden.

1.1 Begriffe

1.1.1 Verkehr

Unter dem Begriff „Verkehr" werden zunächst allgemein alle Arten und Formen sozialer Kontakte verstanden [1]. Insbesondere umfaßt dieser Begriff jedoch Beziehungen, die durch die Raumüberwindung von Personen, Gütern und Nachrichten hergestellt werden [1], [2], [3].
Die Raumüberwindung von Personen, Sachen und Nachrichten wird im Prinzip durch ihren zeitlichen Bewegungsablauf zwischen Ausgangsort und Zielort

beschrieben, wobei jedoch im allgemeinen der Nachrichtenverkehr als immaterielle Raumüberwindung betrachtet wird [4]. Unter Beschränkung auf die materielle Raumüberwindung gilt damit zunächst:

– Verkehr ist die Summe aller Ortsveränderungen von Personen und Sachen in Abhängigkeit von der Zeit.

Die Summe aller Ortsveränderungen in einem unendlich großen Raum kann ebenfalls nur unendlich sein. Damit die Definition faßbar werde, gehört somit die Angabe eines Betrachtungsraumes hinzu [5]:

– Verkehr ist die Summe aller Ortsveränderungen von Personen und Sachen innerhalb eines Betrachtungsraumes in Abhängigkeit von der Zeit [6].

Die Ortsveränderungen vollzogen sich nur in den Urzeiten der Menschheit völlig unorganisiert. Seitdem sind komplizierte technische und organisatorische Hilfsmittel mit dem ausschließlichen Ziel entwickelt worden, Ortsveränderungen zu erleichtern. Die sinnvolle Zuordnung von Mitteln zur Erreichung eines bestimmten Zwecks wird als „System" definiert [4]. Folglich muß die Zuordnung von Mitteln zur Ermöglichung von Ortsveränderungen als „Verkehrssystem" bezeichnet werden. Angesprochen sind unter dieser Bezeichnung im Prinzip alle technischen und organisatorischen Teile des Verkehrsraumes – des Betrachtungsraumes im Sinne der Definition des Verkehrs – in ihrer gegenseitigen Abhängigkeit. Der Begriff des „Verkehrssystems" bezieht sich somit auf den „Verkehrsraum".

Die Elemente, die in einem System zur Erreichung eines bestimmten Zwecks einander zugeordnet sind, können selbst Systemcharakter haben, wenn das Zusammenwirken der Elemente eines derartigen Subsystems von den Elementen anderer Subsysteme genügend abgetrennt ist [4], [6].

In Verkehrssystemen ergibt sich eine natürliche Unabhängigkeit der Elemente aus den unterschiedlichen Transporttechnologien, so daß man hiernach Subverkehrssysteme für den gleichen Verkehrsraum wie Straßenverkehr, Schienenverkehr oder Luftverkehr unterscheiden kann.

Eine weitere Subsystemgliederung für Verkehrssysteme läßt sich anhand der wirtschaftlichen Organisationsformen wie Luftverkehrsunternehmen, Reedereien oder Straßenbahngesellschaften finden. Organisatorische Subsysteme sind im allgemeinen gleichzeitig Untergliederungen der technologischen Subsysteme. Sie können in Ausnahmefällen auch mehrere Technologiebereiche enthalten, wie z. B. bei Nahverkehrs-Verbund-Systemen in Ballungsräumen mit Straßen-, Schienen- und auch Wassertransport.

Je nach den zu behandelnden Problemen lassen sich verschiedene Subsystemgliederungen für das Gesamt-Verkehrssystem eines Raums entwerfen. Bei der Betrachtung wirtschaftlicher Probleme beispielsweise sind die Verflechtungen in einem Nahverkehrs-Verbund-System so eng, daß es ohne Rücksicht auf die unterschiedlichen Technologien als ein Sub-Verkehrssystem betrachtet werden muß. Bei den hier zu diskutierenden Themen der Verkehrssicherheit jedoch spielen die wirtschaftlichen Systemverflechtungen keine Rolle, während ausschlaggebend sicherlich die technologischen Aspekte sein dürften, so daß eine Subsystemgliederung nach den Transporttechnologien vorzunehmen wäre.

Die technologischen Subsysteme lassen sich wiederum nach den verschiedenen Verkehrsaufgaben unterteilen, die zum Teil auch zu Variationen nach Ausbildungsform und Belastbarkeit der Grundtechnologie führen kann. Beispielsweise unterscheidet sich im Schienenverkehr eines Verkehrsraumes die Grundtechnologie „Mechanische Spurführung mit Spurkranzrad und Schiene" aus den Transportaufgaben heraus nach den Untersystemen Schienenfernverkehr, Stadtbahnverkehr und Straßenbahnverkehr. Ähnliche Untergliederungen lassen sich — wenn auch nicht mit gleicher Deutlichkeit — für die anderen technologischen Subsysteme Straßenverkehr, Luftverkehr und Schiffsverkehr entwerfen.

Die natürliche Entwicklung zu der heute vorhandenen technologischen Gliederung der Verkehrssysteme dokumentiert sich vor allem in der Gesetzgebung. Es läßt sich zwar möglicherweise neben diesen juristischen Gliederungen eine objektiver begründbare technisch-systematische Aufteilung der Subsysteme finden; da später jedoch die technischen Zusammenhänge auch unter juristischen Aspekten zu analysieren sein werden, sollen den nachstehenden Betrachtungen die heute gültigen Untergliederungen zugrunde gelegt werden, wie sie in den nachstehenden Gesetzen und zugehörigen Rechtsverordnungen festgelegt sind:

— Luftverkehrsgesetz (LuftVG),

— Allgemeines Eisenbahngesetz (AEG),

— Personenbeförderungsgesetz (PbefG),

— Straßenverkehrsgesetz (StVG),

— Bundesbahngesetz (BbG).

— u. a.

Die Verkehrssysteme, die sich innerhalb der genannten gesetzlichen Bereiche entwickelt haben, benutzen zur Gewährleistung der erforderlichen Sicherheit die Fähigkeiten von Menschen in Verbindung mit technischen Hilfen, wobei der Umfang der technischen Unterstützung bei den verschiedenen Systemen sehr unterschiedlich ist.

So kennen beispielsweise die Verkehrssysteme nach dem Luftverkehrsgesetz, dem Straßenverkehrsgesetz, nach dem Binnenschiffahrtsgesetz und teilweise nach dem Personenbeförderungsgesetz den weitgehend allein verantwortlichen Fahrzeugführer, während nach dem Bundesbahngesetz und den für U-Bahnen gültigen Teil des Personenbeförderungsgesetzes der Fahrzeugführer in weitem Umfang auf technische Hilfen angewiesen ist und die Sicherheitsverantwortung über die Technik mit anderen Personen teilt.

Im Prinzip bemühen sich jedoch alle Verkehrssysteme aus den verschiedensten Gründen, von der Steigerung der Sicherheit bis zur Verbesserung des wirtschaftlichen Erfolges, anstelle der von Menschen ausgeführten Funktionen technische

Hilfen einzuführen. Wenn auch die Prinzipien der Sicherheit im Verkehr nicht von der Art der Funktionsausführung, ob menschlich oder technisch, abhängen, so lassen sie sich jedoch am deutlichsten an den technischen Einrichtungen analysieren.

Hieraus wiederum folgt, daß sich zur Darstellung der Sicherheitsgesetzmäßigkeiten diejenigen Verkehrssysteme am besten eignen, bei denen der Technisierungsgrad gegenüber anderen am weitesten fortgeschritten ist. Hierzu gehören, infolge der entsprechenden physikalischen Voraussetzungen, die Verkehrssysteme des spurgeführten Verkehrs.

Die nachstehenden Ausführungen gehen vor diesem Hintergrund von den spurgeführten Verkehrssystemen nach dem Allgemeinen Eisenbahngesetz [7] aus. Die dargestellten Grundsätze und auch Einzelrealisierungen lassen sich durch Analogieschluß ohne weiteres auf andere Verkehrssysteme übertragen.

1.1.2 Sicherheit

Im allgemeinen Sprachgebrauch versteht man, den Definitionen deutscher Nachschlagewerke folgend, unter dem Begriff „Sicherheit" objektiv den Zustand der Gefahrlosigkeit [8], [9], [10]. Auch subjektiv wird „Sicherheit" als der Zustand empfunden, in dem man vor möglichen Gefahren geschützt ist. Aus dem Urtrieb nach Erhaltung des Lebens abgeleitet, strebt der Mensch danach, den Zustand der Sicherheit zu erreichen und ständig zu erhalten. Dieses allgemeine, natürliche Sicherheitsstreben richtet sich gegen jede Bedrohung der menschlichen Existenz im weitesten Sinne.

Es hat in seinem jahrhundertelangen Wirken, vor allem gegen die Bedrohung der Menschen untereinander, allgemein gültige Rechts- und Pflichtsnormen entstehen lassen, die ihren jüngsten Ausdruck in den individuellen Menschen- und Bürgerrechten rechtsstaatlicher Demokratien finden.

Der Erfüllung des menschlichen Wunsches, grundsätzlich und dauernd in Sicherheit leben zu wollen, steht das Naturgesetz der Unvollkommenheit und der Vergänglichkeit entgegen. Sicherheit als Dauerzustand der Gefahrlosigkeit kann zwar angestrebt werden, erreichbar ist sie nicht.

In der objektiven Deutung des Begriffes Sicherheit als Zustand sind implizit zwei Einschränkungen in diesem Sinne bereits enthalten. Einmal bezieht sich ein Zustand sicherlich auf einen abgegrenzten Raum, neben dem andere Räume in anderen Zuständen existieren können. Zum zweiten kann ein Zustand auch zeitlich begrenzt sein, d. h. auf die Sicherheit angewandt: der Zustand der Gefahrlosigkeit in einem Betrachtungsraum wird zu einem bestimmten Zeitpunkt erreicht, findet aber zu einem anderen bestimmten Zeitpunkt auch wieder sein Ende.

Auch der Sprachgebrauch trägt der Tatsache, daß der Zustand der andauernden, absoluten Gefahrlosigkeit nur theoretisch vorstellbar ist, insofern Rechnung, als der Begriff „Sicherheit" durchaus relativ verstanden, wird. Unter Anwendung auf Verkehrssysteme beschreibt z. B. die „Sicherheit des Straßenverkehrs" nicht die absolute Gefahrlosigkeit, sondern ein bestimmtes Verhältnis für das Eintreten von sicheren Zuständen zur Gesamtheit aller Zustände (sichere und nichtsichere) [11], [12].

Das menschliche Leben erstreckt sich auf sehr unterschiedliche Bereiche, die sich vom Aufenthalt zu Hause über die Berufsausübung und die Teilnahme am Verkehr bis zur Freizeitgestaltung erstrecken. Jeder Mensch wechselt somit ständig zwischen verschiedenen Umgebungen und Einflüssen, die alle ihre eigene Gefahrencharakteristik aufgrund der bereichsspezifischen Funktionsabläufe besitzen [13], [14]. In diesem Sinne ist „Verkehrssicherheit" nur im Hinblick auf Gefahren zu sehen, die sich unmittelbar aus der Abwicklung der Verkehrsprozesse selbst ergeben. Zwar unterliegen Menschen in Verkehrssystemen neben den verkehrsspezifischen Gefahren auch noch Gefahren aus anderer Ursache, z. B. Diebstahl oder Überfall, und sie sind auch hiergegen zu schützen. Da diese sich überlagernden Gefahren aber gleichermaßen auch in anderen Bereichen existieren, sollen sie aus den hier anzustellenden Betrachtungen ausgeschlossen werden.

Innerhalb des Lebensbereiches „Teilnahme am Verkehr" wäre weiterhin wegen der ebenfalls spezifischen Gefahrencharakteristik nach den verschiedenen Teilsystemen zu unterscheiden. Es ist offensichtlich, daß z. B. im Verkehrssystem Luftfahrt andere Gefahrenquellen maßgebend sind als im Straßenverkehr.

Entsprechend der Untergliederung des Gesamtverkehrs eines betrachteten Raumes kann weiterhin im gleichen eingrenzenden Sinne der Begriff Verkehrssicherheit gegenüber Gefahren aus einem beliebigen Teil-Verkehrs-System auch organisatorischer Art verwendet werden, wie z. B. die Sicherheit der Deutschen Bundesbahn oder die Sicherheit im Frankfurter Verkehrs-Verbund.

Mit der zunehmenden Technisierung seit Beginn des 19. Jahrhunderts erhielt das Sicherheitsstreben der Menschen eine neue Zielrichtung. Nach etwa zwei Jahrhunderten Technikeinfluß lassen sich aus den hierbei gemachten Erfahrungen zunächst drei große, voneinander unterschiedene Anspruchsarten ableiten. Auch in der geschichtlichen Entwicklung ging und geht ein erster Sicherheitsanspruch von den Menschen aus, die bei der Ausübung ihres Berufes den gefährlichen Einwirkungen technischer Systeme ausgesetzt sind. Die Bemühungen zur Befriedigung des Anspruches, im Beruf gefahrlos arbeiten zu können, lassen sich mit dem Streben nach Arbeitssicherheit bezeichnen. Die Arbeitssicherheit wird wiederum für jeden Berufszweig spezifisch sein, sie wird sich aber generell von dem Anspruch unterscheiden, der von Personen ausgeht, die sich außerberuflich mehr oder weniger freiwillig technischer Systeme bedienen. Da diese Personen die Dienstleistungen der Technik gewissermaßen nutzen, könnte die Befriedigung der zugehörigen Ansprüche als Benutzersicherheit bezeichnet werden. Eine von der Arbeits- und Benutzersicherheit zu unterscheidende Anspruchskategorie kann für diejenigen Personen bestimmt werden, die in einem Nachbarschaftsverhältnis zu technischen Systemen stehen, ohne daß sie in diesem arbeitend mitwirken oder sich ihrer direkt benutzend bedienen. Da diese Personen sich sozusagen in der Umwelt der zu betrachtenden technischen Systeme aufhalten, läßt sich die Berücksichtigung ihrer Ansprüche unter der Bezeichnung Umweltsicherheit zusammenfassen.

Die drei Anspruchskomplexe auf Arbeitssicherheit, Benutzersicherheit und Umweltsicherheit sind selbstverständlich auch in Verkehrssystemen wiederzufinden. Arbeitssicherheit und Umweltsicherheit können dabei jedoch nicht als verkehrsspezifisch angesehen werden, da sie auch in anderen technischen Bereichen mit vergleichbaren oder sogar identischen Maßnahmen angestrebt werden. Unter dem Begriff „Verkehrssicherheit" soll daher zunächst im nachstehenden nur der Komplex „Benutzersicherheit in Verkehrssystemen" verstanden werden, um die grundsätzlichen Zusammenhänge zu klären. Anschließend wäre festzustellen, inwieweit die Umwelt- und Arbeitssicherheit bei den weiteren Betrachtungen mit zu berücksichtigen sind.

1.1.3   Gefahr

Die Definition der Sicherheit stützt sich auf den Begriff der Gefahr ab, so daß es notwendig ist, auch hierzu eine Erläuterung zu geben. Im Recht versteht man unter einer „Gefahr" die Möglichkeit des Eintritts eines zufälligen Schadens [15]. In ähnlicher Weise wird auch für den technischen Bereich die Gefahr als ein Zustand definiert, aus dem ein Schaden entstehen kann [16], [17].

Mit Begründungen, die bereits in Abschnitt 1.1.2 genannt wurden, soll unter Verkehrsgefahr zunächst nur die verkehrsspezifische Möglichkeit eines Schadenseintrittes ausschließlich beim Nutzer verstanden werden. Analoge Gedankengänge lassen sich für mögliche Schäden, die beim Verkehrssystem selbst einschließlich seiner Bediensteten oder in der Systemumwelt eintreten können, entwickeln, sie sollen jedoch im weiteren zur Vereinfachung nicht ausdrücklich mit vollzogen werden.

Das Transportgut muß zunächst einmal auf oder in dem Transportmittel (dem Fahrzeug) so untergebracht sein, daß die planmäßig im System auftretenden Kräfte ohne Beeinträchtigung ertragen werden können. Bei Personenbeförderung ist es erforderlich, daß die Systemkräfte ohne oder mit vorgeschriebenen Zusatzmaßnahmen (z. B. Haltegriffe für stehende Personen im Nahverkehr, Sitz- und Anschnallpflicht beim Starten und Landen von Flugzeugen) ausgeglichen werden können.

Mit diesen Maßnahmen wird das Transportgut in gewissem Sinne Bestandteil des Transportmittels, und man kann vereinfachend ableiten, daß für das Transportgut so lange keine Gefahr eintreten kann, wie auch das Transportmittel ungefährdet bleibt. Als Gefahr für das mit Transportgut besetzte Transportmittel wäre analog zur allgemeinen Gefahrendefinition und zu den Bedingungen zwischen Transportgut und Fahrzeug festzulegen, daß es von größeren Kräften bedroht wird, als es im System planmäßig aufnehmen muß und für die es ausgelegt wurde.

Damit sind im Verkehr alle diejenigen Ereignisse als Gefahren definiert, die die Unversehrtheit des Transportmittels, d. h. des Fahrzeuges, bedrohen. Sämtliche existierenden Verkehrsmittel haben ihre Sicherheitsarbeit und Sicherheitsvorschriften auf diese zuletzt genannten Gefahrendefinition aufgebaut, wenn sie auch nirgendwo so explizit niedergeschrieben steht.

1.1.4 Schaden

Der Begriff des Schadens, der in Verfolgung der Definitionskette zu erläutern wäre, wird im allgemeinen Sprachgebrauch und juristisch [18] allgemein zunächst als Beeinträchtigung einer natürlichen oder juristischen Person in ihren Rechtsgütern verstanden. Der juristische Begriff des Schadens deckt sich somit nicht mit der technischen Auffassung [16], sondern stellt mit der Einschränkung auf Rechtsgutverletzungen bei Dritten nur eine Untermenge aller denkbaren technischen Schäden dar, deren Folge beispielsweise auch oder nur der Eigentümer eines Systems zu tragen hat [17].

Unter Einschränkung auf die verkehrsspezifischen Rechtgutverletzungen wird sehr weitgehend statt des Begriffs Schaden die Bezeichnung Unfall angewandt. So definiert der Bundesgerichtshof beispielsweise für den Straßenverkehr: „Verkehrsunfall ist ein plötzliches Ereignis auf einer öffentlichen Verkehrsfläche, das zu Personenschaden oder zu einem nicht ganz belanglosen Sachschaden geführt hat" [19]. Vergleichbare Unfalldefinitionen für den Bahn- und Schiffsverkehr oder die Luftfahrt finden sich in der einschlägigen Literatur [20], [21], [22], wobei vor allem für den Straßenverkehr lediglich diskutiert wird, ab wann eine Sachbeschädigung bereits als Unfall anzusehen ist. Nach Laves [23] sollte eine Sachbeschädigung als Schaden und damit auch als Unfall gelten, wenn zu ihrer Beseitigung finanzieller Aufwand erforderlich ist.

Für statistische Zwecke werden die Verkehrsunfälle anhand der eingetretenen Folgen in unterschiedliche Kategorien eingeteilt, die einmal grob nach Personen- und Sachschäden, sowie innerhalb der Gruppe der Sachschäden nach Schadenshöhen unterschieden werden. Auch in der Gruppe Personenschäden wird nach Tod und verschiedenen Verletzungsgraden aufgeteilt [24].

1.1.5 Risiko

Anhand der statistischen Erfassung der Schadensereignisse kann für bestimmte Schadensarten eine Häufigkeit angegeben werden, wenn man die Anzahl der Schäden auf einen bestimmten Zeitraum oder auf einen bestimmten Leistungsumfang bezieht. Beispielsweise registriert das statistische Jahrbuch der Bundesrepublik [24] die Anzahl der Todesfälle im Verkehr pro Jahr und je Million gefahrene Personenkilometer. Die auf diese Weise aus der Vergangenheit festgestellten Schadenshäufigkeiten lassen sich für die Zukunft auch als Schadenwahrscheinlichkeiten ansetzen, da die betrachtete statistische Gesamt-Ereignis-Menge als ausreichend groß angesehen werden kann. Die Wahrscheinlichkeit, mit der eine natürliche oder juristische Person dem Eintritt eines Schadens, d. h. einer bestimmten Verletzung ihrer Rechtsgüter ausgesetzt ist, wird zusammenfassend als Risiko bezeichnet. Kuhlmann [25] definiert dies als die allgemeine Form des Individualrisikos und leitet hieraus unter Multiplikation mit der Personenzahl eines Betrachtungsraumes das sogenannte Globalrisiko sowie unter summierender Kapitalisierung der Schäden ein globales Risiko der Volkswirtschaft des Betrachtungsraumes ab.

Es muß in diesem Zusammenhang darauf hingewiesen werden, daß der Begriff des Risikos als Übergang von einer statistischen Ereignishäufigkeit zu einer Ereigniswahrscheinlichkeit nur mit einer einzigen Ereignisart verknüpft sein kann. Jede Risikoangabe bezieht sich damit zunächst nur auf eine ganz spezifische Schadensart. Erst die Summe aller schadenverursachenden Ereignisse der Vergangenheit stellt als Gesamthäufigkeit die Ausgangsbasis für eine Gesamtwahrscheinlichkeit schädigender Ereignisse dar. Dieses Gesamtrisiko wird in der Literatur häufig als der Kehrwert der Sicherheit angesprochen [26].

Dieser Auffassung muß deutlich widersprochen werden. Wie dargelegt werden konnte, beschreibt die Sicherheit den Zustand der Gefahrlosigkeit oder, relativ verstanden, ein Verhältnis der gefahrenfreien zu allen (gefahrenfreien und gefahrenbehafteten) Zuständen. Auf jeden Fall steht der Begriff der Sicherheit nur mittelbar über dem Begriff der Gefahr mit wirklichen Schadensereignissen in Verbindung. Wenn man Sicherheit als den reziproken Wert zum Risiko ansehen will, muß man zu der Gesamtwahrscheinlichkeit der s c h ä d i g e n d e n Ereignisse auch noch die Gesamtwahrscheinlichkeit von g e f ä h r l i c h e n Ereignissen hinzufügen, die zufällig nicht zu einem Schaden geführt haben, aber sicherlich hätten führen können.

Das gleiche Systemversagen in Richtung auf einen gefährlichen Zustand braucht einerseits überhaupt keinen Schaden zu bewirken, während es andererseits beträchtliche schädigende Folgen haben kann. So kann beispielsweise bei einer nicht geschlossenen Schranke einerseits ein Zug den Gefahrenpunkt ohne jede Folgen passieren, wenn sich gerade kein Straßenfahrzeug im Überwegbereich befindet, während andererseits bei einem Zusammenstoß zwischen Zug und Straßenfahrzeug erhebliche Schäden eintreten können.

Anzuerkennen ist gewiß, daß derartige Ereignisse statistisch nur in Ausnahmefällen erfaßbar sind. Immerhin wird jedoch in der Luftfahrt beispielsweise die Zahl sogenannter gefährlicher Begegnungen von Luftfahrzeugen registriert. Sie charakterisiert die Sicherheit des Luftverkehrs deutlich anders, als es in den eigentlichen Schadensstatistiken zum Ausdruck kommt. Hieraus wird erkennbar, daß die Risikoangabe als Schädigungswahrscheinlichkeit nur deshalb so verbreitet ist, weil mangels Registrierungsmöglichkeit keine Gefährdungshäufigkeit bekannt ist, aus der auf eine Gefährdungswahrscheinlichkeit als dem eigentlichen Sicherheitskennwert übergegangen werden kann. Man sollte sich aber dennoch der eigentlichen Zusammenhänge bewußt sein, um gegebenenfalls Fehlschlüsse vermeiden zu können. Des weiteren erscheint für die Zukunft die Statistik nicht mehr als einzige Quelle zur Bestimmung von Sicherheitskennwerten. Mit Hilfe von system- und wahrscheinlichkeitstheoretischen Ansätzen sowie unter Einsatz der elektronischen Datenverarbeitung sind inzwischen Vorausberechnungen der Wahrscheinlichkeit des Eintretens von gefährlichen Zuständen auch bei komplexen Systemen durchaus möglich und auch bereits durchgeführt worden. Sowohl für bestehende als auch für künftige Systeme sollten daher zukünftig rein statistische Vergleiche der Schäden nur eine nachgeordnete Rolle spielen.

Unabhängig von der künftigen Entwicklung sollte aber schon heute die G e f ä h r d u n g s w a h r s c h e i n l i c h k e i t als ein wichtiger signifikanter Sicherheitskennwert festgehalten werden, wenn es darum geht, entwickelnde oder organisierende Maßnahmen abzuleiten oder zu begründen. Die Gefährdungswahrscheinlichkeit allein beschreibt unmittelbar das Systemverhalten im Hinblick auf die Sicherheit. Sie allein ist nicht wie die zahlreichen Risikodefinitionen von den Zufälligkeiten verschiedener Schadensarten und -umfänge überlagert, wie im weiteren noch genauer dargelegt werden soll.

1.2 Psychologische Grundlagen

1.2.1 Grundlebensrisiko

Der Benutzer eines Verkehrssystems ist daran interessiert, ob er bei der Inanspruchnahme der Dienstleistung des Systems mit einer ihn betreffenden Rechtsgutverletzung zu rechnen hat oder nicht. Er möchte, unter Umständen als Entscheidungshilfe für die Auswahl zwischen mehreren Möglichkeiten, das Risiko kennen, dem er sich jeweils aussetzen muß. Rein psychologisch gesehen, interessiert daher die Schädigungswahrscheinlichkeit. Der größte und gleichzeitig nicht wiedergutzumachende Schaden, der einem Menschen zugefügt werden kann, ist der Verlust des Lebens. Dem Tod sind zwar alle Menschen früher oder später ausgeliefert, man kann aber doch dahingehend unterscheiden, ob er gewissermaßen „natürlich" eintritt oder „künstlich" herbeigeführt wird. Für den natürlichen Tod kann niemand verantwortlich gemacht werden, beim künstlichen dagegen liegen Eigen- oder Fremdeinwirkungen mit einem eventuell entsprechenden Verschulden vor.

Man kann zunächst hinsichtlich der unausweichlichen einheitlichen Schadensart des natürlichen Todes, die außerdem zumindest in nicht unterentwickelten

Ländern sehr genau registriert wird, zunächst eine natürliche Sterbehäufigkeit ermitteln. Für die Vereinigten Staaten von Amerika wurde 1969 von Starr [27] errechnet, daß sie größenordnungsmäßig mit einem Todesfall je einer Million Menschen je Stunde angegeben werden kann. Auch Jaeger [28], [29] führt diese Zahl ohne direkte Quellenangabe, aber wohl unter Bezug auf das gleiche Ausgangsmaterial, an. Je größer das betrachtete Kollektiv und der Betrachtungszeitraum sind, desto eher ist es zulässig, die in der Vergangenheit beobachteten Häufigkeiten als Wahrscheinlichkeiten für zukünftige Ereignisse anzusehen. Damit kann aus der Sterbehäufigkeit auf das allgemeine Risiko eines Todesfalles mit natürlicher Ursache in gleicher Größenordnung geschlossen werden.

Dies bedeutet, daß wohl auch in der Bundesrepublik in der jeweils folgenden Stunde ein natürlicher Todesfall je einer Million Menschen eintritt. Mathematisch läßt sich dieses Grundlebensrisiko R_L in der folgenden Gleichung ausdrücken:

$$R_\text{L} = 10^{-6} \; \frac{\text{Sterbefälle}}{\text{Personen} \times \text{Stunde}}$$

Jaeger [28], [29] stellt ergänzend fest, daß das statistische Lebensrisiko nach Altersklassen unterschiedlich sein muß und gibt für die Lebensalter zwischen 10 und 45 Jahren ein natürliches Lebensrisiko von

$$R_\text{L}^{10-45} = 10^{-7} \; \frac{\text{Sterbefälle}}{\text{Personen} \times \text{Stunde}}$$

an. Den gleichen Wert stellt Starr für die amerikanische Bevölkerung im militärdienstfähigen Alter fest. Bei entsprechenden zusätzlichen Auswertungen der Statistik dürften hierüber hinaus noch weitere Differenzierungen, z. B. nach dem Geschlecht, möglich sein. Festzuhalten wäre auf jeden Fall, daß es ein Grundlebensrisiko gibt, dem jeder unabänderlich und ständig ausgesetzt ist.

1.2.2 Zusätzliche Risiken

Neben dem natürlichen Tod gibt es − wie bereits erwähnt − eine Reihe von weiteren Todesursachen, die durch Fremd- oder Eigeneinwirkung verschuldet oder unverschuldet verursacht werden. Unter Abgrenzung auf bestimmte Lebensbereiche oder Tätigkeiten lassen sich aus den beobachteten Todeshäufigkeiten spezifische Risiken bestimmen, die sich mit dem Grundlebensrisiko zum Gesamtlebensrisiko ergänzen (Bild **1**.1).

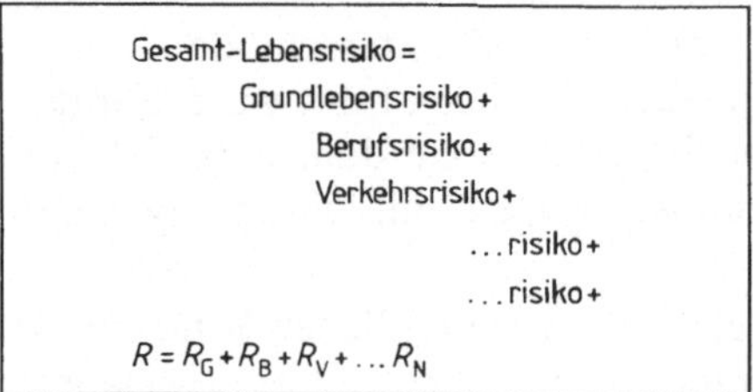

Bild **1**.1

Das Gesamtlebensrisiko als Funktion des Grundlebensrisikos und zeitabhängiger zusätzlicher Risiken

Diesen sogenannten zusätzlichen Risiken sind die Menschen nicht alle in gleicher Weise sowie außerdem nicht ständig und in gleicher Zwangsläufigkeit ausgesetzt. Beispielsweise kann man aus statistischen Beobachtungen heraus durchaus ein spezifisches Todesfallrisiko für jede Stunde Teilnahme am öffentlichen Verkehr oder je Stunde Berufsausübung angeben.

In spezifischen Lebensbereichen treten als Schadensereignisse natürlich nicht nur Todesfälle auf. Die übrigen Schäden werden sogar mit abnehmendem Umfang wesentlich häufiger sein. Die Häufigkeitsverteilung zwischen Todesfall und dem geringsten Sachschaden dürfte hierbei spezifisch für das jeweilige Verkehrssystem sein. Beispielsweise muß bei der Luftfahrt zwangsläufig das Verhältnis Todesfälle zu geringen Sachschäden größer sein als im Straßenverkehr. Ähnliche Unterschiede in nicht ganz so signifikanter Form gelten sicherlich für den Eisenbahn- und Schiffsverkehr.

Insgesamt ist festzustellen, daß Sicherheitsbetrachtungen auf der Basis von summierten Schadensrisiken nur begrenzte Aussagekraft hinsichtlich der Ableitung von Sicherheitsmaßnahmen haben können. In der anderen Betrachtungsrichtung, d. h. Risikokennwerte als Entscheidungshilfe für die Systemauswahl durch den Benutzer, spielt die Gruppe der Nicht-Todesfallrisiken eine untergeordnete Rolle. Psychologisch wird offenbar vom Benutzer das Todesfallrisiko als charakteristisch auch für das Eintreten anderer Schäden angesehen, wobei sicherlich auch eine Rolle spielt, daß ein großer Teil der Schäden, die nicht zum Tode führen, mehr oder weniger vollständig ausgleichbar ist. Es erscheint daher vertretbar, zur Behandlung der psychologischen Grundlagen der Sicherheit das Todesfallrisiko als signifikant für die gesamte Schadenseinschätzung anzunehmen.

Unter Anerkennung des Todesfallrisikos, ausgedrückt in Todesfällen je Million Personen und je Stunde, bietet sich zunächst das Grundlebensrisiko rein objektiv auch als Maßzahl für planerische Sicherheitsentscheidungen an. Wenn das unumgängliche Grundlebensrisiko wie angegeben bei 10^{-6} (Tote/(Personen $\times$ Stunde)) liegt, können zusätzliche Todesfallrisiken, denen man zeitweise in bestimmten Lebensbereichen ausgesetzt ist und deren Wert kleiner als 10^{-6} (Tote/(Personen $\times$ Stunde)) ist, keine wesentliche Verschlechterung des Gesamttodesfallrisikos bewirken (Bild **1.2**). Es wäre demnach vordergründig

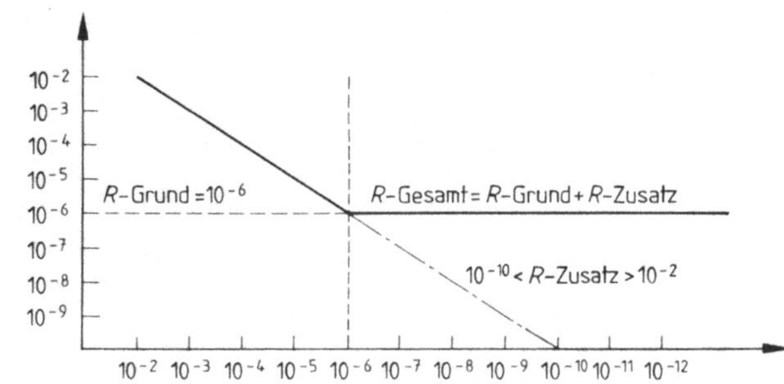

Bild **1.2**

Das Grundlebensrisiko als objektiver Maßstab für Sicherheitsmaßnahmen objektiv nicht notwendig, z. B. in neuen technischen Systemen, wesentliche Anstrengungen zu unternehmen, um über das Grundlebensrisiko hinaus zu gelangen.

Demgegenüber wäre allerdings festzuhalten, daß zunächst die tatsächlichen Verhältnisse diesem Grundgedanken nicht entsprechen. Die Statistik weist für unterschiedliche Lebensbereiche wie Haushalt, Beruf, Sport, Verkehr usw. Todesfallrisiken aus, die sich sowohl nach oben wie nach unten um Größenordnungen vom Grundlebensrisiko unterscheiden. Es läßt sich durchaus eine klare Risiko-Hierarchie der einzelnen Bereiche und Betätigungen angeben. Diese Hierarchie kann nicht einfach zufällig gewachsen sein, sondern muß mehr oder weniger abhängig sein von dem Risikoempfinden, das seitens der Allgemeinheit den verschiedenen Bereichen entgegengebracht wird.

Jaeger [28] folgert hieraus zunächst allgemein, daß die offensichtlichen sozial- oder gesellschaftspsychologischen Gründe, die zu diesen Einschätzungsunterschieden führen und die auch auf die objektiven Unterschiede eingewirkt haben müssen, es nicht zulassen, auf planerischer Ebene von einem objektiven Risikobegriff auszugehen.

1.2.3 Risikoakzeptanz

Es ist somit, auch nach Jordan [30], festzustellen, daß sich die Risikogröße, die sich in einem Lebensbereich oder Betätigungsfeld langfristig einstellt, aus der gesellschaftspsychologischen Einschätzung ergibt, ob dieses Risiko akzeptabel ist oder nicht [26], [31], [32], [33], [34].

Diese sogenannte Risikoakzeptanz drückt sich nicht in festgelegten konkreten Zahlenwerten aus, sondern artikuliert sich sehr unbestimmt im mehr oder weniger deutlichen Einschätzen (Bild **1**.3) und öffentlichen Bemängeln von Zuständen oder in entsprechenden Verbesserungsanregungen. In einem Lebensbereich, der hinsichtlich seines Risikos wenig zum Anlaß öffentlicher Kritik genommen wird, kann das dort vorhandene Risiko als akzeptiert gelten, während in anderen Bereichen auch bei objektiv gleichem oder gar kleinerem Risiko die öffentliche Kritik erkennen läßt, daß hier das von der Gesellschaft akzeptierte Risiko noch nicht erreicht ist.

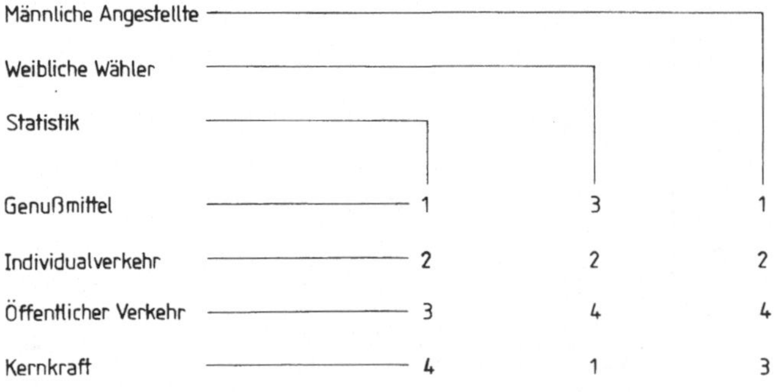

Bild **1**.3 Subjektive Einschätzung der Rangfolge von Gefahrenquellen im Verhältnis zur statistischen Rangfolge

Das gesellschaftspsychologische Risikoempfinden verbleibt nicht in der hier zunächst aufgezeigten allgemeinen, letztlich unverbindlichen Form, sondern konkretisiert sich über die gesetzgebenden Körperschaften in qualitativen oder quantitativen Sicherheitsvorschriften.

Als Beispiel für derartige Entwicklungen sei die öffentliche Risikoeinschätzung bei Einführung des neuen Verkehrsmittels Eisenbahn angeführt, die den Schienenbahnen auch heute noch gesetzlich die allgemeine Gefährdungshaftung lediglich mit dem Haftungsausschluß beim Vorliegen höherer Gewalt auferlegt. Vergleichsweise hierzu gilt für das später eingeführte Verkehrsmittel Straßenkraftwagen die Gefährdungshaftung erleichternd bereits bei Vorliegen unabwendbarer Ereignisse ausgeschlossen.

Auch in jüngeren Sicherheitsgesetzen drückt sich die gesellschaftspsychologisch unterschiedliche Risikoeinschätzung aus. So schreibt das Atomgesetz [35] vor, daß Kernenergieanlagen nur als sicher gelten, wenn sie dem „Stand von Wissenschaft und Technik" entsprechen, während für andere technische Einrichtungen — z. B. auch für Verkehrssysteme — demgegenüber erleichternd nur die Sicherheit „nach dem allgemeinen Stand der Technik" gesetzlich verlangt wird [26]. Man kann folglich zusammenfassend davon ausgehen, daß planerische Maßnahmen zu Sicherheitsproblemen nicht von rein objektiven Risikobetrachtungen, sondern von der gesellschaftspsychologischen Risikoakzeptanz auszugehen haben.

Analysiert man die Risikoakzeptanz der verschiedenen Lebensbereiche und Betätigungsfelder, so läßt sich eine erste Gesetzmäßigkeit etwa dahingehend feststellen, daß offensichtlich ein um so größeres Risiko akzeptiert wird, je unmittelbarer die Sicherheit von den zu sichernden Personen selbst abhängt. Diesem Phänomen liegt wahrscheinlich die unbestrittene psychologische Tatsache zugrunde, daß sich der Mensch gefühlsmäßig selbst das höhere Maß an Verantwortung für die eigene Sicherheit zuspricht als anderen, wobei der empfundenen Verantwortung keineswegs unbedingt auch der tatsächliche Erfolg entsprechen muß, wie sich an zahlreichen Beispielen, z. B. aus dem Straßenverkehr, belegen ließe.

In Übertragung der Untersuchungen von Jaeger und Starr, läßt sich der verbal umrissene Zusammenhang für die Risikoakzeptanz in einer tendenzangebenden Funktion zusammenfassen, wenn man das Mischungsverhältnis von Eigen- und Fremdverantwortung als Maßstab wählt (Bild 1.4). Jaeger und Starr schlagen für

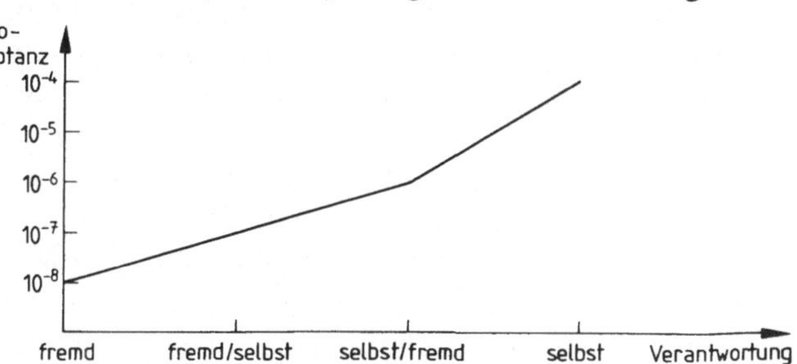

Bild 1.4

Die Risikoakzeptanz als Funktion des Verhältnisses von Eigen- und Fremdverantwortung die Beschreibung der Risikoakzeptanz in den verschiedenen Bereichen keine Absolutwerte vor, sondern empfehlen die Risikoakzeptanz in ihrem Verhältnis zum Grundlebensrisiko anzusetzen. Diesem Ansatz ist unbedingt zu folgen, da das Grundlebensrisiko keine für alle Zeiten feststehende Größe ist, sondern sich unter dem Einfluß der medizinisch-technischen Entwicklung gewiß weiter abbauen wird. Im Verhältnis zu dieser Entwicklung muß sich ebenso gewiß langfristig die Akzeptanz von zusätzlichen Risiken einstellen. Unter diesen Voraussetzungen lassen sich grob unterteilt die folgenden vier Verantwortungsmischungen mit den zugehörigen Risikoakzeptanzwerten tendenzmäßig beschreiben:

- Ausschließliche Eigenverantwortung, die vor allem bei sportlichen Betätigungen mit Leistungscharakter gegeben ist, führt zu Risikoakzeptanzwerten, die bis zu zwei Zehnerpotenzen größer sind als das Grundlebensrisiko:

$$R_E = 10^{-4} \; \frac{\text{Sterbefälle}}{\text{Personen} \times \text{Stunde}}$$

- Bei gemischter Eigen- und Fremdverantwortung, aber überwiegender Eigenverantwortung, wie sie in den Lebensbereichen Haushalt, Beruf und vor allem Individualverkehr gilt, stellt sich die Risikoakzeptanz in der Höhe des Grundlebensrisikos ein:

$$R_{E/F} = 10^{-6} \; \frac{\text{Sterbefälle}}{\text{Personen} \times \text{Stunde}}$$

- Wiederum gemischte Eigen- und Fremdverantwortung, aber mit überwiegender Fremdverantwortung, wie sie vor allem im öffentlichen Verkehr in etwa vorliegt, führt zu Risikoakzeptanzen, die um mindestens eine Zehnerpotenz kleiner sind als das Grundlebensrisiko:

$$R_{F/E} = 10^{-7} \frac{\text{Sterbefälle}}{\text{Personen} \times \text{Stunde}}$$

- Ausschließliche Fremdverantwortung, die bei Nachbarschaftsverhältnissen zu industriellen Anlagen vorliegt, hat Risikoakzeptanzen zur Folge, die zwei und mehr Zehnerpotenzen kleiner sind als das Grundlebensrisiko:

$$R_F = 10^{-8} \; \frac{\text{Sterbefälle}}{\text{Personen} \times \text{Stunde}}$$

Es sei vorsorglich darauf hingewiesen, daß die Zahlenwerte lediglich als grober Anhalt dienen können und nur allgemeine Zusammenhänge aufzeigen sollen.

Die Größe von akzeptierten zusätzlichen Risiken hängt weiterhin davon ab, welchen Umfang die ihm ausgesetzte Personengruppe hat. Je kleiner die Zahl der betroffenen Personen ist, desto größere Risiken werden im allgemeinen akzeptiert, während für Lebensbereiche, denen alle Personen einer Lebensgemeinschaft ausgesetzt sind, die Risikoakzeptanz deutlich niedriger ist.

Eine weitere Beeinflussung der Risikoakzeptanz ergibt sich in vergleichbarer Richtung aus dem wirtschaftlichen Nutzen, der sich aus der Risikoübernahme ergeben kann. Einmal bewirkt sicherlich die Größe des erzielbaren Gewinns eine „Bereitschaft" zur Übernahme größerer Risiken, zum anderen steigert sich aber auch die Risikobereitschaft, je unmittelbarer sich der Nutzen einstellt. In einem verdeutlichenden Beispiel kann hierzu angeführt werden, daß mit Rücksicht auf einen wichtigen Zeitgewinn, sicherlich häufiger das mit einem größeren Risiko behaftete Verkehrsmittel gewählt wird. Hinsichtlich der Auswirkungen eines sich kurz- oder langfristig ergebenden Nutzens, sei auf die Verhältnisse bei der Energiegewinnung hingewiesen. Langfristig kann sicher gesagt werden, daß Kernenergieanlagen deutlich wirtschaftlicher sein können als Kohlekraftwerke. Angesichts der subjektiven Risikoeinschätzung von Kernenergieanlagen jedoch spielt der erreichbare Gewinn in der öffentlichen Diskussion kaum eine Rolle.

1.3 Rechtliche Grundlagen

Das gesellschaftspsychologisch begründete unterschiedliche Sicherheitsbedürfnis ist zwar, wie im voranstehenden ausgeführt werden konnte, einerseits durchaus zu belegen, andererseits aber so wenig in der Art von Kenn- oder Meßwerten konkretisierbar, daß es unmittelbar keinen Einfluß auf die Sicherheitsgestaltung technischer Systeme haben kann.

Für die Entwickler und Betreiber von technischen Anlagen mit Sicherheitsverantwortung ist dieser Zustand naturgemäß äußerst unbefriedigend, und es fehlt daher nicht an Versuchen, durch unabhängige, objektive Betrachtungen zu einheitlichen Maßstäben für Sicherheitsmaßnahmen in der Technik zu kommen. So beschäftigt sich beispielsweise ein DIN-Ausschuß mit dem Entwurf einer Norm [16], in der einheitlich für die gesamte Technik ein sogenanntes Grenzrisiko definiert werden soll, das als „größtes, noch vertretbares anlagenspezifisches Risiko" den Zustand der Sicherheit von dem der Gefahr abgrenzen soll.

In der gleichen gedanklichen Richtung fordert Reinhardt [36], daß der Gesetzgeber für den spurgeführten Verkehr einen Risikogrenzwert in der Form einer Gefährdungswahrscheinlichkeit festlegen sollte, bei dessen Einhaltung ein spurgeführtes Verkehrsmittel als „sicher" nach dem Stand der Technik gelten kann. Andere Überlegungen zielen in die Richtung, einheitliche Sicherheitskennwerte auf der Basis von Verhältniszahlen zwischen Risikominderung und dem zugehörigen finanziellen Aufwand einzuführen.

Allen angeführten Überlegungen und vielen weiteren Forschungsarbeiten und Denkansätzen, vor allem aus dem Bereich der Kernkraft, kann die innere logische und objektive Richtigkeit nicht abgesprochen werden. Ihr äußerer Anstoß jedoch ist in allen Fällen — ausgesprochen und unausgesprochen — der Wunsch, Sicherheitsfragen nach den naturwissenschaftlichen Methoden, d. h. mit vereinbarten Bewertungsverfahren, zulässigen Kennwerten u. ä., festzulegen und damit, wie in anderen Bereichen der Technik gewohnt, behandeln zu können.

Die Sicherheit hat jedoch, wie noch gezeigt wird, vor allem über die Begriffe der Gefahr und des Schadens einen deutlichen Bezug zum Recht, und es ist daher sicherlich nicht nur zulässig, sondern auch notwendig, nach den rechtlichen Grundlagen der Sicherheit in der Technik zu fragen.

Mit der zunehmenden Besiedlungsdichte unseres Planeten entwickelte sich schon sehr früh das Bedürfnis, der reinen Gewaltauseinandersetzung durch die freiwillige Vereinbarung von Lebensregeln entgegenzuwirken und nur noch im Namen der Vereinbarungsgemeinschaft demjenigen Gewalt anzudrohen, der diese Regeln nicht einhielt. Mit der weiter zunehmenden Bevölkerungsdichte, den steigenden Kommunikationsmöglichkeiten und der sich vervielfältigenden Arbeitsteilung mußte das Regelwerk der Gemeinschaftsvereinbarungen immer komplexer werden, bis es heute nicht nur die menschlichen Einzelbeziehungen in allen denkbaren Arten und Formen gegenseitig regelt, sondern auch seit einiger Zeit zunehmend die Nutzungsrechte an der Natur, die Pflichten und Rechte auch von staatlichen Lebensgemeinschaften in der Art des Völkerrechts in das Regelwerk mit einzubeziehen beginnt. Konkret stellt sich dieses Regelwerk heute dar als eine sehr komplexe Materie aus allgemeinen Menschen- und Völkerrechten sowie der Ausformulierung dieser Rechte in zahlreichen Einzelgesetzen, Verträgen und gerichtlichen Fallentscheidungen.

Mit dem Beginn des industriellen Zeitalters erweiterte sich der vereinbarungsmäßig zu regelnde Bereich auf technische Einrichtungen, die sich in zunehmendem Umfang zwischen die direkten Beziehungen der Menschen untereinander einschoben. Es entstanden gewissermaßen Rechtsbeziehungen zwischen den Menschen und den technischen Einrichtungen, wobei allerdings die technischen Einrichtungen in ihren Eigenschaften und Wirkungen nicht selbstvertretend sein konnten, sondern zum rechtlichen Verantwortungsbereich von Menschen gehörten. Angesichts des Tempos der technischen Entwicklung werden die Verhältnisse auch in dieser Hinsicht immer komplexer, dennoch oder gerade deshalb ist es unabdingbar, bei der Regelung dieser Verhältnisse von den gegebenen rechtlichen Grundbedingungen auszugehen.

Der wichtigste Grundsatz des allgemeinen Rechts dürfte wohl die Tatsache sein, daß Rechtsbeziehungen überhaupt nur zwischen rechtsfähigen Einheiten bestehen können. Als rechtsfähige Einheiten in diesem Sinne sind in der Rechtslehre die natürlichen und juristischen Personen in vielfältigen Zuständen und Formen definiert. Vor allem für die juristischen Personen ist es wichtig herauszustellen, daß sie sich nicht − wie in gewissem Sinne die natürlichen Personen − selbst entwickeln können, sondern nur auf der Grundlage einer Rechtsvorschrift in Gesetzesform rechtlich existent werden können.

So wird eine Gruppe von natürlichen Personen mit gemeinsamen Absichten erst eine rechtsfähige Einheit − sprich juristische Person −, wenn sie sich auch formal nach den Bestimmungen des Vereinsrechts organisiert. Ebenso kann eine Lebensgemeinschaft zweier unverheirateter natürlicher Personen, obwohl sie familienähnlichen Charakter hat, keine Ansprüche nach dem Familienrecht befriedigt bekommen, solange in dieser Hinsicht keine gesetzlichen Regelungen existieren.

Sieht man diesen Grundsatz im Zusammenhang mit den Betrachtungen zur gesellschaftspsychologischen Risikoakzeptanz aus dem voranstehenden Abschnitt, so ergibt sich zunächst, daß die „Gesellschaft" zwar einmal tatsächlich existiert und auch bestimmte zahlenmäßig belegbare Ansprüche stellt, daß aber andererseits daraus unmittelbar keine Rechtswirkung ableitbar ist, da die Gesellschaft in dieser Form in keiner Gesetzesvorschrift als juristische Person eingeführt ist. Die Repräsentanz gesellschaftlicher Interessen nehmen vielmehr die nach der Verfassung (Grundgesetz) installierten Organe der Legislative, Exekutive und Judikative wahr. Von diesen oder vergleichbaren Organen liegen weder in der Bundesrepublik Deutschland noch in anderen staatlichen Gemeinschaften Äußerungen oder gar Vorschriften vor, durch die den Zahlenwerten der gesellschaftspsychologischen Risikoakzeptanz ein rechtsverbindlicher Charakter zuwüchse.

Wenn diese Tatsache auch zunächst so hingenommen werden muß, so ist dennoch zu prüfen, ob die zur gesellschaftlichen Vertretung rechtlich ermächtigten Organe eine derartige Festlegung nicht jederzeit treffen könnten und der rechtsverbindliche Charakter damit letztlich zumindest erreicht wäre.

Im Prinzip könnten Grenzwerte für die Wahrscheinlichkeit des Eintretens von Gefahren in der Art einer zulässigen „Gefährdungswahrscheinlichkeit" festgelegt werden. Genauso wäre es denkbar, Grenzwerte für die Eintrittswahrscheinlichkeit repräsentativer Schadensarten oder Grenzschadenssummen, gewissermaßen als zulässige „Schadenswahrscheinlichkeiten" zu fixieren. Schließlich liegt es auch im Bereich des Vorstellbaren, Grenzwerte festzulegen, die den wirtschaftlichen Aspekt von Sicherheitsmaßnahmen dadurch zu berücksichtigen versuchen, daß sie ein bestimmtes Verhältnis zwischen einer Risikominderung und dem zugehörigen Aufwand als zumutbaren Grenzkostenwert, gewissermaßen als zulässige „gewogene Schadenswahrscheinlichkeit", festschreiben.

Vergleicht man jedoch die vorstellbaren Möglichkeiten mit den rechtlichen Rahmenbedingungen, so ist zunächst noch einmal herauszustellen, daß Rechtsbeziehungen nur zwischen natürlichen und juristischen Personen möglich sind.

Des weiteren besteht die Aufgabe von rechtlichen Regelungswerken darin, die Verantwortungsbereiche in den Rechtsbeziehungen möglichst umfassend und genau zu regeln. Im Prinzip gilt hierbei der natürliche Grundsatz, daß auch rechtlich der Verantwortungsbereich einer juristischen oder natürlichen Person nur so weit reichen kann, wie eine direkte Einflußmöglichkeit dieser Person überhaupt besteht. Es kann sozusagen niemandem eine Schuld für ein Ereignis zugemutet werden, das ohne sein Zutun eintritt. Vor dem Hintergrund dieser rechtlichen Grundtatsache können auch natürlichen oder juristischen Personen, die für technische Systeme gegenüber anderen Personen verantwortlich sind, nur solche Sicherheitsbestimmungen auferlegt werden, die sie mit den Mitteln des technischen Systems direkt und unmittelbar gewährleisten können.

Wenn man unter diesem Gesichtspunkt den Ereigniszusammenhang Gefahr und Schaden betrachtet, so wird deutlich, daß man das Entstehen einer Gefahr dem jeweilig betrachteten technischen System durchaus anlasten kann, da sie sich irgendwie aus einem unrichtigen Funktionieren des Systems ergibt. Welcher Schaden in welcher Schadenskategorie oder in welcher Schadenshöhe sich aus einer Gefahr entwickelt, ist jedoch vom Zufall deutlich mitbestimmt. Es ist sogar nicht einmal zwangsläufig, daß sich mit dem Eintritt einer Gefahr überhaupt ein Schaden ergibt. Beispielsweise kann man im Straßenverkehr in vielfältigen Gefahrensituationen durchaus ohne Schaden gewissermaßen „mit dem Schrekken" davonkommen. Vom technischen System aus betrachtet, unterliegt die Entwicklung von Gefahren zu Schäden keinen deterministischen, d. h. zwangsläufigen Einzelereignisbeziehungen, sondern stochastischen, d. h. zufälligen Abhängigkeiten, die in der statistischen Ereignissumme rückbetrachtend eine Korrelation zwischen Gefahren und Schäden erkennen lassen. Der aus der Vergangenheitsbeobachtung gewonnene Zusammenhang läßt sich sicherlich auch für die Zukunft prognostizieren, da er aber von vielfältigen, nicht ausschließlich im System liegenden, Einflüssen bestimmt wird, ist es jedoch nicht möglich, ihn für die Zukunft auch rechtsverbindlich zu garantieren.

Von den als denkbar aufgeführten Sicherheitskennwerten erfüllt vor diesem Hintergrund nur die „Gefährdungswahrscheinlichkeit" die Bedingungen für eine rechtsverbindliche Festlegungsmöglichkeit. Sie ist allein als direkte Systemeigenschaft ableit- und berechenbar. Nur eine Sicherheitskenngröße „Gefährdungswahrscheinlichkeit" kann damit vom System her unmittelbar garantiert und damit auch verlangt werden.

Alle Festlegungen, die als Risikokennwerte Schadensarten, Schadenssummen oder gar Kosten miteinbeziehen, liefern in den statistischen Betrachtungen sicherlich interessante Vergleiche zwischen Systemen und Zuständen, mit denen unter anderem auch der Erfolg von Sicherungsmaßnahmen rückschauend anschaulich belegt werden kann. Für die Zukunft geben sie jedoch höchstens einen Anhalt, w o auf der Basis der Vergangenheitsvergleiche etwas getan werden sollte. W i e v i e l getan werden muß, kann daher rechtsverbindlich als erfüllbare und zu erfüllende Systemauflage nur auf der Ebene der Gefährdungswahrscheinlichkeit festgelegt werden.

Nachdem somit an den Rechtsverhältnissen geklärt wurde, welche Art von Kenngrößen überhaupt für rechtsverbindliches Festlegen zur Sicherheit im Verkehr geeignet ist, bleibt zu prüfen, ob die Festlegung quantitativer Systemkennwerte in Wahrscheinlichkeitsform ausreicht. Auch diese Betrachtung ist vor dem Hintergrund der gültigen Rechtsordnung auszuführen. Als ein grundsätzlicher Wesensbestandteil dieser Rechtsordnung kann zunächst wieder herausgestellt werden, daß sie die Verhältnisse für jede e i n z e l n e Rechtshandlung und jede e i n z e l n e unerlaubte Handlung regelt. Insbesondere der Begriff der unerlaubten Handlung steht in seiner Definition als „widerrechtlicher Eingriff in ein vom Gesetz geschütztes Rechtsgut, durch den Schaden entsteht" [17] im

Zusammenhang mit Sicherheitsbetrachtungen. Jede einzelne unerlaubte Handlung löst eine bestimmte rechtliche Kausalkette an Ersatzansprüchen und/oder Strafverfolgungen aus. Diese eindeutige Einzelfallbezogenheit der Rechtsordnung hat auch für die Sicherheitsanforderungen an technische Systeme bestimmte Konsequenzen. Es ist sicherlich möglich, ein oder mehrere quantitative Kennwerte, z. B. als zulässige Gefährdungswahrscheinlichkeit, festzulegen, bei deren Erreichen technische Systeme als sicher gelten können. Darüber hinaus zwingt jedoch die Einzelfallbezogenheit der Rechtsordnung auch die technische Kausalitätskette, die zu einer einzelnen Gefahr und damit zu einem Schaden führen kann, in den Einzelschritten nachvollziehbar zu machen, um gegebenenfalls nachweisen zu können, daß innerhalb des technischen Systems alle zumutbaren Maßnahmen getroffen waren, um im Einzelfall einen Schaden zu verhindern.

Zum Beispiel könnte für die Eisenbahnen als zulässiger Sicherheitskennwert eine bestimmte Gefährdungswahrscheinlichkeit festgelegt werden. Dennoch würde bei einem eingetretenen Unfall der Hinweis auf das Erreichen dieses Wertes die Untersuchung der Kausalitätskette, die zu dem betreffenden Unfall geführt hat, keineswegs überflüssig machen, da auf jeden Fall festgestellt werden muß, ob neben dem festgelegten Sicherheitskennwert auch die Systemkonfiguration bei der vorliegenden Ereigniskette die qualitativ logischen Sicherheitsanforderungen erfüllt, d. h. im Falle der Eisenbahn, daß eine Einzelursache nicht zu einer Gefahr führen darf.

Anhand der rechtlich notwendigen Vorgehensweise bei der Untersuchung der Ursachen schädigender Ereignisse bestimmt sich auch die Sicherheitsarbeit bei der Konstruktion und Entwicklung von technischen Systemen. Zusammenfassend läßt sich damit feststellen, daß sich die Sicherheitsanforderungen in erster Linie auf das kausale Zusammenwirken der Einzelelemente richten müssen. Eine Wahrscheinlichkeitsbeschreibung des Gesamtverhaltens als Systemkennwert kann rechtlich das Einhalten bestimmter Kausalitätsbedingungen nicht ersetzen, sondern höchstens ergänzen. Wahrscheinlichkeitsangaben, die z. B. als Risikobeschreibungen über das unmittelbare Systemverhalten hinausgehen, indem sie bestimmte Schadensarten als Folgen des Systemversagens mit einbeziehen, haben lediglich Beobachtungscharakter und bieten keinen konkreten Anhalt für das Umsetzen rechtsverbindlicher Verpflichtungen [37], [38], [39].

Nachdem abgeleitet werden konnte, daß eine erste Wunschvorstellung der Technik nach systemkennzeichnenden Maßzahlen für die Sicherheit technischer Systeme aufgrund der rechtlichen Rahmenbedingungen nur eingeschränkt möglich ist, bleibt zu prüfen, ob eine weitere Wunschvorstellung, wie sie in vielen Literaturstellen zum Ausdruck kommt, nämlich die eingeschränkten Festlegungsmöglichkeiten wenigstens einheitlich für alle Bereiche der Technik nutzen zu können, realisierbar ist. Auch hierzu müssen wieder die rechtlichen Rahmenbedingungen unseres Gemeinschaftslebens herangezogen werden.

Die Weiterentwicklung der gültigen Rechtsordnung vollzog sich im Prinzip dergestalt, daß der gegebene Schutz als ungenügend empfunden wurde und sich je nach der gesellschaftlichen Organisationsform Aktivitäten bildeten, um diese empfundene Regelungslücke aufzuzeigen, bis auf dem Wege über eine öffentliche Meinungsbildung oder als eigene staatliche Initiative nach den jeweiligen Verfassungsnormen Gesetzestexte zustande kamen, die das Schutzbedürfnis der Allgemeinheit in einem weiteren Punkte befriedigen sollten. Gerade das Zustandekommen der ersten Eisenbahngesetze vor rund hundert Jahren zeigt deutlich, daß die empfundene Regelungslücke keineswegs rationaler Art zu sein brauchte, sondern daß durchaus auch starke Emotionen der Anlaß sein konnten. Auch die jüngere Entwicklung der Rechtsordnung zeigt im Zusammenhang z. B. mit den Kernkraft- und Umweltgesetzen, daß gefühlsmäßige Einschätzungen im gesellschaftlichen Schutzanspruch immer noch eine große Rolle spielen.

Im Zusammenhang mit der Beschreibung der psychologischen Aspekte der Sicherheit konnte dargelegt werden, daß in der Gesellschaft, abhängig von verschiedenen psychologischen Parametern, sich für verschiedene Lebensbereiche unterschiedliche Grade des Schutzbedürfnisses oder − wie dort als Kehrwert formuliert − der Risikoakzeptanz feststellbar sind, die sogar einen gewissen zahlenmäßigen Ausdruck finden. Geht man von dieser Tatsache aus und verbindet sie mit dem Gedanken, daß ganz allgemein gesetzliche Regelungen eben dieses gesellschaftlich empfundene Schutzbedürfnis zu befriedigen versuchen, so muß die jeweils gültige Rechtsordnung letztlich die unterschiedlichen gesellschaftspsychologischen Risikoakzeptanzen in ihren Regelungstexten direkt oder indirekt widerspiegeln. Die Gesellschaft ist es also, die bestimmt, daß die Rechtsordnung keine einheitlichen Sicherheitsanforderungen kennt, sondern sie in deutlichen Abstufungen realisiert sehen will [40].

Für den nach objektiver Gleichheit in der Technik strebenden Sicherheitsingenieur ergibt sich hieraus eine unbefriedigende Ausgangslage, die sich seinem Einfluß aber eindeutig entzieht. Er muß einfach anerkennen, daß Sicherheitsanforderungen an technische Anlagen, je nach ihrer gesetzlichen Bereichszugehörigkeit, unterschiedlich sind, einer Vereinheitlichung nicht zugeführt werden können und über sich verändernde gesellschaftspsychologische Einflüsse einem ständigen Wandel unterliegen.

Versucht man die unterschiedlichen Sicherheitsanspruchsbereiche zu ordnen, so lassen sich in bezug auf technische Systeme zunächst drei Grobkategorien bilden.

Als eine erste gesellschaftliche Zielgruppe können diejenigen Personen zusammengefaßt werden, die in einem technischen System als Funktionsglied zur Aufgabenerfüllung mitwirken. Bei diesen Personen wird man in einem mehr oder weniger großen Umfang ein Wirkungsverständnis für die technischen Anlagen voraussetzen oder gezielt heranbilden können und bei der Festlegung der Anforderungen im Bereich dieser sogenannten Arbeitssicherheit voraussetzen dürfen.

Diese Voraussetzung entfällt, wenn technische Anlagen oder Geräte nicht zum fremden, sondern zum eigenen Nutzen eingesetzt werden − wie beispielsweise bei Haushaltsmaschinen. Auch hier gibt es Bedienungsanleitungen und Wartungsempfehlungen, die wirkliche Beachtung dieser Empfehlungen kann jedoch im Prinzip nicht überwacht werden. Eine Ausnahme in diesem Zusammenhang bilden vielleicht die Kraftfahrzeuge, bei denen sich aus der Fehlbedienung oder Nichtbeachtung der Wartungsvorschriften Gefahren für fremde Personen ergeben können. Im Gemeinschaftsinteresse sind hier gesetzliche Vorschriften sowohl für die Fahrerlaubnis als auch die technische Überwachung entstanden. Generell läßt sich aber für diesen Bereich der B e n u t z e r s i c h e r h e i t feststellen, daß hier in den Sicherheitsanforderungen nur sehr allgemeine Kenntnisse bei den bedienenden Personen vorausgesetzt werden können.

Noch weiterreichende Sicherheitsanforderungen werden im Prinzip von technischen Systemen zu erfüllen sein, wenn Personen unter ihrer Einwirkung stehen, aber weder in ihnen mitwirken, noch einen direkten Eigennutzen durch sie erfahren. Der Bereich dieser sogenannten U m w e l t s i c h e r h e i t wird sich damit prinzipiell noch einmal von der Arbeits- und Benutzersicherheit unterscheiden. In bezug auf diese Einteilung lassen sich Verkehrssysteme hinsichtlich ihrer Bediensteten der Arbeitssicherheit und hinsichtlich ihrer Kunden der Benutzersicherheit zuordnen. Typisch für sie ist allerdings nur der Dienstleistungsaspekt gegenüber den Kunden. Unter Verkehrssicherheit wird daher überwiegend bis ausschließlich die Sicherheitsanforderung gegenüber dem Kunden verstanden, wobei allerdings der Kraftfahrzeugverkehr eine Ausnahme macht, da der private Kraftfahrzeugbetreiber Nutzer- und Betreiberfunktionen in sich vereinigt. Schon diese Tatsache möge als Hinweis genügen, daß Verkehrssysteme insgesamt zwar dem Bereich der Benutzersicherheit zugeordnet werden können, untereinander jedoch, auch im Hinblick auf die Sicherheitsanforderungen, zunächst schon nach Individual- und öffentlichen Verkehrssystemen unterschieden werden müssen.

Weitere Untergliederungen im öffentlichen Verkehr ergeben sich aus den technologischen Grundlagen, wie z. B. die Bereiche Bahn-, Luft- und Straßenverkehr, oder den Aufgaben, wie z. B. allgemeiner Schienen-Fernverkehr und öffentlicher Personennahverkehr. Alle Unterscheidungen, ob aus technischen oder aufgabenorientierten Notwendigkeiten heraus, drücken sich in entsprechenden Gesetzeswerken aus.

1.3.1   Sicherheitsbestimmungen

Der wichtigste Bestandteil des kodifizierten Rechts sind die Gesetze. Dementsprechend begann auch für die Eisenbahnen die rechtliche Regelung, durch Gesetze mit ihrer Einführung.

Alle bisherigen Eisenbahngesetze gehen von dem Grundsatz aus, daß der Bau einer Eisenbahn eine hoheitsrechtliche Aufgabe ist und, sofern sie vom Staat nicht selbst betrieben wird, einer Genehmigung oder Konzession bedarf. Auch der Betrieb einer Eisenbahn wird grundsätzlich unter staatliche Aufsicht gestellt.

Im einzelnen enthält das für Preußen gültige „Gesetz über die Eisenbahn-Unternehmungen" vom 03. 11. 1838 in seinem § 24 die folgende, wahrscheinlich erste, ausdrückliche Sicherheitsbestimmung:

> Die Gesellschaft ist verpflichtet, die Bahn nebst den Transport-Anstalten fortwährend in solchem Stande zu erhalten, daß die Beförderung mit Sicherheit und auf die der Bestimmung des Unternehmens entsprechende Weise erfolgen kann, sie kann hierzu im Verwaltungswege angehalten werden.

Vor diesem historischen Hintergrund stellt sich die gesetzliche Situation auf dem Gebiete des Verkehrs heute folgendermaßen dar. Zunächst regelt das Grundgesetz [41] die Gesetzgebungskompetenzen zwischen den Organen des Bundes und der Länder. So hat nach dem Artikel 73 des Grundgesetzes der Bund die ausschließliche Gesetzgebung über die Bundeseisenbahnen und den Luftverkehr. Nach Artikel 74 des Grundgesetzes erstreckt sich die sogenannte konkurrierende Gesetzgebung auf den Straßenverkehr, die Binnenschiffahrt und die Schienenbahnen, die nicht Bundeseisenbahnen sind, mit Ausnahme der Bergbahnen. Im Bereich der konkurrierenden Gesetzgebung haben die Länder aufgrund des Artikels 72 des Grundgesetzes die Befugnis zur Gesetzgebung solange und soweit der Bund von seinem Gesetzgebungsrecht keinen Gebrauch macht.

Im Rahmen der ausschließlichen und der konkurrierenden Gesetzgebung hat der Bund die nachstehenden, für die allgemeine Sicherheit des Verkehrs maßgebenden Gesetze erlassen [42]:

- Für den Bereich der Schienenbahnen
  Allgemeines Eisenbahngesetz (AEG) vom 29. 03. 1951 [7]
  Bundesbahngesetz (BbG) vom 13. 12. 1951 [43]
  Personenbeförderungsgesetz (PBefG) vom 21. 03. 1961 [44]
- Für den Bereich des Straßenverkehrs
  Straßenverkehrsgesetz (StVG) vom 19. 12. 1952 [45]
  Güterkraftverkehrsgesetz (GüVG) vom 06. 08. 1975 [46]
  Bundesfernstraßengesetz (FStrG) vom 06. 08. 1961
- Für den Bereich des Luftverkehrs
  Luftverkehrsgesetz (LuftVG) vom 04. 11. 1968
  Gesetz über die Bundesanstalt für Flugsicherung (BFSGes) vom 23. 03. 1953
  Gesetz über das Luftfahrt-Bundesamt (LBAGes) vom 30. 11. 1954
- Für den Bereich der Binnenschiffahrt
  Bundeswasserstraßengesetz (WaStrG) vom 02. 04. 1968

Die zitierten Gesetze enthalten einerseits alle gleichermaßen, wenn auch in leicht unterschiedlicher Form, die Auflage, daß die jeweiligen Verkehrssysteme den Anforderungen der Sicherheit und Ordnung zu genügen haben. Zur weiteren Ausgestaltung dieser Auflage findet sich in mindestens einem Gesetz für jeden

Verkehrsbereich eine sogenannte „Ermächtigung", auf deren Basis den Bundes- oder Landesregierungen zugestanden wird, für bestimmte, definierte Teilbereiche des Gesetzwerkes zur vertieften Ausgestaltung Rechtsverordnungen mit gesetzlichem Charakter, aber vereinfachtem Verfahren, zu erlassen [47]. Zu diesen durch Rechtsverordnung auszugestaltenden Bereichen gehören regelmäßig auch die Sicherheitsanforderungen.

1.3.1.1   Sicherheitsregeln für Schienenbahnen

Für den Bereich der Schienenbahnen enthält zunächst die auf der Grundlage des Allgemeinen Eisenbahngesetzes [7] erlassene Eisenbahn-Bau- und Betriebsordnung [48], neben den Einzelbestimmungen zum Betrieb und zur Sicherheit, in ihrem § 2 die gesetzlich vorgeschriebenen allgemeinen Anforderungen:

> „Bahnanlagen und Fahrzeuge müssen so beschaffen sein, daß sie den Anforderungen der Sicherheit und Ordnung genügen. Diese Anforderungen gelten als erfüllt, wenn die Bahnanlagen und Fahrzeuge den Vorschriften dieser Verordnung und, soweit diese keine ausdrücklichen Vorschriften enthält, anerkannten Regeln der Technik entsprechen."

Des weiteren enthält die Verordnung für den Bau und Betrieb der Straßenbahnen (BOStrab) vom 05. 04. 1983 [49] in ihrem § 2 Grundregeln mit gleichem Inhalt:

> Betriebsanlagen und Fahrzeuge müssen so beschaffen sein, daß sie den Anforderungen der Sicherheit und Ordnung genügen. Diese Anforderungen gelten als erfüllt, wenn Betriebsanlagen und Fahrzeuge nach den Vorschriften dieser Verordnung, nach den von der Technischen Aufsichtsbehörde und von den Genehmigungsbehörden getroffenen Anordnungen sowie nach den allgemein anerkannten Regeln der Technik gebaut sind und betrieben werden.

Beide Verordnungstexte berücksichtigen mit ihrer Formulierung „Die Anforderungen gelten als erfüllt" zunächst die unabänderliche Tatsache, daß es keine absolute Sicherheit geben kann. Weiterhin gliedert sich die Anforderungserfüllung in mehrere Ebenen, von denen die erste „... nach den Vorschriften dieser Verordnung" im gewissen Sinne zwar selbstverständlich erscheint, aber schon deshalb notwendig wird, um die anderen Anforderungsebenen überhaupt einführen zu können. Die in der BOStrab eingeführte Anforderungsebene „nach den von der Technischen Aufsichtsbehörde und von den Genehmigungsbehörden getroffenen Anordnungen" ist sicherlich nicht so zu verstehen, daß hiermit ein beliebiger Ermessensspielraum eröffnet werden soll. Einmal können die Aufsichts- und Genehmigungsbehörden nicht über die Anforderungen der BOStrab selbst hinausgehen. Zum anderen sind sie aber auch durch die dritte, beiden Verordnungen wieder gemeinsame Anforderungsebene im Ermessen eingeschränkt, nach der die Sicherheit als erfüllt gilt, wenn die „anerkannten Regeln der Technik" eingehalten werden.

Was sind nun die „anerkannten Regeln der Technik"? Auf diese Frage versuchen zahlreiche Veröffentlichungen und Gerichtsurteile eine Antwort zu finden. Die vielleicht jüngste und umfassendste Zusammenstellung hierzu findet sich in dem Werk von Peter Marburger:

> „Die Regeln der Technik im Recht" [50]. Es ist selbstverständlich unmöglich, die vor allen Dingen juristische Diskussion um die angeführten Begriffe hier nachzuvollziehen; es können vielmehr nur die wichtigsten und unbestrittenen Grundsätze auswertend festgehalten werden, wobei als Abstützung das Werk von Nicklisch, Schottelius, Wagner: „Die Rolle des wissenschaftlich-technischen Sachverstandes bei der Genehmigung chemischer und kerntechnischer Anlagen" [51] herangezogen wird.

Hiernach ist zunächst herauszustellen, daß Generalklauseln und unbestimmte Rechtsbegriffe wie die gesetzliche Verweisung auf die „anerkannten Regeln der Technik" nicht nur in dem vergleichsweise jungen Recht der technischen Sicherheit vorkommen, sondern zur allgemein üblichen Rechts- und Gesetzespraxis gehören. Als Beispiel führt Nicklisch die verweisenden Generalklauseln „der guten Sitten" (BGB §§ 138, 826) an, die den Zivilrechtsordnungen spätestens seit den „boni-moris-Klauseln" des römischen Rechtes bekannt sind. Weitere übliche Generalklauseln seien die „im Verkehr erforderliche Sorgfalt" (BGB § 276) oder „wie Treu und Glauben ... es erfordern" (BGB §§ 157, 242).

Ausführlich wird das Aufkommen dieses und auch der anderen in diesem Zusammenhang wichtigen Begriffe „Stand der Technik" und „Stand von Wissenschaft und Technik" sowie ihre Verbreitung und neueste Definition in [50] beschrieben. Danach befindet sich der Begriff „allgemein anerkannte Regeln (der Baukunst)" erstmals im preußischen Landrecht aus dem Jahre 1794. Gemeint waren hier feste überlieferte Erfahrungsregeln, die zwar nicht schriftlich niedergelegt waren, ihre Eignung zur Gefahrenverhütung aber vielfach, zum Teil über Jahrhunderte hinweg, nachgewiesen hatten und gleichzeitig kraft langer Überlieferungen inhaltlich feststanden. Mit der zunehmenden Industrialisierung im 19. und 20. Jahrhundert sowie dem damit verbundenen Eindringen gefahrenbehafteter technischer Systeme in den menschlichen Lebensbereich weitete sich zunächst der Begriff der „allgemein anerkannten Regeln" von der Baukunst auf die Technik allgemein aus. Zum zweiten entwickelte sich im Gefahrenabwehrrecht eine Zusammenarbeit zwischen dem Gesetzgeber und dem privaten organisierten Sachverstand dergestalt, daß unter den „allgemein anerkannten Regeln der Technik" die von privaten Normungsverbänden oder von öffentlich-rechtlichen nichtstaatlichen Ausschüssen verabschiedeten Einzelregelungen wie z. B. DIN-Normen oder VDE-Richtlinien verstanden werden.

Nach Marburger [50] deutet das Erfordernis der „allgemeinen Anerkennung" von seinem sprachlichen Gehalt und von der Intention des Gesetzgebers her auf die Billigung der jeweils in Frage stehenden Regeln wenigstens durch die Mehrheit der zuständigen Fachleute hin. Diese subjektive Bindung an die Mehrheitsauffassung der Fachleute und die Annahme, daß die Mehrheitsauffassung im Regelwerk von Normungsverbänden und technischen Ausschüssen zum Ausdruck kommt, hält Marburger angesichts der normativen Funktion des Begriffs „allgemein anerkannte Regeln der Technik" für nicht allein entscheidend. Zwar wird sich die Mehrheitsansicht am Erprobten und Bewährten zu orientieren pflegen, sie kann aber trotz ihrer allgemeinen Verbreitung objektiv falsch sein. Weiterhin bietet die Mitarbeit sachverständiger oder interessierter Kreise am Regelwerk der Normen und Richtlinien sowie das geordnete Verfahren mit Entwurfspublikationen und Stellungnahmen der interessierten Fachöffentlichkeit einen hohen Wahrscheinlichkeitsgrad für die Repräsentation der Fachmeinung, aber angesichts der pluralistischen Besetzung der Verabschiedungsorgane sind die beschlossenen Regeln dennoch im Normalfall immer Kompromisse unterschiedlicher Zielsetzungen, Meinungen und Interessen.

Schwieriger werden die Verhältnisse, wenn hinsichtlich der Sicherheitsanforderungen noch keine kodifizierten technischen Bestimmungen existieren.

Nicklisch hält bei einer gerichtlichen Überprüfung von Sicherheitsanforderungen eine „kontrollierte Rezeption" der technischen Gegebenheiten durch Feststellung der Mehrheitsauffassung der Fachleute im jeweiligen Einzelfall für erforderlich. Er beklagt die derzeitige Rechtspraxis vor allem im Zusammenhang mit atomtechnischen Sicherheitsfragen, bei denen die Gerichte in den Meinungsstreit der Sachverständigen eingreifen und somit auf einem Gebiet entscheiden, das sich ihrer Sachkompetenz entzieht. Die hieraus resultierende „geradezu katastrophale Rechtsunsicherheit" wird mit einander widersprechenden Urteilen zum Berstschutz bei den Kernkraftwerken belegt. So entschied das Verwaltungsgericht Würzburg hinsichtlich des Kernkraftwerkes Grafenrheinfeld, daß auf einen Berstschutz verzichtet werden kann, während das Verwaltungsgericht Freiburg ihn für das Kraftwerk Wyhl fast gleichzeitig (März 1977) für erforderlich hielt. Die derzeitige Rechtsunsicherheit im Kernkraftwerksbau ließe sich nach Nicklisch überwinden, wenn man der technischen Mehrheitsauffassung auch in Einzelfragen größeres Gewicht verschaffen würde.

Im Grunde stellt natürlich die von Nicklisch vorgeschlagene Verfahrensweise, wie auch die derzeitige Gerichtspraxis, in der Kernenergie so oder so nichts weiter dar als eine am Einzelfall gerichtlich herbeigeführte oder gerichtlich verfügte „DIN-Vorschrift", die dann natürlich zum kodifizierten Teil der anerkannten Regeln der Technik gehört. Dem von Nicklisch vorgeschlagenen Vorgehen nach einer „kontrollierten Rezeption" in der Rechtspraxis ist gegenüber juristischen Entscheidungen zu technischen Sachverhalten sicherlich der Vorzug zu geben, es wird jedoch erst wirksam, wenn eine Sicherheitsfrage der gerichtlichen Überprüfung zugeführt ist und deckt somit nicht den Bereich ab, in dem es noch zu keiner gerichtlichen Überprüfung von Sicherheitsmaßnahmen im nicht kodifizierten Bereich gekommen ist.

Man könnte versucht sein, diesen Bereich nach dem Motto „Wo kein Kläger ist, da ist auch kein Richter" als dem freien Ermessen oder dem Gewissen des Ingenieurs überlassen anzusehen, obwohl von vornherein diese Auffassung als unbefriedigend erscheinen muß. Ein erster Anhalt zur Orientierung des freien Ingenieurermessens findet sich bei Marburger [50], der feststellt, daß letztlich kodifizierte Regeln nicht allein für die Einführung von Sicherheitsmaßnahmen gültig sein können, sondern daß es einen objektiven, von Kodifizierungen unabhängigen Maßstab für Sicherheitsmaßnahmen dergestalt gibt, daß

− ihre Eignung objektiv, d. h. wissenschaftlich-experimentell nachweisbar sein muß, und daß sich

− ihre Richtigkeit in der praktischen Anwendung erwiesen haben muß.

Auch Nicklisch stellt fest, daß selbst bei der von ihm abgelehnten Methode der „Relegation zur konkretisierenden Rechtsfindung" durch die Gerichte, diese mindestens an wissenschaftliche und technische Fakten, insbesondere im Sinne von Naturgesetzen, gebunden sind.

Zusammenfassend reicht damit der Katalog von Sicherheitsregeln von

− gesetzlichen Verordnungen über

− kodifiziert niedergelegte Mehrheitsauffassungen von Fachleuten bis zu

− nicht-kodifizierten allgemeinen Grundsätzen.

Erst mit den zuletzt genannten allgemeinen Grundsätzen wird es möglich, technische Aufgabenstellungen mit neuen technologischen Hilfsmitteln zu lösen.

1.3.1.2 Sicherheitsregeln für die übrigen Verkehrsmittel

Aufgrund der natürlichen Gegebenheiten vollzog sich die Entwicklung der übrigen Verkehrsmittel bis zum heutigen Stand in ganz anderer Weise. Ob als Straßenfahrzeug, Flugzeug oder Schiff waren sie in ihren Anfängen unabhängig von besonderen Fahrwegeinrichtungen. Erst im Laufe der Neuzeit kam der Ausbau des Straßennetzes, der Flug- und Seehäfen sowie die Sicherung der Luft- und Schiffahrtswege hinzu. Dementsprechend gliedern sich auch heute noch die Sicherheitsbestimmungen dieser Verkehrsmittel anders auf als bei den Schienenbahnen.

Entsprechend der historischen Entwicklung lassen sich zuerst die Bestimmungen für die Fahrzeuge anführen:

Im **Straßenverkehr** sind aufgrund des § 6 des Straßenverkehrsgesetzes zunächst zwei Rechtsverordnungen erlassen worden, von denen sich die Straßenverkehrs-zulassungsverordnung (StVZO) vom 15. 11. 74 [52] mit der Fahrzeugbeschaffenheit und dem Verfahren ihrer Zulassung für den öffentlichen Verkehr beschäftigt.

In einer weiteren aus dem Straßenverkehrsgesetz abgeleiteten Rechtsverordnung, der Straßenverkehrsordnung (StVO) vom 16. 11. 1970 [53] werden die Verhältnisse für das Bewegen der Fahrzeuge auf den öffentlichen Flächen einschließlich der möglichen Einzelanweisungen durch Beschilderung und sonstige Einrichtungen bis in die Abmessungen hinein geregelt.

Ein weiterer dritter Bereich, der der Ausgestaltung und Ausrüstung der Straßen, ist ohnehin bereits auf der Gesetzesebene mit dem Bundesfernstraßengesetz und den Landesstraßengesetzen getrennt geregelt.

Die gleiche Dreiteilung findet sich in den gesetzlichen Regelungen für den **Luftverkehr**.

Für die Fahrzeuge legt die Luftverkehrszulassungsordnung (LuftVZO) vom 28. 11. 1968 die Zulassungspflicht, das zugehörige Verfahren sowie den Zulassungsumfang fest. Sie unterscheidet nach einer Muster- und einer Verkehrszulassung.

Die Zulassungen selbst werden vom Luftfahrt-Bundesamt erteilt, zu dessen Einrichtung ein eigenes Gesetz erlassen wurde.

Die der Zulassung vorausgehenden Prüfungen sind in einer Prüfordnung für Luftfahrtgerät (LuftGerPO) vom 16. 05. 1968 festgelegt.

Ein betrieblicher Teil des Luftverkehrs wird in einer Rechtsverordnung geregelt, die sich als Betriebsordnung für Luftfahrtgerät (LuftBO) vom 04. 03. 1970 mit dem Halten und Betreiben beschäftigt.

Eine weitere Rechtsverordnung, die Luftverkehrsordnung (LuftVO) vom 14. 11. 1969 schreibt das grundsätzliche Verhalten im Luftverkehr ähnlich wie in der Straßenverkehrsordnung vor.

Hinsichtlich der baulichen Anlagen bestimmt bereits das Luftverkehrsgesetz, daß Flugplätze nur mit einer Genehmigung errichtet werden dürfen und legt hierzu selbst einige Grundbedingungen fest (§ 6).

Außerdem enthält auch die Luftverkehrszulassungsordnung Bestimmungen für den Betrieb von Flughäfen und die Pflichten der Flughafenunternehmer.

Für den **Schiffsverkehr** auf Binnengewässern gilt zunächst das Bundeswasserstraßengesetz (WaStrG) vom 02. 04. 1968, in dem die grundsätzliche Verantwortung und weitere Einzelheiten für die festen Anlagen festgelegt sind.

Aus diesem Gesetz abgeleitet, behandelt die Binnenschiffahrtsstraßenordnung (BSchStrO) vom 19. 12. 1954 sowohl den Bau und die Ausrüstung der Fahrzeuge im § 10 als auch das Verhalten beim Befahren der Binnenwasserstraßen im § 4.

Insgesamt betrachtet finden sich in allen Gesetzgebungswerken zum Verkehr die gleichen Grundsätze wieder, wie sie für die Schienenbahnen etwas eingehender dargelegt werden konnten.

1.3.2 Schutzbestimmungen

Die im öffentlichen Interesse festgelegten Sicherheitsbestimmungen, wie sie im voranstehenden beschrieben wurden, fordern folgerichtig auch Schutzbestimmungen im öffentlichen Interesse, die denjenigen mit Strafe bedrohen, der gegen

sie verstößt. Die entsprechenden Strafandrohungen finden sich im Strafgesetzbuch unter dem Abschnitt „Gemeingefährliche Straftaten", wobei das Adjektiv
„gemeingefährlich" auf eine Gefährdung der Allgemeinheit, also der Gesellschaft, abzielt und nicht eine besondere Verwerflichkeit dieser Straftaten zum
Ausdruck bringen will.

Neben dem § 330 des Strafgesetzbuches (StGB) [54], [55] der die Verletzung der
Regeln der Technik allgemein mit Strafe bedroht, enthalten die §§ 315, 315a und
315c (StGB) besondere Strafandrohungen für die Gefährdung des Bahn-, Luft-,
Schiffs- und Straßenverkehrs.

Angesprochen sind hier zunächst vorsätzlich und fahrlässig begangene Delikte,
die die Funktionsfähigkeit des Verkehrsbetriebes beeinträchtigen, wobei nicht
unterschieden wird, ob die Handlung von einer zum Betrieb gehörenden Person
oder einem Betriebsfremden vorgenommen wird. Außerdem ist nicht nur das
aktive Handeln angesprochen, sondern es sind nach allgemeiner Rechtsauffas-
sung auch pflichtwidrige Unterlassungen den aktiven Handlungen gleichzustel-
len. Eine Bestrafung aus § 315 (StGB) wegen Unterlassung setzt aber voraus, daß
der Täter verpflichtet war, eine bestimmte Handlung vorzunehmen und deren
Unterlassung an Gefährlichkeit einem aktiv vorgenommenen Eingriff gleich-
steht.

Die Strafandrohungen sind zweigeteilt und richten sich in einem ersten Teil, der
im § 315 erfaßt ist, eher gegen Beeinträchtigungen der Verkehrssicherheit durch
systemfremde Personen, die Anlagen oder Beförderungsmittel zerstören, Hin-
dernisse bereiten, falsche Signale geben usw. Dieser Teil kann bei den hier zu
behandelnden Problemen außer Betracht bleiben.

Neben den Schutzbestimmungen, die sich in erster Linie gegen eine Beeinträchtigung der Verkehrsmittel von außen richten, enthält der § 315a in seinem Absatz
(1) unter Punkt 2. eine Vorschrift, die für die innerhalb eines Verkehrsunternehmens tätigen Personen von Bedeutung ist:

> (1) Mit Freiheitsstrafe bis zu fünf Jahren oder mit einer Geldstrafe wird
> bestraft, wer
>
> als Führer eines solchen Fahrzeugs oder als sonst für die Sicherheit
> Verantwortlicher durch grob pflichtwidriges Verhalten gegen Rechts-
> vorschriften zur Sicherung des Schienenbahn-, Schwebebahn-, Schiffs-
> oder Luftverkehrs verstößt.

Für die Sicherheitsentscheidungen innerhalb eines Verkehrsunternehmens ist
diese Bestimmung von besonderer Bedeutung.

Auf den ersten Blick erscheint die Formulierung des Gesetzestextes nicht sehr
streng, da sie nur „grob pflichtwidrigen" Verstößen gegen „Rechtsvorschriften
zur Sicherung des Verkehrs" mit Strafe droht. Man muß sich jedoch vor Augen
halten, daß zu den Rechtsvorschriften, gegen die verstoßen werden kann, nach
den Ausführungen im Abschnitt 1.3.1 auch der unbestimmte Rechtsbegriff „nach
dem Stand der Technik" gehört. Damit soll einerseits eine rechtliche Flexibilität

im Hinblick auf den Fortschritt der Technik geschaffen werden, andererseits entsteht jedoch ein gesetzlicher Freiraum für Sicherheitsentscheidungen im Zusammenhang mit dem technischen Fortschritt. Nach den verschiedenen rechtlichen Auslegungen wird der „Stand der Technik" gemäß Abschnitt 1.3.1 beschrieben durch privatrechtlich vereinbarte Vorschriften und Richtlinien wie DIN-Blätter, DB-Vorschriften o. ä., zu ihm gehören jedoch auch nicht-kodifizierte Regeln wie die objektive Richtigkeit bestimmter Maßnahmen oder praktische Bewährung, die auf dem Analogieschlußwege, beispielsweise zwischen verschiedenen Technologieebenen (Relaistechnik und Elektronik) übertragen werden.

Schon die kodifizierten Regeln wie DIN o. ä. sind unter bestimmten Umständen als Rechtsnorm nicht allein verbindlich, sondern es wird vom Sicherheitsverantwortlichen eine Gültigkeitsauslegung für den zu entscheidenden Fall verlangt.

Vollends dagegen ist der Sicherheitsverantwortliche auf sein eigenes Ermessen angewiesen, wenn er im nicht kodifizierten Bereich des „Standes der Technik" Analogieschlüsse zu ziehen hat. Jede Ermessensentscheidung eines Sicherheitsverantwortlichen unterliegt im Schadensfall bei der gerichtlichen Ursachen- und Verschuldensbestimmung der Nachprüfung. Der gesetzestextlich gegebene Maßstab der „grob pflichtwidrigen Verletzung von Sicherheitsbestimmungen" als strafauslassend ist nur vordergründig einschränkend, da diese qualitative Einschätzung des Handelns eines Sicherheitsverantwortlichen nun wiederum im Ermessen des jeweiligen Gerichtes steht und sicher von der Größe des Schadens oder weiteren Umständen direkt oder indirekt mitbestimmt wird.

Gerade Sicherheitsverantwortliche, die sich der möglichen Sicherungsmaßnahmen in der Technik bewußt sind, müssen auf diesen Ermessens-Entscheidungsvorgang sozusagen zwangsläufig das technische Prinzip des „Ausfalls nach der sicheren Seite" anwenden, d. h. ihre Ermessens-Entscheidung so treffen, daß sie einer späteren gerichtlichen Überprüfung auch bei ungünstigster Auslegung des Begriffs „grob pflichtwidrig" standhalten kann.

Die Folgen solcher Entscheidungsgrundlagen drücken sich in der Summe der „analytisch-prognostischen" Sicherheitsarbeit (s. Abschnitt 3.2.3) aus, bei der die Grenzen des Sicherheitsaufwandes nur von der strafrechtlich beflügelten Phantasie bestimmt werden.

Rechtlich ist jedoch allgemein anerkannt, daß der Sicherheitsaufwand auch von der wirtschaftlichen Zumutbarkeit her begrenzt ist (s. Abschnitt 3.3.3). Dieser Widerspruch zwischen den rechtlich abgesicherten objektiven Sicherheitszielen des Unternehmens und den subjektiven Sicherheitszielen der einzelnen Sicherheitsverantwortlichen ist grundsätzlich nicht aufzulösen. Die subjektiven Entscheidungsziele sind in ihrer Wirkung nur dadurch zu begrenzen, daß die Sicherheitsverantwortlichen in ihrer Ermessensfreiheit bei Sicherheitsentscheidungen durch Vorgaben oder Vorschriften des Unternehmens in ihrer persönlichen Verantwortung entlastet werden. Diese vom Unternehmen ausgehenden Vorgaben müssen vor allem auf dem Grundgedanken der Gleichmäßigkeit der

Sicherheitsmaßnahmen in allen Bereichen des Bahnbetriebes abzielen. Grundlage derartiger Betrachtungen müssen erneut Zielsetzungen sein, die absolute oder relative Bewertung von Sicherheitsmaßnahmen zum Gegenstand haben.

1.3.3 Schadenersatzbestimmungen

1.3.3.1 Verschuldenshaftung

So wie der Schaden selbst als Rechtsgutverletzung einer natürlichen oder juristischen Person eine weite und differenzierte Behandlung in der Rechtsprechung und in der juristischen Literatur findet, so sind auch die Folgen eines Schadeneintritts sehr ausgiebig behandelt. Während die öffentlichen Interessen über das Strafrecht bei der Verursachung eines Schadens auf eine Bestrafung des Täters als mehr moralischen Ausgleich und auch auf eine Abschreckung weiterer möglicher Täter abzielen, geht es im Zivilrecht darum, eine Wiedergutmachung des Schadens auf dem Ersatzwege im Rahmen des Möglichen zu erreichen.

Grundsätzlich gilt in der Rechtsprechung zum Schadenersatz, daß zunächst jeder den Schaden, der ihn, insbesondere zufällig, trifft, auch selbst zu tragen hat. Schon das römische Recht kannte diesen Grundsatz unter der Bestimmung: „casum sentit dominus" [17]. Wenn man demgegenüber bei einem schädigenden Ereignis von einem anderen den Ersatz des entstandenen Schadens verlangen will, so bedarf es hierzu eines besonderen Rechtsgrundes. Dieser Rechtsgrund ist nur gegeben bei entsprechend ausformulierten Verträgen zwischen den beteiligten Rechtsträgern oder ergibt sich nach den gesetzlichen Bestimmungen bei unerlaubten Handlungen. Zur Begründung eines Schadenersatzanspruchs muß demnach ein Verschulden, d. h. die Vorwerfbarkeit eines rechtswidrigen Handelns, vorliegen. Diese Art der Verpflichtung zum Schadenersatz aufgrund eines Verschuldens, die sich auch kurz als Verschuldenshaftung bezeichnen läßt, gründet sich vor allem auf den § 823 des Bürgerlichen Gesetzbuches [56], [57]:

> (1) Wer vorsätzlich oder fahrlässig das Leben, den Körper, die Gesundheit, die Freiheit, das Eigentum oder ein sonstiges Recht eines anderen widerrechtlich verletzt, ist dem anderen zum Ersatze des daraus entstehenden Schadens verpflichtet. Die Vorschrift verlangt eine Verletzungshandlung, einen dadurch verursachten Schaden, Rechtswidrigkeit und Verschulden."

Aus dem Text dieses Paragraphen wird noch einmal deutlich, daß kein grundsätzlicher rechtlicher Unterschied zwischen den verschiedenen Schadensarten wie Gesundheitsschädigungen oder immaterieller Schaden u. ä. gemacht wird. Des weiteren wäre hervorzuheben, daß für jede gesetzliche Schadenersatzpflicht vorausgesetzt wird, daß das schädigende Ereignis den eingetretenen Schaden verursacht hat (Kausalitätsprinzip), etwa in dem Sinne, daß die Ursache des schädigenden Ereignisses nicht weggedacht werden kann, ohne daß gleichzeitig der Schaden entfiele.

Eine Schadenersatzpflicht in dem aufgezeigten Sinne wird über den gesetzlichen Begriff der „unerlaubten Handlung" auch begründet, wenn die Unterlassung einer Handlung vorliegt, zu der wiederum auf gesetzlicher Basis eine Verpflichtung besteht. Die Strafbarkeit sowohl für das schädigende Handeln wie das Unterlassen ist nicht Voraussetzung für die Begründung einer Schadenersatzpflicht. Die Schadenersatzpflicht beabsichtigt im Grundsatz die uneingeschränkte Wiederherstellung des Zustandes vor Eintritt des schädigenden Ereignisses, d. h. im Prinzip auch den vollständigen Ersatz des eingetretenen Schadens. Nur wenn dies objektiv nicht möglich ist, kommt unter bestimmten Bedingungen eine Abgeltung in Geld in Frage. Die Schadenersatzpflicht kann aufgehoben sein oder auf andere Personen übergehen, wenn bei der schädigenden Person Unzurechnungsfähigkeit vorliegt. Ferner kann sich eine Eingrenzung der Verpflichtung zum Schadenersatz über die Verursachungsart auf dem Wege des Vorsatzes, der groben oder einfachen Fahrlässigkeit u. ä. ergeben. Zur weiteren Vertiefung der Zusammenhänge wird auf die einschlägige Literatur verwiesen; es sei hier lediglich ausgeführt, daß das Prinzip der allgemeinen Verschuldenshaftung uneingeschränkt auch für alle technischen Systeme und darunter auch für Verkehrssysteme gilt.

1.3.3.2   Gefährdungshaftung

Eine Pflicht zum Schadenersatz sieht unsere Rechtsordnung in der Regel – wie im voranstehenden ausgeführt – nur dann vor, wenn ein Verschulden des Schädigers vorliegt. In einer Reihe von Fällen wird hierüber hinausgehend an die von der bloßen Inbetriebnahme einer Einrichtung ausgehende Gefährdung als grundsätzliche Betriebsgefahr eine Haftung des Betreibers der Einrichtung auch ohne dessen Verschulden gebunden, wenn durch den Betrieb der Einrichtung Dritte zu Schaden kommen.

Die Rechtsordnung als Ausdruck der gesellschaftspsychologischen Gefährdungseinschätzung geht hierbei davon aus, daß es dem Geschädigten im Einzelfall nicht zumutbar ist, ein Verschulden des Betreibers nachzuweisen. Die Gefährdungshaftung wird daher vor allem komplexen technischen Systemen auferlegt, deren Funktionieren nicht unmittelbar einsichtig ist. Zu den technischen Systemen, die seit langem mit der Gefährdungshaftung belegt sind, gehören in historischer Reihenfolge zunächst die Eisenbahnen, später aber auch alle anderen Verkehrssysteme und die Energieerzeugungsanlagen.

Zum Grundsatz der Gefährdungshaftung, die – nochmals herausgestellt – kein Verschulden voraussetzt, gehört hinzu, daß die durch sie begründete Schadenersatzpflicht in der Höhe begrenzt oder unter besonderen Umständen auch ausgeschlossen ist, damit der Schädiger nicht unverhältnismäßig belastet wird.

Im einzelnen sind die Begrenzung der Schadenersatzpflicht und ihr Ausschluß für die verschiedenen technischen Bereiche sehr unterschiedlich ausgestaltet. Hierin spiegelt sich besonders deutlich die unterschiedliche gesellschaftspsychologische Einschätzung der verschiedenen Systeme wider.

So gilt beispielsweise für den Eisenbahnverkehr als Haftungsbegründung seit Einführung [58] nach dem Haftpflichtgesetz § 1.1.:

> (1) Wird bei dem Betrieb einer Schienenbahn oder einer Schwebebahn ein Mensch getötet, der Körper oder die Gesundheit eines Menschen verletzt oder eine Sache beschädigt, so ist der Betriebsunternehmer dem Geschädigten zum Ersatz des daraus entstehenden Schadens verpflichtet.

Während der Haftungsausschluß nach dem gleichen Gesetz wie folgt bestimmt wird:

> (2) Die Ersatzpflicht ist ausgeschlossen, wenn der Unfall durch höhere Gewalt verursacht ist.

Im Zusammenhang mit der Gefährdungshaftung ist in der Rechtsprechung definiert [39].

> „Unter höherer Gewalt ist zu verstehen: jedes erkennbar nicht aus dem fraglichen Betrieb entstehende, also gewissermaßen von außen kommende Ereignis, dessen schädigende Wirkung auch durch die vernünftigerweise zu erwartenden Vorsichtsmaßregeln nicht vermieden werden konnte."

Gemäß der Definition für den Begriff der „höheren Gewalt" haftet der Betriebsunternehmer nur dann auch für Schädigungen aus betriebsexternen Ereignissen, wenn diese durch vernünftigerweise zu erwartende Vorsichtsmaßregeln hätten vermieden werden können. Unter dem Begriff „vernünftigerweise" wird einerseits die Ausschöpfung aller Möglichkeiten nach dem Stand der Technik verstanden, andererseits ihre Anwendung aber auch nur bis zur „äußersten Sorgfalt" erwartet. Wo, in Zahlen ausgedrückt, die wirtschaftlichen Grenzen der „äußersten Sorgfalt" liegen, ist allerdings wiederum nicht generell festgelegt und wird wohl auch künftig nur zur Beurteilung von Einzelfällen festgelegt werden.

Für den Straßenverkehr lautet zunächst die Haftungsbegründung nach dem Straßenverkehrsgesetz (StVG) im § 7.1 durchaus ähnlich:

> (1) Wird bei dem Betrieb eines Kraftfahrzeugs ein Mensch getötet, der Körper oder die Gesundheit eines Menschen verletzt oder eine Sache beschädigt, so ist der Halter des Fahrzeugs verpflichtet, dem Verletzten den daraus entstehenden Schaden zu ersetzen.

Der Haftungsauschluß nach dem gleichen Gesetz lautet dagegen:

> (2) Die Ersatzpflicht ist ausgeschlossen, wenn der Unfall durch ein unabwendbares Ereignis verursacht wird, das weder auf einem Fehler in der Beschaffenheit des Fahrzeugs noch auf einem Versagen seiner Vorrichtungen beruht. Als unabwendbar gilt ein Ereignis insbesondere dann, wenn es auf das Verhalten des Verletzten oder eines Tieres zurückzuführen ist und sowohl der Halter als der Führer des Fahrzeugs jede nach den Umständen des Falles gebotene Sorgfalt beachtet hat.

und hebt somit nicht mehr auf die „höhere Gewalt" sondern nur noch auf das „unabwendbare Ereignis" ab, dessen Definition eine erheblich niedrigere Ausschlußgrenze festlegt.

Zu weiteren Einzelheiten des Haftungsrechts im Verkehr sei auf die einschlägige juristische Literatur hingewiesen. Einheitlich gilt trotz der unterschiedlichen Haftungsausschlüsse und Haftungsgrenzen, daß beim Vorliegen eines Verschuldens auf seiten des Systembetreibers die unbegrenzte Haftung nach dem bereits zitierten § 823 BGB eintritt.

1.3.4 Sicherheitsorganisation

Das organisatorische Zusammenspiel der verschiedenen Institutionen und Behörden bei der Behandlung von Sicherheitsfragen sowie die zugehörigen unterschiedlichen Verantwortungsbereiche im Verkehr gehören einerseits heute zum selbstverständlichen Kenntnisstand eines jeden Beteiligten, erscheinen aber andererseits Außenstehenden sehr kompliziert und zum Teil auch unverständlich.

Geht man auf die ersten Anfänge der Verkehrssysteme zurück, so lassen sich relativ deutlich die Grundstrukturen ableiten, um die sich die inzwischen komplexer gewordenen Sicherheitsorganisationen heute immer noch ranken. Zunächst einmal ist in diesem Zusammenhang festzuhalten, daß der Bau sowie die Unterhaltung von Land- und Wasserwegen − als den ersten verkehrlichen Anlagen − zum allgemeinen Gebrauch von Anfang an als eine Gemeinschaftsaufgabe, als eine Aufgabe des Staates angesehen wurde. Im Laufe der Entwicklung konnte sie später auch Privatpersonen übertragen werden, wenn diese bereit waren, für das Recht der Gebührenerhebung auf diesen Wegen bestimmte staatliche Auflagen zu erfüllen [59]. Entsprechend dieser Grundauffassung, nach der die Anlage von Verkehrswegen, ob delegiert oder nicht, eindeutig in die öffentliche Verantwortung des Staates fällt, wurden zu Beginn des vergangenen Jahrhunderts zunächst auch die Eisenbahnvorhaben behandelt. Genau wie die Straßen und Wasserwege der damaligen Zeit allgemein genutzt werden konnten, war zunächst auch für die Eisenbahnen vorgesehen, daß die Genehmigung zur Herstellung einer Eisenbahn in Gestalt der Schienenwege und Bahnhöfe zwar Privatpersonen, meist in der Form von Gesellschaften, gewährt werden konnte, daß daneben aber auch andere Gesellschaften diesen Fahrweg gegen die Entrichtung von Benutzungsgebühren mit benutzen konnten. Praktisch fand diese vorgesehene Möglichkeit jedoch keine Verwirklichung, da Fahrweg und Fahrzeug bei den Eisenbahnen eine technische Einheit bildeten, die nur schwer in unterschiedliche Elemente aufgeteilt werden konnte.

Die allgemeine Entwicklung in diesem Punkt läßt sich mit den Verhältnissen in Preußen am Anfang des vorigen Jahrhunderts belegen.

So hielt man sich zunächst bei der Beurteilung von Eisenbahnvorhaben an eine königliche Kabinettsorder vom 21. Juli 1809, die zuließ, daß „Chausseen-, Kanal-, Brücken- und andere gemeinnützige Anlagen zum öffentlichen Gebrauch gegen Verleihung angemessener Abgaben durch Privat-Personen, einzeln oder in Gesellschaften vereinigt, bewerkstelligt" werden konnten [60]. Die Eisenbahnen finden sich offenbar in diesem Text zunächst über die „anderen gemeinnützigen Anlagen" angesprochen. Man erkannte auch in Preußen sehr bald, daß „durch die beabsichtigte Benutzung der Eisenbahn mittels Locomotiv-Maschinen wohl jede Conkurrenz anderer Vehikel ausgeschlossen sein dürfte" und begann in den dreißiger Jahren des vergangenen Jahrhunderts die Eisenbahnverhältnisse gesondert zu regeln [61]. Als Ergebnis der langjährigen Überlegungen entstand schließlich im Jahre 1838 das preußische Eisenbahngesetz, in dem sich hinsichtlich der Sicherheitsorganisation die wichtige Grundbestimmung findet, nach der sich die Eisenbahngesellschaften einer Staatsaufsicht zu unterwerfen hatten, die sich vor allem auf die technischen Anlagen und auf die Sicherheit des Betriebes bezog [58]. Mit dieser Bestimmung war gewissermaßen das Aufsichtsprinzip hinsichtlich der Sicherheitsgewährleistung für Deutschland geboren, wie es sich später in vielen anderen Länder-Eisenbahngesetzen und auch in heute gültigen Verkehrsgesetzen wiederfindet [62], [63], [64], [65], [66], [67], [68]. Nach dem Aufsichtsprinzip entwickelte sich naturgemäß die zugehörige Sicherheitsorganisation zunächst bei den Eisenbahnen, aber später auch bei den jüngeren Verkehrssystemen. Das Prinzip der staatlichen Aufsicht über Verkehrssysteme ist heute so selbstverständlich geworden, daß es als die einzig mögliche Grundbedingung für die Sicherheitsorganisation genommen werden könnte. Tatsächlich existiert aber neben dem Aufsichtsprinzip auch noch eine andere Möglichkeit, die Sicherheit von Verkehrssystemen zu gewährleisten.
Der Grundgedanke hierfür besteht darin, denjenigen, die ein solches System betreiben wollen, anstelle einer detaillierten staatlichen Aufsicht lediglich den Abschluß einer Versicherung aufzuerlegen, deren Garantiesumme geeignet erscheint, alle möglicherweise entstehenden Schäden angemessen entschädigen zu können. Der Vorteil dieses auch als Versicherungsprinzip zu bezeichnenden Vorgehens besteht zweifellos darin, daß staatlicherseits als einzige Sicherheitsmaßnahme der Nachweis der abgeschlossenen Versicherung zu prüfen wäre, während andererseits die Detailmaßnahmen dem Wechselspiel zwischen Verkehrsunternehmen und Versicherungsunternehmen überlassen bleiben. Dieses Wechselspiel würde sich orientieren an dem Verhältnis zwischen Prämienhöhe und Schadenssummen. Mit steigenden Schäden müßte sich naturgemäß auch die vom Verkehrsunternehmen aufzubringende Versicherungsprämie erhöhen, so daß sich auch ein wirtschaftlicher Anreiz für den Verkehrsunternehmer ergibt, über Sicherheitsmaßnahmen die Schadenshöhe und die Prämienrechnung niedrig zu halten. Dem Versicherungsprinzip haftet aber zunächst der Mangel an, daß sein wirtschaftlicher Regelungsmechanismus erst den Ereignissen nachlaufend greift, d. h., es müssen beispielsweise erst größere Schäden entstanden sein, ehe die Prämien erhöht werden.

Des weiteren sind Ersatzleistungen in wirtschaftlichen Werten für eine Reihe von Schäden, z. B. an menschlichen Leben oder an der Gesundheit nur unvollkommen möglich. Der indirekten Einbeziehung solcher Schäden in den wirtschaftlichen Ausgleichsprozeß dürfte das verfassungsmäßige Recht jedes Menschen auf Schutz von Leben und Gesundheit überall dort entgegenstehen, wo zumutbare Möglichkeiten zum Schutz dieser Rechte im Einzelfall zur Verfügung stehen. Der uneingeschränkten Anwendung des Versicherungsprinzips stehen also wichtige Grundrechte entgegen.

Die Anwendung des staatlichen Aufsichtsprinzips erklärt sich somit nicht nur aus der historischen Entwicklung, sondern aus den menschlichen Grundrechten.

1.3.4.1 Sicherheitsorganisation nach dem Personenbeförderungsgesetz für Straßen- und U-Bahnen

Der § 57 des Personenbeförderungsgesetzes (PBefG) [44] ermächtigt zunächst den Bundesminister für Verkehr zum Erlaß von Rechtsverordnungen zur Beschreibung der Erfordernisse der Sicherheit [69], [70]. Von dieser hat der Bundesminister für Verkehr durch den Erlaß der „Verordnung über den Bau und den Betrieb der Straßenbahnen" (2) (BOStrab) Gebrauch gemacht [49]. Die BOStrab beschreibt die Erfordernisse der Sicherheit in Einzelvorschriften und mit dem unbestimmten Rechtsbegriff „nach den allgemein anerkannten Regeln der Technik". Die Instanzen, die diese Erfordernisse zu gewährleisten oder zu beaufsichtigen haben, sind eingehend beschrieben.

So wird im § 2 und 3 der Begriff des Unternehmens im Sinne des PBefG als derjenige festgelegt, der mit behördlicher Genehmigung Personen befördert oder befördern will. Die Pflichten des Unternehmers bestehen vor allem darin, die in der BOStrab niedergelegten Erfordernisse der Sicherheit zu gewährleisten. Hinsichtlich der Erfüllung dieser Vorschriften unterliegt der Unternehmer der Aufsicht der Genehmigungsbehörde, wobei in den §§ 60, 61 u. 62 der BOStrab insbesondere festgelegt ist, daß alle Betriebsanlagen und Fahrzeuge nur dann in Betrieb genommen werden dürfen, wenn eine besonders bestimmte technische Aufsichtsbehörde nach Prüfung den Plänen zugestimmt, den Bau beaufsichtigt und die Anlagen als übereinstimmend mit den Plänen abgenommen hat. Nach dem § 5.2 der BOStrab wird außerdem der technischen Aufsichtsbehörde die Möglichkeit eröffnet, sich für die sachlichen Feststellungen zu den Plänen „sachverständiger Personen oder Stellen" bedienen zu dürfen. Neben diesen gesetzlich eingeführten Instanzen wirken in den meisten Fällen naturgemäß beim Neu- oder Umbau von Betriebseinrichtungen mindestens eine, wenn nicht gar mehrere Hersteller der Anlagen oder Fahrzeuge mit, die nicht Unternehmer im Sinne des Personenbeförderungsgesetzes sind, denen aber dennoch im Rahmen der Sicherheitsorganisation wichtige Aufgaben obliegen.

Zusammengefaßt ergeben sich damit die beim Neu- oder Umbau von Betriebsanlagen und Fahrzeugen mitwirkenden Instanzen wie folgt:

Unternehmer gemäß PBefG − mit oder ohne beauftragten Hersteller
Technische Aufsichtsbehörde − mit oder ohne beauftragte sachverständige Person oder Stelle.

Zwischen den beschriebenen Instanzen ergibt sich nach dem natürlichen Ablauf der Vorgänge bei der Errichtung von Betriebsanlagen und der Inbetriebnahme von Fahrzeugen zwangsläufig ein bestimmter prinzipieller Verfahrensablauf, der sich etwa wie folgt beschreiben läßt (Bild 1.5):

Der Unternehmer im Sinne des PBefG setzt das gesamte Verfahren dadurch in Gang, daß er sich die Einrichtung einer Anlage oder die Beschaffung eines Fahrzeuges vornimmt und in einer Aufgabenstellung oder in einem „Pflichtenheft" beschreibt, welche Aufgaben und Bedingungen das Objekt zu erfüllen hat.

Gegen diese Aufgabenstellung erarbeitet er sich selbst, oder läßt er sich von externen Herstellern erarbeiten, wie in einem „konzeptionellen Entwurf" die Lösung der gestellten Aufgabe möglich ist. Nach Auswahl aus evtl. mehreren Vorschlägen zur Konzeption der Anlage bestimmt der Unternehmer eine der Alternativen zur Ausführung und läßt hierzu zunächst die Planunterlagen erarbeiten.

Die fertiggestellten Planunterlagen werden anschließend vom Unternehmer der zuständigen Aufsichtsbehörde zur Zustimmung gemäß § 60 BOStrab vorgelegt. Die technische Aufsichtsbehörde prüft die Pläne entweder selbst oder läßt sie durch eine sachverständige Person oder Stelle in ihrem Auftrag prüfen, ob die gesetzlichen Bestimmungen nach Einzelvorschrift oder dem Stand der Technik eingehalten sind. Die Prüfung endet bei Einschaltung einer sachverständigen Person oder Stelle mit einem Prüfbericht, der von der technischen Aufsichtsbehörde als Entscheidungsgrundlage für die Erteilung eines sogenannten Zustimmungsbescheides mit oder ohne Auflagen benutzt wird.

Die Zustimmung der technischen Aufsichtsbehörde erlaubt dem Unternehmer, die Einrichtung nach den geprüften und zugestimmten Plänen selbst zu errichten oder errichten zu lassen. Die Errichtung wird von der Technischen Aufsichtsbehörde beaufsichtigt.

Zum Fertigstellungstermin der Einrichtung beantragt der Unternehmer wieder bei der Technischen Aufsichtsbehörde die Abnahme der Einrichtung und erhält anschließend die Betriebsgenehmigung.

Aus der sachlichen Reihenfolge der einzelnen Erstellungsvorgänge ergibt sich naturgemäß auch ihre zeitliche Abhängigkeit, so daß der sachliche Netzplan für die Arbeitsverteilung zwischen den an der Sicherheitsarbeit beteiligten Instanzen auch den Projektablauf wiedergibt. Ferner leitet sich aus der Arbeitsteilung und dem Arbeitsablauf notwendigerweise ab, wie die zur Sicherheitsarbeit gehörigen Dokumente zu erstellen sind, wem sie zugeleitet werden müssen und wie sie gegebenenfalls weiter zu behandeln sind. Damit bildet die Organisation der Sicherheitsarbeit an einem sicherheitsrelevanten Objekt gleichzeitig die Grundstruktur für die gesamte übrige Projektabwicklung von der ersten Aufgabenstellung bis zur Inbetriebnahme. Bei komplexen sicherheitsrelevanten Systemen in

Unternehmer

- erstellt das Pflichtenheft für die zu errichtende Anlage.

Unternehmer und/oder Hersteller

- erarbeiten auf der Grundlage des Pflichtenheftes die Planunterlagen und Nachweise.

Unternehmer

- beantragt die Zustimmung zu den fertiggestellten Planunterlagen bei der technischen Aufsichtsbehörde.

Technische Aufsichtsbehörde oder eine beauftragte Person oder Stelle

- prüfen die Planunterlagen und Nachweise auf Übereinstimmung mit den Vorschriften.

Die beauftragte Person oder Stelle

- erstellt einen Prüfbericht für die technische Aufsichtsbehörde.

Technische Aufsichtsbehörde

- erteilt die Zustimmung zur Errichtung der Anlage mit oder ohne Auflagen.

Unternehmer und/oder Hersteller

- errichten die Anlage.

Technische Aufsichtsbehörde oder beauftragte Personen oder Stellen

- beaufsichtigen die Errichtung der Anlage.

Beauftragte Personen oder Stellen

- erstellen Feststellungsberichte für die technische Aufsichtsbehörde.

Unternehmer

- beantragt die Abnahme der fertiggestellten Anlage.

Technische Aufsichtsbehörde oder eine beauftragte Person oder Stelle

- prüft die Anlage auf Übereinstimmung mit den geprüften Planunterlagen.

Die beauftragte Person oder Stelle

- erstellt einen Abnahmebericht für die technische Aufsichtsbehörde.

Technische Aufsichtsbehörde erteilt die Betriebsgenehmigung mit oder ohne Auflagen.

Bild **1.5** Sicherheitsorganisation nach dem Personenbeförderungsgesetz und der Bau- und Betriebsordnung der Straßenbahnen

Elektronik muß sogar festgestellt werden, daß die Arbeitsorganisation vor allem für die Software-Erstellung ein wichtiger Bestandteil der Sicherungsmaßnahmen gegen Fehler darstellt und somit Netzplan und Dokumentenflußplan sowie die hieraus ableitbaren Pläne nicht mehr nur eine Möglichkeit zur Verbesserung des Projektablaufs darstellen, sondern als eine von vielen Sicherungsmaßnahmen nach dem Stand der Technik zum eindeutigen Anwendungs-„Muß" zählen. Die gesetzliche Sicherungsorganisation geht hier nahtlos in die Sicherungsmaßnahmen über, wie sie in Abschnitt 2.1 beschrieben sind.

1.3.4.2   Sicherheitsorganisation nach dem Bundesbahngesetz

Im Bundesbahngesetz (BbG) [43] findet sich zunächst im § 4.1 die Vorschrift zur sicheren Betriebsführung, während im § 38.1 ergänzend die Bestimmung enthalten ist, daß die Deutsche Bundesbahn (DB) ihre dem Betrieb dienenden Anlagen und Fahrzeuge den Anforderungen der Sicherheit gemäß zu gestalten hat.

Zur Beschreibung der Anforderungen hat die Bundesregierung von ihrer Ermächtigung zur Herausgabe entsprechender Rechtsverordnungen insbesondere in der Eisenbahn- und Betriebsordnung (EBO) [48] Gebrauch gemacht.

In der EBO werden damit einmal die Bestimmungen der EBO selbst als direkt beschreibenden Anforderungen der Sicherheit klassifiziert, gleichzeitig werden aber, über den unbestimmten Rechtsbegriff: „. . . nach den Regeln der Technik . . .", die allgemeinen technischen Sicherheitsbedingungen in den Anforderungskatalog mit einbezogen, soweit die EBO selbst keine entsprechenden Regelungen enthält.

Diese Art der gesetzlichen Regelung von Sicherheitsfragen ist keineswegs verkehrsspezifisch, sondern findet sich in allen Gesetzeswerken, mit denen sicherheitsbezogene technische Zusammenhänge geregelt werden sollen.

Zusammenfassend ergibt sich aus den § 4 und 38 des Bundesbahngesetzes

– daß Anlagen, Fahrzeuge und Betrieb der Deutschen Bundesbahn den Anforderungen der Sicherheit zu genügen haben

und, aus den gemäß § 3 des Allgemeinen Eisenbahngesetzes erlassenen Rechtsverordnungen, insbesondere der Eisenbahn-Bau- und Betriebsordnung,

– welches die Anforderungen der Sicherheit an die Betriebsanlagen und Fahrzeuge der Deutschen Bundesbahn sind.

Nach dem zweiten Satz des § 38 BbG finden Baufreigaben, Abnahmen, Prüfungen und Zulassungen durch andere Behörden für Eisenbahnanlagen und Schienenfahrzeuge nicht statt. Dies bedeutet nach den Kommentaren zu den Eisenbahngesetzen, insbesondere nach Finger § 38 Bemerkung 3a, daß der § 38 der DB Befugnisse der allgemeinen Baubehörden auch bei den Bauten einräumt, bei denen sich eine Planfeststellung erübrigt (z. B. wenn Bauwerkserneuerung bisherigen Zustand wahrt oder Bauausführung rein „innerbetrieblicher" Art ist.

Die Befugnisse der allgemeinen Baubehörden sind im Baurecht ausgiebig beschrieben. Sie umfassen unter anderem auch das Recht und die Pflicht, die Einhaltung der rechtlichen Bestimmungen im Hinblick auf die Sicherheit der

Bauwerke selbst, oder aber auch der Bauausführung zu überwachen. Finger [39] stellt zu § 38 Bemerkung 3c ausdrücklich fest: „Nach § 38 nimmt die DB für ihren Bereich auch Zuständigkeiten der Gewerbeaufsichtsbehörden wahr (vgl. § 41 Bemerkung 3d)".

Mit der Freistellung der DB von Baufreigaben, Abnahmen usw. durch andere Baubehörden gewinnt die DB allerdings kein beliebiges Gestaltungsrecht für die Wahrnehmung dieser Aufgaben, sondern ist auch verfahrenstechnisch an die Grundsätze gebunden, wie sie den Aufsichtsbehörden im allgemeinen Baurecht zugeschrieben sind. Insbesondere erwächst hieraus die Verpflichtung für die DB, eine klare Zuständigkeitstrennung zwischen den beteiligten Instanzen in ihrer eigenen Organisation zu gewährleisten, so wie sie hinsichtlich ihrer Verantwortlichkeit in der allgemeinen Praxis rechtlich zwischen Bauherren und behördlicher Bauüberwachung, oder etwa nach Strukturen der Sicherheitsorganisation gemäß Personenbeförderungsgesetz geregelt sind.

In Übertragung der Aufgaben von Aufsichtsbehörden auf die Verhältnisse der DB wäre festzuhalten, daß in Wahrnehmung der ihr im § 38 des Bundesbahngesetzes zugeschriebenen Eigenverantwortlichkeit die Bundesbahn, gewissermaßen als Aufsichtsinstanz gegen sich selbst, dafür zu sorgen hat, daß Gefahren im öffentlichen Interesse abgewehrt werden. In dieser Aufsichtstätigkeit ist die DB einerseits nach dem § 2 der Eisenbahn-Bau- und Betriebsordnung inhaltlich an die Regeln des Standes der Technik und verfahrenstechnisch an die üblichen Methoden von Bauaufsichtsbehörden gebunden.

In ihrer Funktion als Aufsichtsinstanz nimmt die DB in Analogie zum reinen Baurecht die Wahrnehmung öffentlicher Interessen der Gefahrenabwehr (siehe BGH Z 39, 358 − 27. 05. 63) oder schafft eine „Grundlage für die Entscheidung" ... „ob dem Bauherrn die Benutzung des Gebäudes gestattet werden kann" (s. OVG Rheinland-Pfalz 1A 5/70−17.12.70). Die Aufsichtsinstanz garantiert nach den gleichen Urteilen dem Bauherrn nicht die absolute Mängelfreiheit des Bauwerkes: „... ist es nicht Aufgabe der Baubehörde, dem Bauherrn als Ergebnis ihrer Prüfung eine rechtsverbindliche Feststellung über die vorhandenen Mängel zu erteilen" (s. OVG Rheinland-Pfalz 1A 5/70 − 17. 12. 70); „Das Baugenehmigungsverfahren ist nicht dazu bestimmt, dem Bauherrn die Verantwortung für eine einwandfreie Durchführung und Durchführbarkeit seines Bauvorhabens abzunehmen" (BGH Z39, 358 − 27. 05. 63).

Die zitierten Texte der Gerichtsurteile sollen zunächst deutlich machen, daß die rechtliche Verantwortung der Aufsichtsinstanz deutlich andere Inhalte hat als die des Bauherrn.

Dies wiederum bedeutet speziell für die DB, daß sich die ihr zugewiesene Sicherheitsverantwortung in erster Linie nicht aus der Aufsichtsverpflichtung gegenüber sich selbst, gemäß § 38 des Bundesbahngesetzes Satz 2, sondern aus ihrer Bauherreneigenschaft gemäß den §§ 4 und 38 Satz 1 ergibt.

Als Bauherr ist die DB mindestens an die Bestimmungen des § 2 der EBO, also im Prinzip an den Stand der Technik, sowie die Einzelbestimmungen der EBO gebunden. Wie jeder Bauherr kann sie jedoch die Bestimmungen der EBO und des Standes der Technik in eigener Verantwortung sozusagen übererfüllen. Wie z. B. jeder Bauherr bestimmen kann, daß die Geschoßdecken seines Einfamilienhauses doppelt so dick angefertigt werden sollen als nach den DIN-Bestimmungen erforderlich, kann im Prinzip auch die DB für ihre Anlagen eigenverantwortete verstärkende Sicherheitsmaßnahmen ergreifen.

Wie der Einfamilienhausbauherr hat hierbei natürlich die DB selbst auch die Kosten für die von ihr ergriffenen zusätzlichen Sicherheitsmaßnahmen und in ihrem Haushalt zu erwirtschaften.

Beim Privatbauherrn kann in erster Näherung mit dieser einfachen Feststellung die Betrachtung abgeschlossen werden, bei der DB jedoch sind in zwei Richtungen wichtige Folgerungen zu bedenken.

Die eine Folgerung betrifft zunächst die Eigenwirtschaftlichkeit der DB. Im Gegensatz zum privaten Bauherrn hat die DB nicht nur die Standfestigkeit von Bauten als Sicherheitsverantwortung zu gewährleisten, sondern einen sehr komplexen technischen Betrieb mit Dienstleistungscharakter, in den also betriebsfremde Dritte ständig und planmäßig einbezogen sind, in seiner Gesamtheit sicher zu führen (Bundesbahngesetz § 38 Satz 1). Der Wortlaut des § 38 Satz 1 BbG unterscheidet einerseits „dem Betrieb dienenden baulichen und maschinellen Anlagen sowie die Fahrzeuge" für die die „Anforderungen der Sicherheit und Ordnung erfüllt sein müssen, spricht andererseits aber damit den gesamten technischen Dienstleistungsbereich („dem Betrieb dienend") gemeinsam an. Die gemeinsame Ansprache des Betriebsbereiches bedeutet zwangsläufig, daß die technischen Teilbereiche dieses Bereiches („bauliche und maschinelle Anlagen sowie Fahrzeuge") den Anforderungen der Sicherheit und Ordnung auch gleichartig genügen müssen.

Die Deutsche Bundesbahn hat damit beispielsweise und vereinfacht ausgedrückt, in ihrer Bauherreneigenschaft nicht das Recht, ihre Brücken mit beliebigen Kosten überzudimensionieren und bei den Fahrzeugen gerade eben den Stand der Technik zu wahren.

In ihrer aufsichtsinstanzlichen Funktion gemäß § 38 BbG hat sie darüber hinaus nicht nur die Verpflichtung, mindestens die Sicherheitsvorschriften nach dem Stand der Technik zu gewährleisten, sondern außerdem die Aufgabe, die Ausgewogenheit der Sicherheitsmaßnahmen über den gesamten betrieblichen Dienstleistungsbereich zu gewähren.

Mit anderen Worten ausgedrückt, muß die DB, auch wenn sie über den Stand der Technik hinaus Sicherheitsmaßnahmen ergreifen will, dies als Bauherr in einer prinzipiellen Ausgewogenheit über alle der Dienstleistung dienenden Bereiche gleichmäßig tun und sich selbst hierbei als Aufsichtsinstanz überwachen.

Beim Ergreifen von Sicherheitsmaßnahmen, die über den Stand der Technik hinausgehen, muß sich die DB einer weiteren Folgerung bewußt sein, da die von der DB eingeführten Sicherheitsmaßnahmen nicht nur interne, sondern auch deutliche Außenwirkungen haben. Unter dem Gültigkeitsbereich des Allgemeinen Eisenbahngesetzes [7] ist die DB eindeutig und mit weitem Abstand das größte Unternehmen. Von ihr eingeführte Sicherungsmaßnahmen werden hierdurch, aber auch durch ihre Funktion als beauftragte Aufsichtsbehörde nach den Länder-Eisenbahngesetzen [47] in gewissem Maße automatisch zum Stand der Technik und haben damit nicht nur im eigenen Haushalt Kostenauswirkungen. Über die direkten Kostenauswirkungen auf andere Unternehmen des spurgeführten Verkehrs hinaus werden indirekt auch die einschlägigen Industriebetriebe beeinflußt, die je nach den Sicherheitsanforderungen mehr oder weniger hohe Entwicklungskosten aufzubringen und auf ihre Produkte umzulegen haben. Je nach den bahnseitig gestellten Anforderungen kann im Extremfall beispielsweise sogar der Einsatz bestimmter Techniken im spurgeführten Verkehr nicht nur über die Kosten, rein technisch unmöglich werden, wenn die DB beispielsweise in ihrem Vorschriftenwerk aus rein internen, vielleicht sogar nicht sicherheitstechnisch, sondern nur unternehmerisch bestimmten Überlegungen heraus entsprechende Festlegungen trifft [71], [72].

1.3.5   Sicherheitsverantwortung

Die unter den Abschnitten 1.3.1 bis 1.3.3 dargelegten rechtlichen Bestimmungen zur Sicherheit von Verkehrssystemen bedürfen vor dem Hintergrund der heute weit aufgefächerten Arbeitsteilung im industriellen Produktions- und Nutzungsprozeß einschließlich des zugehörigen gesetzlichen Aufsichtswesens weitgehender Erläuterungen hinsichtlich der Verantwortungsbereiche der beteiligten Instanzen.

Vom Prinzip her lassen sich zunächst die drei beteiligten Instanzenkategorien von ihrer Grundfunktion her unterscheiden, die sich mit

– Herstellerinstanz

– Anwenderinstanz und

– Aufsichtsinstanz

bezeichnen lassen. Sie können in sich, insbesondere im Herstellerbereich, noch vielfach untergliedert sein.

1.3.5.1   Sicherheit und Zuverlässigkeit

Die rechtlichen Regelungen zu den Schadenersatzpflichten enthalten einen deutlichen Hinweis zur Abgrenzung der in der Technik immer noch umstrittenen oder zumindest unklaren Begriffe von Sicherheit und Zuverlässigkeit für technische Anlagen, der gleichzeitig auch eine wichtige Grundlage für die Abgrenzung der Verantwortungsbereiche zwischen den beteiligten Instanzen bei Herstellung, Zulassung und Betreiben von Verkehrsystemen darstellt. Der Entwurf des VDI-Normenblattes 4004 aus dem Jahre 1981 definiert zunächst im Punkt 2.2 auf Blatt 5 noch:

„Sicherheit ist die Fähigkeit einer Betrachtungseinheit, innerhalb der vorgegebenen Grenzen und während einer gegebenen Zeitdauer keine Personengefährdungen zu verursachen oder eintreten zu lassen."

Wohl nicht zuletzt unter dem Einfluß der juristischen Definition des Schadens gemäß Abschnitt 1.1.4 gehen spätere Festlegungen auch im technischen Vorschriftenwerk [73], [74], [75], [76] zunehmend davon aus, den Begriff der Sicherheit grundsätzlich im Zusammenhang nicht nur mit Personenschäden, sondern mit allen Rechtsgutverletzungen − also Schäden im strengen juristischen Sinn − zu sehen, für die eine irgendwie geartete Schadenersatzpflicht nach den Grundsätzen der Gefährdungs- oder Verschuldenshaftung besteht.

Neben den Schädigungen Dritter, für die der Systemverantwortliche die Haftung zu übernehmen hat, sind in technischen Systemen grundsätzlich auch Schäden möglich, die Dritte nicht beeinträchtigen. In solchen Fällen muß der Systemverantwortliche der Einrichtung nach dem Grundsatz der Eigenhaftung den Schaden selbst tragen. Diese Schadenskategorie gehört damit nicht zum Definitionsbereich der Sicherheit, sondern muß davon abgegrenzt werden. Die Abgrenzungsnotwendigkeit ergibt sich vor allem aus der Tatsache, daß bei schadenersatzpflichtigen Schäden der Verantwortliche keine freie Verfügungsgewalt über das Abwägen zwischen den wirtschaftlichen Aufwendungen zur Schadensabwehr und den Schadenersatzverpflichtungen hat, zumal ihm bei Verschulden sogar eine Strafverfolgung droht.

Im Gegensatz hierzu steht es ihm bei nicht-schadenersatzpflichtigen Schäden frei, den Aufwand für die Schadensabwehr den wirtschaftlichen Aufwendungen gegenüberzustellen, die er als Schadenfolge zu tragen hat. Dieses freie Abwägenkönnen liegt als Gedanke aber einer Eigenschaft technischer Einrichtungen zugrunde, die unter dem Begriff der Zuverlässigkeit [76] bekannt ist.

Hinsichtlich der Zuverlässigkeit einer technischen Einrichtung besteht allgemein keine rechtliche Verpflichtung, sie ist ein Qualitätsmerkmal wie beispielsweise die Leistungsfähigkeit einer Maschine und kann je nach Aufgabenstellung in unterschiedlicher Höhe zweckmäßig sein.

Man erhält also zusammengefaßt aus den rechtlichen Verpflichtungen zum Schadenersatz eine für die technischen Verhältnisse sehr klare Unterscheidung zwischen

> Sicherheit als derjenigen Eigenschaft einer Betrachtungseinheit, in vorgegebenen Grenzen und vorgegebenen Zeiten keine Gefahren zu erzeugen oder zuzulassen, aus denen **Schäden mit Rechtsgutverletzungen** bei natürlichen und juristischen Personen entstehen können

und

> Zuverlässigkeit als derjenigen Eigenschaft einer Betrachtungseinheit, in vorgegebenen Grenzen und vorgegebenen Zeiten keine Gefahren zu erzeugen oder zuzulassen, aus denen **Schäden (auch ohne Rechtsgutverletzungen)** entstehen können [77].

In technischer Hinsicht steht ein umfangreicher Katalog von Maßnahmen zur
Verfügung, mit deren Hilfe dafür gesorgt werden kann, daß die Systeme einmal
als fehlerfrei in Betrieb gehen können und zum anderen auf die unvermeidlichen
Ausfälle in einer vordefinierten Weise reagieren (s. Abschnitt 3). Von der
grundsätzlichen Methodik her kann dieser Maßnahmekatalog gegen Fehler und
Ausfälle gleichermaßen zum Vermeiden von Schäden bei Dritten, also für
Sicherheitsziele, oder zum Vermeiden von Eigenschäden, also für Zuverlässig-
keitsziele, eingesetzt werden. Der Unterschied in der Auswahl der Maßnahmen
aus dem Katalog für die beiden Ziele ergibt sich aus der Tatsache, daß Dritte
gegenüber dem System einen Rechtsanspruch auf Schädigungsfreiheit haben,
während über Eigenschäden aus dem System zumindest ohne rechtliche Folgen
gewissermaßen „frei" disponiert werden kann.

Im Prinzip besteht die „freie" Disposition von Maßnahmen für Zuverlässigkeits-
ziele darin, zwischen den Kosten von Eigenschäden und den Kosten von
Maßnahmen zu ihrer Vermeidung wirtschaftlich optimierend abzuwägen.

Die prinzipiell „freie" Disposition in diesem Sinne wird praktisch jedoch aus zwei
Richtungen deutlich eingeschränkt. Als klassisch rein unter Zuverlässigkeitsge-
sichtspunkten kann ein System nur betrachtet werden, wenn von der ersten Idee
über die Planung und Fertigung bis zur ausschließlichen Nutzung alle Vorgänge
in einer eigenverantwortlichen Hand liegen. Sowie auch nur Teile der Planung,
Fertigung oder Nutzung auf sogenannte fremde Dritte übergehen, müssen die
geschützten Rechtsgüter dieser fremden Dritten berücksichtigt werden. Die
Maßnahmen zur Vermeidung von Schäden bei Dritten, also Sicherheitsmaßnahmen, setzen reine aufwandsoptimierende Zuverlässigkeitsüberlegungen außer
Kraft, da naturgemäß zur eigenen Disposition nur eigene Schäden stehen
können, insbesondere dann, wenn die möglichen Schäden bei Dritten darüber
hinaus unersetzbar sein können, wie beispielsweise die Beeinträchtigung von
Gesundheit und Leben.

Je mehr also ein System durch vorfertigende oder nutzende Arbeitsteilung
verschiedener unabhängiger Partner bestimmt ist, desto mehr treten die jeweils
betriebsinternen Möglichkeiten zur wirtschaftlichen Optimierung im Sinne von
reinen Zuverlässigkeitsmaßnahmen zurück. Bei den heutigen komplex verfloch-
tenen Produktions- und Lieferbeziehungen im Zusammenhang mit der Erstellung technischer Systeme kann man zunächst mindestens im Prinzip voraussetzen, daß jeder Beteiligte seinen Beitrag von sich aus in erster Linie auf
Sicherheitsanforderungen, d. h. zur Vermeidung von Schäden bei Dritten,
auslegen muß und einzelproduktbezogene Wirtschaftlichkeitsoptimierungen nur
sehr begrenzt innerhalb der Sicherheitsanforderungen stattfinden dürfen.

Es existiert zwar kein sogenanntes „Technikgesetz", das in einem seiner Paragraphen einheitlich vorschreibt, daß technische Anlagen, Einrichtungen und Geräte
„sicher" zu sein haben, der im voranstehenden allgemein beschriebene Tatbestand wird jedoch in der Paxis in vielfältiger Form dadurch belegt, daß es in allen
technischen Bereichen kodifizierte allgemeingültige Sicherheitsanforderungen,

z. B. in der Form von DIN, VDE oder sonstigen Vorschriften gibt, die sich je
nach Fach- und Anwendungsgebieten möglicherweise inhaltlich und quantitativ
unterscheiden, aber qualitativ dem einheitlichen Zweck dienen, Schäden bei
Dritten zu vermeiden. Darüber hinaus hat sich ein umfangreiches Rechtswerk in
der Form von Gerichtsurteilen zu den allgemeinen Verpflichtungen zwischen
Lieferpartnern zusammen mit der Technik entwickelt, das in seiner Gesamtheit
die Sicherheitsziele mit der Verantwortungszuweisung an die Beteiligten umfas-
sender regelt als es in einem Gesetz möglich wäre.

1.3.5.2 Produkthaftung

Im voranstehenden Abschnitt 1.3.5.1 konnte dargelegt werden, daß der Maßnahmenkatalog, mit dem in technischen Systemen Zuverlässigkeits- und Sicherheitsziele angestrebt werden können, identisch ist. Der Unterschied bei der Anwendung der Einzelmaßnahmen ergibt sich für Zuverlässigkeits- oder Sicherheitsziele aus der bei Zuverlässigkeitszielen möglichen Entscheidungsfreiheit über das
Zulassen von Eigenschäden.

Weiterhin konnte festgestellt werden, daß schon infolge der vielfältigen Ver-
flochtenheit heutiger technischer Systeme in Planung, Herstellung und Nutzung
in allen Stadien fast ausschließlich das Anstreben von Sicherheitszielen erfordert.
Für Verkehrssysteme folgt hieraus, daß die Sicherheitsverantwortung bei Herstellern und Betreibern weitgehend aus den allgemeinen rechtlichen Zusammenhängen der Produkthaftung abgeleitet werden kann [78], [79].

Die wichtigsten Grundsätze der Produkthaftung lassen sich wie folgt zusammenfassen:

- Unter Produkthaftung wird im allgemeinen die Haftung für Folgeschäden
  verstanden, die als Folge von Produktfehlern bzw. -mängeln außerhalb des
  Produkts selbst an sonstigen Rechtsgütern des Geschädigten eingetreten sind.
  Als derartige Fälle kommen in Betracht:

  a) Sachschäden sowie daraus resultierende Vermögensschäden

  b) Personenschäden sowie daraus resultierende Vermögensschäden

  c) unmittelbare Vermögensschäden

- Die Haftung für derartige Schäden gliedert sich in zwei Bereiche:

  a) die Haftung gegenüber Vertragspartnern als sogenannte Haftung für posi-
     tive Vertragsverletzung, die sich als grundsätzliche Nebenpflicht eines jeden
     zustandegekommenen Sachlieferungs- oder Dienstleistungsvertrages ergibt

  b) die Haftung gegenüber Nichtvertragspartnern als sogenannte deliktsrechtli-
     che Haftung, die aufgrund der allgemeinen deliktsrechtlichen Vertragsklau-
     seln des § 823 Absatz 1 BGB j e d e r m a n n verpflichten, in seinem Herr-
     schaftsbereich keine widerrechtlichen Ursachen für eine Verletzung der
     Person oder von Sachen Dritter zu setzen. J e d e r m a n n muß im Rahmen
     des ihm Möglichen und Zumutbaren die erforderlichen und ausreichenden
     Maßnahmen treffen, um Gefahren für jede Art von Rechtsgüter zu vermei-

den. Bei vorsätzlicher oder fahrlässiger Verletzung dieser Pflicht haftet er dem Geschädigten auf Schadenersatz.

„Jedermann" kann aufgrund jahrzehntelanger Rechtsprechung sein

– der Endhersteller

– jeder Zulieferer des Endherstellers oder jeder vom Endhersteller eingeschaltete Auftraggeber (z. B. Konstruktionsbüro, Testinstitut, sog. Lohnfertiger o. ä.)

– jeder Händler (Importeur), Großhändler, Detaillist

– jeder Reparaturbetrieb oder sonstige Servicebetrieb, wie z. B. auch Verkehrsunternehmen

– jeder Produktbenutzer, d. h. sowohl der gewerbliche als auch der nichtgewerbliche Produktbenutzer, der durch mangelhafte Handhabung des Produkts einen Schaden Dritter verursacht

– jeder Mitarbeiter von Hersteller-, Händler- oder Produktbenutzer-Unternehmen

– Sowohl die vertragsrechtliche Mangelfolgeschadenhaftung als auch die deliktsrechtliche Produkthaftung beruhen im deutschen Recht auf dem Verschuldensprinzip. Zum Beispiel ist der Hersteller also nicht „Versicherer für alle durch sein Produkt ausgelösten Schäden Dritter". Vielmehr haftet er für durch Produktfehler ausgelöste Schäden Dritter nur, wenn ihm der Vorwurf einer schuldhaften Pflichtverletzung gemacht werden kann. Ein Verschulden entfällt dann, wenn der Betreffende alles ihm tatsächlich Mögliche und Zumutbare getan hat.

Ergibt sich aus dem Verschuldensprinzip, daß jedermann nur für seinen eigenen Herrschaftsbereich verantwortlich ist, dann haftet z. B. der Endhersteller nicht für Fehler der von ihm verwendeten fremdproduzierten Einzelteile. Die Haftung dafür ist Sache des Teile-Herstellers.

Andererseits haftet der Endhersteller aber für sein Endprodukt. Im Rahmen dieser Haftung für das Endprodukt muß er dafür sorgen, daß auch die dabei verwendeten Einzelteile sowohl konstruktiv als auch in der Serie fehlerfrei sind. Aufgrund dieser Endhersteller-Gefahrabwendungspflicht muß er folglich im Rahmen des Möglichen und Zumutbaren dafür Sorge tragen, daß ihm nur fehlerfreie Teile zugeliefert werden. Die Einschaltung von Zulieferern, Auftragnehmern bedeutet, daß der Endhersteller die betreffende Tätigkeit nicht selbst ausübt. Haftungsrechtlich folgt aus der Einschaltung eines nicht weisungsgebundenen Dritten in den eigenen Pflichtenbereich, daß der Dritte ordnungsgemäß auszuwählen und zu überwachen ist. Konkretisiert für den Bereich der Warenherstellung bedeutet dies: Schaltet ein Warenhersteller ein rechtlich selbständiges Drittunternehmen in die Herstellung der von ihm in den Verkehr gebrachten Waren ein, hat er den Drittunternehmer ordnungsgemäß auszuwählen und zu überwachen (sog. Drittunternehmer-Einschaltungshaftung).

Diese Haftung für die ordnungsgemäße Einschaltung Dritter in den eigenen Tätigkeitsbereich beinhaltet im Normalfall drei Pflichtenbereiche, nämlich

- Drittunternehmer-Auswahlhaftung
- Drittunternehmer-Bindungshaft
- Drittunternehmer-Überwachungshaftung.

Zunächst einmal muß geprüft werden, ob der betreffende Drittunternehmer bei Beachtung aller Umstände ausreichend qualifiziert und zuverlässig ist, um die übertragene Tätigkeit ordnungsgemäß auszuführen.

Weiterhin muß der Drittunternehmer vertraglich in ausreichendem Maß gebunden werden. Die Notwendigkeit dafür ergibt sich daraus, daß der rechtlich selbständige Drittunternehmer nicht den Weisungen des Auftraggebers unterliegt. Da derjenige, der rechtlich selbständige Drittunternehmer in seinen Pflichtenbereich einschalten will, für ordnungsgemäße Ausführung der ihm übertragenen Aufgaben Sorge tragen muß, hat er vertraglich festzulegen, was der Drittunternehmer zu tun hat. Andernfalls bestände die Gefahr, daß der Drittunternehmer, um den Auftrag zu erhalten, auf vorhandene Qualitätssicherungsmöglichkeiten hinweist, diese dann aber nach Erhalt des Auftrages nicht einsetzt.

Handelt es sich nicht nur um die Lieferung, muß der Endhersteller sicherstellen, daß der eingeschaltete Drittunternehmer sich auch bei der laufenden Vertragsabwicklung vereinbarungsgemäß verhält. Dies setzt eine den Umständen entsprechende angemessene Überwachung des Drittunternehmers voraus. Das klassische Instrument ist die Wareneingangsprüfung. Sie hat also nicht nur eine betriebswirtschaftliche, sondern auch eine haftungsrechtliche Dimension.

Neben der im voranstehenden geschilderten grundsätzlichen haftungsrechtlichen Einbindung von Drittunternehmern haben die bei den Produkthaftungsprozessen gültigen Beweislastverhältnisse einen wichtigen Einfluß auf die im Zusammenhang mit der Produkthaftung erforderlichen Maßnahmen.

Zunächst hat nach einer Grundregel des Prozeßrechtes der Kläger die Auflage, den von ihm geltend gemachten Anspruch zu beweisen. Im Bereich der Produkthaftung sind hierzu im Prinzip erforderlich:

- der Fehlernachweis
- der Kausalitätsnachweis
- der Verschuldensnachweis.

Während beim Fehlernachweis derzeit die Beweislast noch weitgehend beim Produktnutzer liegt, zeichnet sich für den Kausalitätsnachweis bei Instruktionsfehlern und beim Verschuldensnachweis für industrielle Hersteller eine Beweislastumkehr ab [79].

So geht der Bundesgerichtshof, nach Schmidt-Salzer [79], vor allem beim Verschuldensnachweis davon aus, daß ein einzelner Prozeßgeschädigter sich gegenüber industriellen Herstellern in einer äußerst schwierigen Beweissituation befindet, während der industrielle Hersteller auf der anderen Seite

– entweder seinen Betrieb ordnungsgemäß organisiert hat und damit seinen entsprechenden Entlastungsnachweis leicht erbringen kann
– oder aber seinen Betrieb nicht ordnungsgemäß organisiert hat und damit eine Verschuldensvermutung besteht.

Diese Beweislastumkehr beim Verschuldensnachweis bedeutet für industrielle Hersteller, daß sie die Dokumentation ihrer Produktionsmaßnahmen auch — vielleicht sogar besonders — unter den Kriterien eventuell notwendig werdender Entlastungsnachweise zu organisieren hätten.

Verantwortungsgrenzen

Aus den im voranstehenden geschilderten Grundsätzen der Produkthaftung wären für die Bestimmung der Verantwortunggrenzen in Verkehrssystemen zwischen Hersteller, Anwender und Aufsichtsinstanz die nachstehend aufgeführten Grundsätze wichtig.

Für die **vertragsrechtlichen Verhältnisse** von sicherheitsverantwortlichen Steuerungseinrichtungen und Verkehrsunternehmen als Anwender dieser Einrichtungen haftet nach Schmidt-Salzer [79] der Hersteller im Rahmen eines sogenannten „Werklieferungsvertrages". Dementsprechend sind bei der Herstellung eingeschaltete Zulieferer, Auftragnehmer usw. seine „Erfüllungsgehilfen", deren etwaiges Verschulden der Werkhersteller sich so anrechnen lassen muß, als wäre das Verschulden im eigenen Herrschaftsbereich eingetreten. Für die dem Verkehrsunternehmen entstehenden Schäden haftet somit der Hersteller aus verkehrsrechtlichen Gründen direkt, schon aus der Tatsache heraus, daß überhaupt ein Vertrag existiert.

Für die **deliktsrechtliche Haftung** gegenüber nicht am Vertrag beteiligten Dritter – wie unter den in Frage stehenden Verhältnissen beispielsweise gegenüber den durch das Verkehrsunternehmen beförderten Personen – gilt, daß einerseits nach dem Grundprinzip des Verschuldens jedermann nur für seinen unmittelbaren Herrschaftsbereich verantwortlich ist. Andererseits haftet der Endhersteller aber für sein Endprodukt und muß aufgrund dieser „Endhersteller-Gefahrenabwendungspflicht" im Rahmen des Möglichen und Zumutbaren dafür Sorge tragen, daß in Anspruch genommene Zulieferungen entsprechend den drei bereits genannten Pflichtbereichen als fehlerfrei gelten können.

Diese drei Pflichtenbereiche bestehen naturgemäß zunächst zwischen dem Verkehrsunternehmen und dem ihm direkt zuliefernden Endhersteller, z. B. von sicherheitsverantwortlichen Steuerungseinrichtungen. Bedient sich der Endhersteller für sein Produkt eines weiteren Zulieferers, so gelten auch hier die drei genannten Pflichtenbereiche der Gefahrenabwehr. Bedient sich dieser wiederum noch weiterer Fremdproduzenten, so gelten die gleichen Bedingungen auch an den weiteren Lieferantenschnittstellen.

Für den Lieferungsempfänger an der jeweiligen Zulieferungsschnittstelle gilt inhaltlich, daß er, um eine eigene deliktsrechtliche Verschuldenshaftung ausschließen zu können,

- hinsichtlich der Drittunternehmer-Auswahlhaftung nur solche Zulieferer auswählen darf, die eine ausreichende Qualifikation und Zuverlässigkeit nachgewiesen haben
- hinsichtlich der Drittunternehmer-Bindungshaftung den Zulieferer durch geeignete vertragliche Bindungen dazu verpflichten muß, die notwendigen Maßnahmen der Gefahrenabwehr auch tatsächlich durchzuführen
- hinsichtlich der Drittunternehmer-Überwachungshaftung die Qualität der zugelieferten Produkte daraufhin zu überprüfen hat, ob sie den Erfordernissen der Gefahrenabwehr genügen.

Verantwortungsgrenzen Hersteller/Anwender

Die im voranstehenden allgemein dargelegten vertragsrechtlichen und deliktsrechtlichen Haftungsverhältnisse zwischen Lieferungsempfängern und Zulieferer gelten naturgemäß uneingeschränkt auch für die Verkehrsunternehmen und ihre industriellen Lieferanten.

Die Eigenart der Verkehrsunternehmen als Dienstleistungsunternehmen bringt es ferner mit sich, daß bei den Verantwortungsgrenzen Hersteller/Anwender die deliktsrechtliche Haftung im Vordergrund steht.

Ihren Dienstleistungsempfängern gegenüber haften die spurgeführten Verkehrsunternehmen (Bahnen) nach dem Haftpflichtgesetz § 1 auf dem Wege der begrenzten Gefährdungshaftung und nach dem allgemeinen Verschuldensprinzip des bürgerlichen Rechts.

Nach dem Verschuldensprinzip haften sie für durch Produktfehler ausgelöste Schäden Dritter nur, wenn ihnen der Vorwurf einer schuldhaften Pflichtverletzung gemacht werden kann. Ein Verschulden der Unternehmen entfällt, wenn sie alles tatsächlich Mögliche und Zumutbare im Sinne der im voranstehenden geschilderten allgemeinen Verpflichtungen getan haben.

Vielfach sollen jedoch gerade heute für Steuerungseinrichtungen der Bahnunternehmen von den direkten Lieferanten der DB auch Produkte eingesetzt werden, die von weiteren Zulieferern stammen (s. Abschnitt 2.3.2). Diese indirekten Zulieferer stehen nicht im unmittelbaren Vertragsverhältnis zu den Bauunternehmen, sondern nur zu einem ihrer Lieferanten. Aus den Grundsätzen der Verschuldenshaftung bei der deliktrechtlichen Produkthaftung kann sich der direkte Lieferant seinem Zulieferer gegenüber nur freistellen, wenn er, ähnlich wie die Bahnunternehmen selbst, die entsprechenden Drittunternehmerverpflichtungen erfüllt. Im Prinzip besteht hierzu naturgemäß durchaus ein Eigeninteresse des direkten Zulieferers, um von sich aus ein Verschulden nach der deliktrechtlichen Haftung ausschließen zu können. Andererseits kann es dem Bahnunternehmen als Anwender eines gemischten Produktes nicht allein genügen, im Schadensfall die Zulieferungskette in beliebiger Ausdehnung für Verschuldensverweise zur Verfügung zu haben, sondern es gehört sicherlich zu seinen eigenen Verpflichtungen bei der Auswahl hinzu, nur solche Drittunternehmer unter Vertrag zu nehmen, die für ihre eventuellen Zulieferer die zugehörigen weiteren Drittunternehmerverpflichtungen in geeigneter Weise organisiert haben und dies auch nachweisen können.

Die bisher im Prinzip dargelegten allgemeinen Drittunternehmerverpflichtungen bilden die wichtige Gestaltungsgrundlage für die Einzelregelungen im Verhältnis der Bahnunternehmen zu ihren direkten Lieferanten, mit denen die Verantwortung zwischen Anwender/Hersteller abgegrenzt werden muß.

Verantwortungsgrenzen Anwender/Aufsichtsinstanz

Den Aufsichtsbehörden von Bahnunternehmen und der aufsichtsrechtlichen Funktion der DB sich selbst gegenüber, gemäß § 38 BbG, erwächst zunächst im Rahmen der Produkthaftung die Verpflichtung, die genannten Drittunternehmerverpflichtungen auf ihre Einhaltung zu überwachen.

Hinzu kommt aus der gleichen Quelle eine ergänzende Verpflichtung zur Gewährleistung der Rechte der Dienstleistungsempfänger Bahnunternehmen. Nach Grundregeln des Prozeßrechts liegt die Beweislast bei der Produkthaftung mit

– Fehlernachweis

– Kausalitätsnachweis

– Verschuldensnachweis

beim Kläger.

Bei der Dienstleistungsproduktion der Bahnen setzen sich Einzelpersonen oder Einzelunternehmen einer Schädigung aus, denen im allgemeinen die Kenntnis der technischen Zusammenhänge eines Großunternehmens und seiner Zulieferungsverhältnisse nicht zur Verfügung stehen. Mindestens nach dem allgemeinen Rechtsempfinden gehört es daher zu den Pflichten einer Aufsichtsinstanz, bei solchen Verhältnissen vorsorglich die Produkthaftungszuständigkeiten so festhalten zu lassen, daß im Schadensfall ein eventuelles Verschulden klar zugeordnet werden kann. In Anerkennung der schwierigen Beweissituation eines einzelnen Produktgeschädigten gehen zwar die Gerichte, wie bereits ausgeführt, von einer Beweislast aus, die dem Großunternehmen oder industriellen Hersteller zum Entlastungsnachweis des Verschuldensvorwurfes zwingt und somit den einzelnen Produktgeschädigten besser stellt.

Dennoch erwächst bei einem solchen Beweislastansatz aus dem Aufsichtsrecht die Verpflichtung, die haftungsrechtlichen Verhältnisse zwischen den Bahnen und ihrer Zuliefererindustrie eindeutig zu regeln, zu überwachen und vor allem zu dokumentieren, da es dem aufsichtsrechtlichen Grundgedanken widerspricht, Unordnung zuzulassen, auch wenn dadurch zum Nutzen von eventuell Geschädigten die Schadensregulierungen vereinfacht werden.

Zu den genannten Gestaltungsgrundlagen für die Einzelregelungen im Verhältnis der Verkehrsunternehmen zu ihren Lieferanten kommt also eine aufsichts-

rechtliche Verpflichtung, die vorsorgliche Dokumentation der Haftungsverhältnisse, hinzu.

1.4 Technische Grundlagen

Mit der ordnenden Betrachtung der psychologischen und rechtlichen Rahmenbedingungen für die Verkehrssicherheitsproblematik, wie sie im voranstehenden
wenigstens andeutend versucht worden ist, kann nun in die Betrachtung der
grundsätzlichen technischen Gegebenheiten eingetreten werden, um insgesamt
in der Fortsetzung Begründungen für die derzeit praktizierten Sicherheitsmaßnahmen erarbeiten zu können.

Bei den hier anzustellenden Überlegungen zum Systemziel Sicherheit in Verkehrsunternehmen sind von den technischen Phänomenen vor allem diejenigen
von Bedeutung, die das ordnungsgemäße Funktionieren des Systems in Frage
stellen. Die zugehörigen Verhältnisse sind sehr weitgehend bekannt und in einem
umfangreichen Vorschriftenwerk definierend und mit Handlungsanweisungen
ausgestattet festgelegt [73], [74], [75], [76]. Im nachstehenden sollen aus diesem
Bestand die wichtigsten Grundlagen gewissermaßen unter Vollständigkeitsge-
sichtspunkten wiederholt werden.

Die Einteilung der Betrachtungen ergibt sich aus den drei technischen Grunder-
eignissen, die das Systemziel Sicherheit beeinträchtigen können: den Fehlern,
Ausfällen und Störungen.

1.4.1 Fehler

In technischer Hinsicht versteht man unter dem Begriff „Fehler" die „unzulässige
Nichtübereinstimmung eines bestimmten Istmerkmales einer Betrachtungseinheit mit dem Soll" [73], [74]. Das „Soll", an dem die Nichtübereinstimmung
gemessen wird, leitet sich aus der Aufgabenstellung des Systems ab, an dem die
Betrachtungseinheit mitwirkt.

Die Feststellung einer Abweichung vom „Soll" ist im Sinne der Fehlerdefinition
einerseits zwar notwendig, um einen Fehler zu charakterisieren, andererseits
allein aber nicht hinreichend, da die Abweichung des „Ist" vom „Soll" außerdem
noch „unzulässig" sein muß. Als „unzulässig" kann eine Abweichung aber nur
dann bezeichnet werden, wenn es in ihrer Auswirkung nicht mehr möglich ist, das
in der Aufgabenstellung festgelegte Systemziel zu erreichen.

Beispielsweise stellt im Hinblick auf das Systemziel „Sicherheit" die versehentli-
che Überbemessung eines Bauteiles zwar eine Abweichung des „Ist" vom „Soll"
dar, da sie aber das betreffende Systemziel nicht beeinträchtigt, sondern eher
fördert, ist sie nicht „unzulässig" und kann somit, im Hinblick auf das Systemziel
„Sicherheit", auch nicht als „Fehler" bezeichnet werden.

Eine Bewertung derselben Abweichung unter dem Systemziel „Wirtschaftlichkeit" führt selbstverständlich zu einem anderen Betrachtungsergebnis.

1.4.1.1 Fehlereintritt

Aus der Definition des Begriffes „System" nach DIN [81], [76] läßt sich auch das allgemein notwendige Vorgehen bei der Errichtung eines Systems ableiten. Die erste Phase muß hierbei zunächst darin bestehen, daß ausgehend von der ersten Idee der Aufgabenkomplex, den das System erfüllen soll, ausreichend genau beschrieben wird.

Bei der Errichtung von sicherheitsverantwortlichen Systemen für den Verkehr bezeichnet man diese Phase als die Pflichtenhefterstellung. In einer anschließenden Phase werden den gestellten Aufgaben die möglichen Lösungswege, -prinzipien, -verfahren, -algorithmen usw. gegenübergestellt, aus denen jeweils geeignete oder optimale ausgewählt werden, die als Zusammenstellung der technisch-organisatorischen Mittel im „konzeptionellen Entwurf" gelten.

Auf der Basis dieses Konzeptes wird in der nächsten Phase die Detailkonstruktion des Systems durchgeführt. Diese Phase endet mit dem „konstruktiven Entwurf", der alle Beschreibungen enthalten muß, um das System real herstellen zu können [80], [81], [76].

Anhand der Konstruktionsunterlagen beginnt die „Fertigungsphase" der einzelnen Systemkomponenten und Subsysteme im allgemeinen zunächst getrennt voneinander.

Liegen alle Einzelteile des Systems schließlich fertig vor, können sie real in der „Integrationsphase" zusammengesetzt werden und anschließend als Gesamtsystem in Betrieb gehen.

Jede der dargestellten Phasen erfordert in sich typische Bearbeitungsschritte, aus denen sich wiederum phasencharakteristische Fehlertypen ableiten lassen, die in zeitlicher Reihenfolge als

− Pflichtenheftfehler,

− Konzeptionsfehler,

− Konstruktionsfehler,

− Fertigungsfehler und

− Integrationsfehler

auftreten können.

1.4.1.2 Fehlerursache

Bei den geschilderten Abläufen zur Systemerstellung durchläuft das System verschiedene Zustandsarten, die bei der ersten Idee beginnen und sich über verschiedene Zwischenzustände wie Pflichtenheft, konzeptioneller Entwurf usw. bis zum betriebsfähigen Endzustand fortsetzen. Jeder der Zustandswechsel bedeutet den Übergang von einem erreichten Istzustand über eine Sollangabe zu einem neuen Istzustand und ist daher im Sinne der Fehlerdefinition als Ansatz Begehen von Fehlern zu identifizieren.

Die verschiedenen Zustandsübertragungen werden entweder unmittelbar vom
Menschen selbst ausgeführt oder nach von ihm festgelegten Gesetzmäßigkeiten
durch maschinelle Einrichtungen übertragen. Als allgemeine Ursache für das
Begehen von Fehlern kann also menschliches Fehlverhalten infolge von

– Falschhandeln oder

– Unterlassen

angesehen werden, wobei als tiefere Ursache für beide Fehlverhaltensformen
ständiges oder vorübergehendes Unwissen (Vergeßlichkeit) sowie ständiges oder
vorübergehendes Falschwissen (Mißverständnis) zu ergänzen sind [82].

1.4.2 Fehlerauswirkungen

Unter Berücksichtigung der Tatsache, daß der Aufgabenkomplex eines Systems
in den meisten Fällen aus mehreren Einzelzielen besteht, ergibt sich eine weitere
Klassifizierungseinheit für Fehler danach, ob sie in dem betreffenden System mit
ihren Auswirkungen alle Systemziele, nur eine bestimmte Gruppe oder gar nur
ein einziges beeinträchtigen. Unter dem Aspekt der Verkehrssicherung, der hier
zu behandeln ist, sollen dementsprechend alle Fehler aus der Betrachtung
ausscheiden, die das Systemziel Sicherheit nicht beeinträchtigen.

Fehler, die unter einem Systemziel, hier der Sicherheit, zu behandeln sind, lassen
sich hinsichtlich ihrer Auswirkung nach deren Umfang noch weiter dahingehend
untergliedern, ob sie das Systemziel völlig unerreichbar machen oder es nur
eingeschränkt zulassen, wobei die Einschränkung sich wiederum untergliedern
läßt nach zeitlicher oder leistungsmäßiger Minderung sowie einer Mischung aus
beiden.

Als eine weitere Unterteilung der Fehlerauswirkung kann der Zeitpunkt ihres
Wirkungseintrittes angesehen werden, der entweder zufällig oder methodisch
vor der Inbetriebnahme oder in Abhängigkeit von der Inanspruchnahme des
Systems zu irgendeinem Zeitpunkt nach der Inbetriebnahme liegen kann.

1.4.3 Ausfälle und Störungen

Mit der abschließenden Integration und Inbetriebnahme eines Systems schließt
einerseits die Periode ab, in der Fehler, als eingebaute Verstöße gegen die
Systemlogik, entstehen oder besser begangen werden können. Gleichzeitig
beginnt jedoch der Lebensabschnitt eines Systems, in dem unter der Betriebsbe-
lastung Ereignisse an Teilsystemen oder Bauteilen eintreten, die im Sinne der
Fehlerdefinition ebenfalls als eine Abweichung des „Ist" vom „Soll" anzusprechen sind. Im Gegensatz zu den Fehlern werden sie jedoch nicht „begangen",
sondern sie stellen sich, gewissermaßen selbsttätig und zufällig, infolge von

unvermuteten und unvorhersehbaren Veränderungen an Bauteileigenschaften ein. Soweit derartige Soll-Ist-Abweichungen sich an den Bauelementen des Systems selbst ohne äußere Einwirkungen ereignen, werden sie als Ausfälle [73], [74], [75], [76] bezeichnet. Stehen sie jedoch im Zusammenhang mit von außen kommenden systemfremden Einflüssen, gelten sie als Störungen [73], [74], [75], [76].

Die Fehlerdefinition der DIN hebt auf die unzulässige Abweichung des „Ist" vom „Soll" ab. Insofern umfaßt diese Definition als Oberbegriff auch die Ausfälle. Andererseits würde es aber zur Klarheit der Begriffsbenutzung beitragen, wenn man die im vorstehenden Absatz beschriebenen Verhältnisse dahingehend berücksichtigen würde, daß unter Fehler nur die Logikverstöße vor der Inbetriebnahme des Systems verstanden werden, während nach Inbetriebnahme auftretende zufällige Soll-Ist-Abweichungen − auch wenn sie der DIN-Fehlerdefinition genügen − dennoch nur als Ausfälle bezeichnet werden.

1.4.3.1   Ausfalleintritt

Während für Fehler die Eintrittsreihenfolge von dem Entwicklungs- und Aufbauablauf des Systems bestimmt wird, ist der Eintrittszeitpunkt für Ausfälle im laufenden Betrieb des Systems mehr oder weniger zufällig. Es gibt zwar für die einzelnen Bauteile eines Systems in Gestalt der sogenannten „Badewannenkurve" [76] Angaben über eine bestimmte „Einbrennphase" und eine „Alterungsphase" mit erhöhten Ausfallwahrscheinlichkeiten, für den praktischen Einsatz Bauteile und für die Berechnung des System-Ausfallverhaltens wird jedoch im allgemeinen vom Bereich der rein zufallsbestimmten Ausfälle zwischen der Einbrenn- und Alterungsphase gerechnet. Hieraus folgt, daß hinsichtlich des Eintrittes von Ausfällen keine zeitlichen Vorhersagen möglich sind. Zu beachten wäre lediglich das bereits angeführte, für Ausfälle signifikante Merkmal, daß sie grundsätzlich erst nach der Inbetriebnahme des Systems eintreten können (Bild **1.**6).

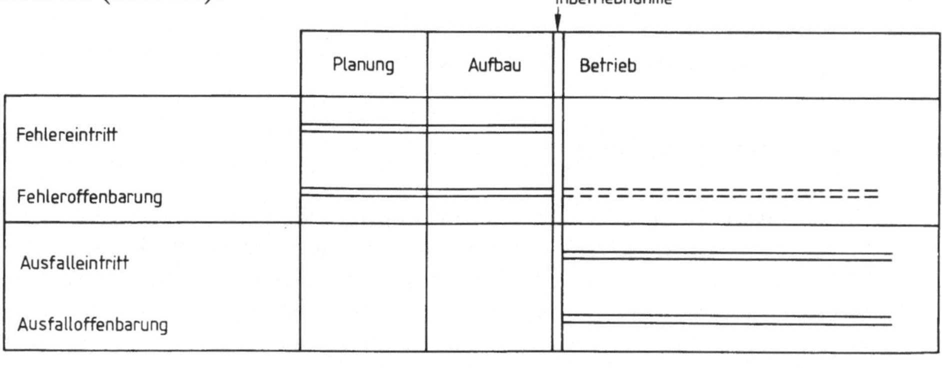

Bild **1.**6   Eintritt und Offenbarung von Fehlern, Ausfällen und Störungen als Funktion der Zeit

1.4.3.2 Ausfallursachen

Ausfälle sind streng genommen Ereignisse, die eigentlich nicht eintreten dürften, da ja das System beanspruchungs- und belastungsgerecht aufgebaut worden ist. Sie stellen sich einmal, wie im voranstehenden angedeutet, mehr oder weniger zufällig aufgrund von Einzeleigenschaften der ausfallenden Bauteile ein, die in der Bemessungs- und Erprobungsmethodik nicht erfaßbar sind.

Weiterhin können die Bauteile des Systems unter äußeren Einflüssen stehen, unter deren Einwirkung sich ihre Eigenschaften in Richtung auf einen Ausfall verändern. Solche Einflüsse werden als Störungen [73], [74] bezeichnet. Sie sollen zwar im Prinzip möglichst ausgeschlossen werden, aber auch bei Störeinflüssen sind ähnlich wie bei Ausfällen während der Entwicklungs- und Aufbauphase nicht alle Auswirkungen vorbestimmbar.

1.4.3.3 Ausfallarten

Mit dem Begriff des Ausfalles verbindet man gedanklich zunächst den Vorgang eines plötzlichen Versagens. Sicherlich ist diese Art des Ausfalles tatsächlich auch die häufigste. Daneben existieren jedoch andere Ausfallarten, die vielleicht seltener, aber dafür um so schwieriger zu entdecken sind. Hierzu gehört in erster Linie der sogenannte Driftausfall, bei dem sich die Bauteileigenschaften zeitlich gesehen langsam verändern und die Systemfunktion beeinträchtigen, ohne anfänglich einen Vollausfall des Bauteiles zu bewirken. Ähnlich schwierig aufzudecken ist auch ein dynamisch verändertes Bauteilverhalten, bei dem sich bestimmte Eigenschaften in der Form von Schwingungen oder ähnlich verändern und hierbei die zulässigen Toleranzen nur kurzzeitig und/oder wechselnd an beiden Grenzen überschreiten.

Insgesamt kann man damit, ohne auf weitere Einzelheiten eingehen zu wollen, als charakteristische Ausfallarten

− den diskreten Ausfall,

− den Driftausfall und

− den dynamischen Ausfall unterscheiden.

1.4.4 Ausfallauswirkungen

Wenn im nachstehenden von den Auswirkungsmöglichkeiten des Ereignisses Ausfall gesprochen wird, so sind hierbei miteinbezogen die Auswirkungen, die sich im Betriebszustand infolge von verbliebenen Restfehlern der Planungs- und Aufbauphase ergeben können, da sie einerseits den Auswirkungen von Ausfällen im Prinzip entsprechen und zum anderen auch quantitativ so gering sein müssen, daß sich auch unter diesem Gesichtspunkt eine besondere Behandlung erübrigt.

In einem logisch aufgebauten und „als fehlerfrei" in Betrieb gegangenen System bewirkt jeder Ausfall − wie definiert − eine Abweichung von der Systemlogik.

Jede Abweichung von der Systemlogik muß auf den ersten Blick die Erreichung der Systemziele verhindern. Das System gerät gewissermaßen in einen nicht beabsichtigten und daher unkontrollierbaren Zustand. Für diesen Zustand gilt, daß er zwar die Erfüllung aller Systemziele nicht mehr zuläßt, möglicherweise aber wenigstens einigen gerecht werden kann. Für die hier anzustellenden Betrachtungen steht das Systemziel Sicherheit im Vordergrund, und es ist deshalb zu untersuchen, inwieweit Ausfälle die Verwirklichung dieses Systemzieles beeinflussen können [84].

1.4.4.1 Systeme mit nur einem sicheren Systemzustand

Zunächst wäre einleitend festzustellen, daß der normale Betriebszustand eines Systems als sicher zu gelten hat, da er mit Hilfe von Sicherungsmethoden gegen Fehler, wie sie im Abschnitt 2.1 näher beschrieben werden, so erarbeitet worden ist.

Von dem Grundgedanken ausgehend, daß Ausfälle ein System in andere Zustände überführen, wäre in Abhängigkeit von der jeweiligen Systemkonfiguration festzustellen, welche Zustände das System annehmen kann und welche hiervon als sicher angesehen werden können.

Zu den im Sinne der Zustandsanalyse vorstellungsmäßig einfachsten Systemen gehören diejenigen, die mit ihrer Fertigstellung einen bestimmten Funktionszustand annehmen und diesen während der gesamten Nutzungsdauer beibehalten. Hierunter fallen im Prinzip alle Tragsysteme der Baustatik.

Ob Brücke, Turm oder Stützmauer, diese Systeme nehmen zwar wechselnde Kräfte aus Nutz- und Naturlasten auf, leiten diese aber über eine im Sinne der Systemtechnik unveränderte Struktur weiter. Derartige Systeme kennen damit auch nur einen sicheren Zustand, der gleichzeitig der unveränderliche Nutzungszustand ist. Jeder Ausfall eines Systemelementes muß diesen in Richtung auf nicht-sichere Zustände beeinträchtigen, da das unbeeinträchtigte Mitwirken aller Systemelemente im System planmäßig und unveränderlich zur Beibehaltung des sicheren Funktionszustandes notwendig ist.

1.4.4.2 Systeme mit mehreren sicheren Systemzuständen

Neben den Systemen mit nur einem Funktionszustand existieren andere, die schon zur Ausübung der vorgesehenen Funktion mehrere Zustände annehmen müssen. Hierzu gehören vor allem alle Systeme, in denen planmäßig Energie umgesetzt wird, wie beispielsweise eine Dampfturbine zum Antrieb eines Generators. Für derartige Systeme existieren schon konzeptionell mindestens die beiden unterschiedlichen Zustände der Energiezufuhr und der Nicht-Energiezufuhr.

Auch der Zustand der Nicht-Energiezufuhr ist in der Betriebsphase des Systems in den meisten Fällen, z. B. für Untersuchungs- und Wartungsarbeiten, nicht nur zulässig, sondern sogar notwendig. Er muß deshalb wie der Betriebszustand mit Energiezufuhr unter Anwendung der Sicherungsmethoden gegen Fehler als sicher erarbeitet werden. Damit existieren für energieumsetzende Systeme im Prinzip mindestens zwei sichere Zustände. Daneben sind weitere sichere Zwischenzustände je nach der Systemaufgabe denkbar, wie beispielsweise für den Dampfturbine-Generator-Fall nach Auskuppeln des Generators der Leerlaufbetrieb der Turbine.

Außer diesen sicheren oder als sicher definierten Zuständen existieren immer Zustände, die im Sinne des Systemzieles Sicherheit nicht mehr als zulässig angesehen werden können, weil sich aus ihnen Schäden, insbesondere für Dritte, ergeben können. Wieder am Beispiel der Kopplung Dampfturbine-Generator wäre hierunter das Überschreiten einer bestimmten Drehzahl der Turbine zu verstehen, die der Schaufelradbemessung zugrundegelegen hat. Eine Überschreitung dieser Drehzahl würde unzulässige Fliehkräfte freisetzen, die ihrerseits die Zerstörung der Turbine herbeiführen könnten. Um derartige Zustände zu verhindern, sind in energieumsetzenden Systemen Regelungsmechanismen eingebaut, die dafür sorgen, daß sich das System im zulässigen Betriebsbereich hält. Bei der Dampfturbine könnte dies beispielsweise durch einen Fliehkraftregler besorgt werden. Ein Ausfall an dieser Regeleinrichtung überführt das System in einen ungeregelten Zustand, bei dem auch ein Ausbrechen des Systems aus dem sicheren Betriebsbereich möglich wird, wenn nicht sogar zwangsläufig eintritt. Um diese Auswirkung zu verhindern, sind zunächst die Regeleinrichtungen entsprechend zu dimensionieren. Es verbleibt jedoch fast immer eine mehr oder weniger große Restmenge von nicht auszuschließenden Ausfällen.

Wenn aber infolge derartiger nicht auszuschließender Ausfälle der Betriebszustand eines Systems als sicherer Zustand nicht mit absoluter Wirkung beibehalten werden kann, bietet sich bei Systemen mit zwei oder mehr sicheren Zuständen quasi-selbstverständlich der Versuch an, als Ausfallfolge nicht auszuschließender Ausfälle den planmäßigen Übergang des Systems vom sicheren Bestriebszustand in einen anderen sicheren Zustand zu bewirken.

Bei der oben betrachteten Dampfturbine könnte beispielsweise, zusätzlich zum Fliehkraftregler, eine unabhängige Drehzahlüberwachung von einem definierten Gefahrenpunkt an die Dampfzufuhr zur Turbine schließen und damit einen zweiten sicheren Zustand der Anlage, d. h. hier z. B. den Stillstand, herbeiführen, ehe die Anlage Schaden nimmt oder verursacht.

Die hier aufgezeigte grundsätzliche Möglichkeit des Anstrebens sicherer Ersatzzustände als planmäßige Ausfallfolge aus dem sicheren Betriebszustand hat zum Zweck, trotz eines eingetretenen Ausfalles die Möglichkeit eines Schadenseintrittes, also eine Gefahr, zu verhindern. In diesem Sinne lassen sich die verschiedenen Möglichkeiten zur Realisierung dieses Grundsatzes in einer sogenannten Sicherungsmethodik gegen Gefahren zusammenfassen, die − wie die Sicherungsmethoden gegen Fehler und Ausfälle − seit langem zum Stand der Technik, gehören und im Abschnitt 2.2 im einzelnen beschrieben werden.

Als verdeutlichendes Beispiel hierzu sei das System Eisenbahn angeführt, bei dem neben dem sicheren Zustand der normalen Betriebsfunktion der Fahrzeugstillstand als weiterer sicherer Systemzustand definiert ist. Die bekannten Sicherungsmethoden der Bahn gegen Gefahren schreiben dementsprechend vor, daß bei Eintritt eines Ausfalls in der normalen Betriebsfunktion durch eine entsprechende Wirklogik dafür zu sorgen ist, daß zwangsläufig der andere sichere Systemzustand, der Fahrzeugstillstand, erreicht wird.

1.4.5 Ereignisverkettung

In den voranstehenden Abschnitten sind eine Reihe von Ereignissen aus dem rechtlichen und technischen Bereich jeweils für sich und ohne einen ausdrücklichen Bezug zueinander definiert worden. Es kann jedoch kein Zweifel daran bestehen, daß zwischen den einzelnen begrifflich definierten Ereignissen ein sachlicher Zusammenhang und eine zeitliche Folgeabhängigkeit existiert. Diese Zusammenhänge lassen sich einleitend mit der an sich trivialen Feststellung verdeutlichen, daß einerseits im Prinzip keine Gefahr oder kein Schaden in einem technischen System denkbar sind, ohne daß vorher ein Fehler oder Ausfall vorgelegen hat, während andererseits Fehler und Ausfälle denkbar sind, ohne daß sich aus ihnen Gefahren oder Schäden ergeben. Im nachstehenden soll zunächst versucht werden, die grundsätzlichen Wirkungszusammenhänge und Verkettungen zwischen den verschiedenen Ereignissen zu analysieren (Bild 1.7).

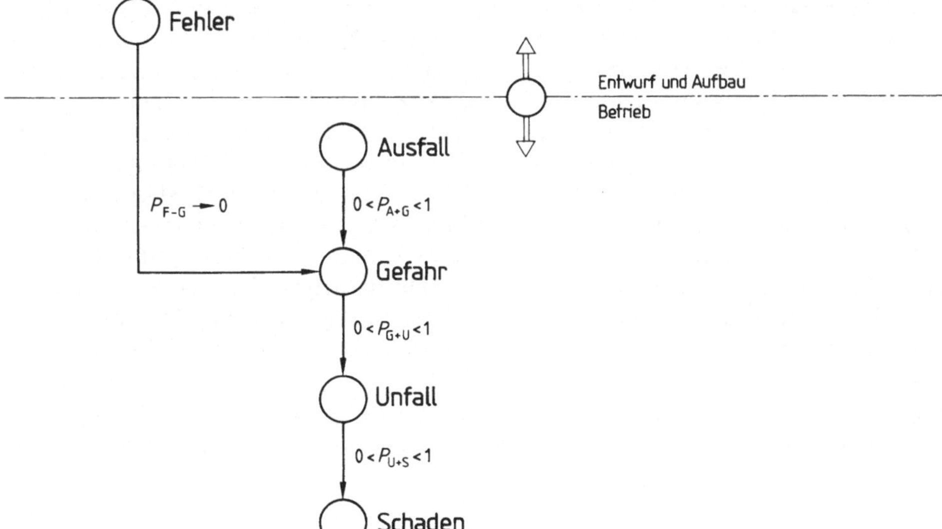

Bild 1.7   Die Übergangswahrscheinlichkeiten zwischen den Ereignisebenen

Jeder in der Planungs- und Aufbauphase nicht offenbarte Fehler sowie in der Betriebsphase eintretende Ausfall stellt als Abweichung von der Wirklogik des Systems die Möglichkeit für das Entstehen einer Gefahr dar. Die Abweichung von der Systemlogik kann jedoch je nach der Fehler- und Ausfallart sowie nach den betroffenen Systemelementen im Hinblick auf das Systemziel Sicherheit durchaus zulässig sein, wenn auch andere Systemziele unzulässig beeinträchtigt werden. Beispielsweise wird bei einem Eisenbahnzug der Ausfall des Antriebs die Sicherheit des Transportgutes nicht beeinträchtigen, während der Ausfall der Bremse ganz eindeutig gefährlich ist. Es besteht also einerseits durchaus eine Ereignisverkettung zwischen Ausfall und Gefahr. Andererseits verursacht ein Ausfall jedoch nicht in jedem Fall auch eine Gefahr. Mathematisch ausgedrückt ist die Übergangswahrscheinlichkeit vom Zustand Ausfall zum Zustand Gefahr $(P_{A \to G})$ nicht gleich eins, sondern liegt zwischen den Grenzwerten null und eins:

$$0 < P_{A \to G} < 1.$$

Der quantitative Wert der Übergangswahrscheinlichkeit zwischen der Ereignisebene der Restfehler und Ausfälle einerseits und der Ereignisebene der Gefahren andererseits hängt im Einzelfall von der Leistungsfähigkeit der zwischen beiden Ebenen wirkenden Schutzmechanismen gegen Fehler und Ausfälle ab, die später unter dem Abschnitt 2.1 als Sicherungsmethoden gegen Fehler, unter dem Abschnitt 2.2 als Sicherungsmethoden gegen Ausfälle und unter dem Abschnitt 2.3 als Sicherungsmethoden gegen Gefahren zu behandeln sein werden.

Nach den früher gegebenen Definitionen versteht man unter Gefahr die Möglichkeit eines Schadenseintrittes, wobei für den Verkehr, wie schon früher festgestellt wurde, schon ein Schadenseintritt am Fahrzeug als Unfall festgelegt ist [25].

Auch zwischen dem Zustand der Gefahr und dem Zustand des tatsächlichen Unfalles besteht somit eine Ereignisverkettung. Nicht jede Gefahr verursacht aber auch einen Unfall im Sinne des Systemzieles der hier behandelten Benutzersicherheit. Beispielsweise kann der Hauptträger einer Brücke durchaus versagen (ausfallen). Dieser Ausfall ist zweifellos eine Gefahr für jeden Brückenbenutzer, solange sich jedoch im Augenblick des daraus resultierenden Zusammenbruches der gesamten Brücke auf dieser tatsächlich kein Fahrzeug befand, ist im Sinne der hier genutzten Unfall- und Schadensdefinition keine Rechtsgutverletzung eingetreten, also kein Schaden gegenüber Dritten und damit kein Unfall entstanden [85]. Die zusammengestürzte Brücke stellt natürlich einen Geldwertverlust dar, dieser Verlust trifft jedoch nur den Kostenträger für das Bauwerk selbst und keinen Dritten, der einen Rechtsanspruch auf schadensfreie Brückennutzung hat.

Wenn also nicht jede Gefahr zwangsläufig auch zu einem Unfall führt, gilt mathematisch für die Übergangswahrscheinlichkeit vom Zustand Gefahr zum Zustand Unfall $(P_{G \to U})$ die Beziehung:

$$0 < P_{G \to U} < 1$$

Die Übergangswahrscheinlichkeit zwischen der Ereignisebene der Gefahren und der Ereignisebene der Unfälle hängt, wie aus dem angeführten Beispiel verallgemeinernd abgeleitet werden kann, nicht von den technischen Gegebenheiten, sondern vom jeweiligen Betriebszustand des Systems — von Dritten beansprucht oder nicht beansprucht — ab. Diese Übergangswahrscheinlichkeit, kann damit auch nicht durch technische Maßnahmen beeinflußt werden. Sie kann somit auch keine weitergehende Betrachtung unter den im Abschnitt 2 zu behandelnden technischen Sicherungsmethoden finden. Immerhin darf nicht unerwähnt bleiben, daß natürlich die Möglichkeit besteht auf betrieblich organisatorischem Wege, z. B. durch Benutzungseinschränkungen, die Übergangswahrscheinlichkeit zwischen Gefahren und Unfällen zu verringern. In einer Extrembetrachtung besteht sogar die hypothetische Möglichkeit auf organisatorischem Wege ein System in den Zustand der absoluten Sicherheit zu überführen, indem man seine Benutzung einstellt.

Am Beispiel des Brückeneinsturzes gedanklich weitergeführt, kann der mit dem Unfall verbundene Schadensumfang außerordentlich verschieden sein. Von dem gleichen Zusammenbruch könnte einerseits nur ein Fahrzeug mit vielleicht nur einem Sachschaden betroffen sein, andererseits von ihm jedoch auch zahlreiche Fahrzeug-Totalverluste, verbunden mit dem Tod ihrer Insassen, ausgehen. Damit aber besteht wiederum zwar eindeutig eine Ereignisverkettung zwischen Unfall und den zugehörigen Unfallfolgen, wobei jedoch auch hier die Übergangswahrscheinlichkeiten vom Unfall zu den verschiedenen Schadensarten ($P_{U \to S}$) als Unfallfolge vom kleinen Sachschaden bis zum Verlust von Menschenleben je für sich ebenfalls kleiner als eins und größer als null sind:)

$$0 < P_{U \to S} < 1$$

Die Übergangswahrscheinlichkeit zwischen Unfällen und Unfallfolgen ist einerseits technischen Maßnahmen durchaus zugänglich, da bestimmte vorsorgliche Einrichtungen die Schadensgröße bei Unfällen erheblich beeinflussen können. Es sei in diesem Zusammenhang beispielsweise auf die bedeutende Verringerung der Unfallschäden im Straßenverkehr durch die Einführung der Anschnallpflicht in der Bundesrepublik im Jahre 1985 hingewiesen. Auch im Eisenbahnverkehr hat beispielsweise der Übergang zu Wagenkonstruktionen in selbsttragender Bauweise in den dreißiger Jahren unseres Jahrhunderts zu einer deutlichen Verringerung der Unfallschäden geführt.

Andererseits jedoch hängt die Größe der Unfallfolgen aber eindeutig von den jeweils unterschiedlichen Beanspruchungsumständen der Unfallsituation ab. Aus den Unfallbeobachtungen in der Vergangenheit konnten, wie bereits beispielhaft angeführt, eine Vielzahl von Unfallbelastungszuständen durch konstruktive Maßnahmen abgefangen werden und der Ausbau der unter Abschnitt 2.4 zu behandelnden Sicherungsmaßnahmen gegen Schäden wird bei allen Verkehrsmitteln weiter betrieben werden. Dennoch bleibt gerade der Übergang zwischen Unfall und Unfallfolgen von den Augenblicksumständen der Unfallsituation weitgehend abhängig, weil vor allem die Verbindung zwischen Fahrzeug und Transportgut, insbesondere im Personenverkehr, nicht allein unter dem Gesichtspunkt der Schadensverhinderung bei Unfällen organisiert werden kann.

Insgesamt gibt die dargelegte Ereignisverkettung von ihrer Entwicklungslogik
her unübersehbare Hinweise auf die Anwendung technischer Sicherungsmethoden. Unmittelbar einzusehen ist sicherlich, daß die Summe der Sicherheitsmaßnahmen um so wirksamer sein muß, je früher sie in der Entwicklungslogik der
Ereignisverkettung einsetzen. Es ist schon aus Aufwandsgründen daher unerläß-
lich, den Sicherungserfolg möglichst bei den Übergangswahrscheinlichkeiten
zwischen Fehlern, Ausfall und Gefahren zu suchen. Hinzu kommt, daß es
rechtlich durchaus bedenklich erscheint, wenn nicht zwischen allen Ebenen, die
Möglichkeiten der Ereigniseinschränkung voll ausgenutzt werden, selbst wenn
man mit höherem Aufwand auf den nachfolgenden Ebenen den gleichen
Gesamtsicherungserfolg erreichen könnte. Hieraus ergibt sich als grundsätzliche
Handlungsanweisung für den Einsatz von Sicherungsmethoden, daß zunächst
alle Möglichkeiten der Ereigniseinschränkung in aufsteigender Reihenfolge der
Ebenen der Ereignisverkettung nachweislich ausgeschöpft sein müssen, ehe in
der jeweils nächsten Ebene mit dem Einsatz von Sicherungsmethoden begonnen
werden darf. Anders und vereinfacht ausgedrückt, darf beispielsweise auf eine
Sicherungsmaßnahme gegen Ausfälle nicht verzichtet werden, auch wenn man
die Ausfallauswirkung auf der Ebene Sicherungsmaßnahmen gegen Schäden
abfangen zu können glaubt.

2 Sicherungsmethoden

Den Ursprung der im Abschnitt 1.4.5 beschriebenen Ereignisverkettung bilden für die Planungs- und Aufbauphase des Systems in erster Linie die Fehler als Verstoß gegen die Systemlogik, während vom Zeitpunkt der Inbetriebnahme an die Ausfälle zur wesentlichen Ursache für das Auslösen der verketteten Ereignisse bis hin zur definierten Unfallfolge werden.

Das grundsätzliche Ziel von Sicherungsmethoden muß es damit sein, einmal Fehler und Ausfälle so weit wie möglich zu verhindern, zum anderen aber — wenn ihr Eintritt nicht mit absoluter Wirksamkeit verhindert werden kann — die Übergangswahrscheinlichkeiten zu den übrigen Ereignisebenen möglichst gegen Null gehen zu lassen.

Aus dieser grundsätzlichen Aufgabe leitet sich eine natürliche Hauptgliederung der Sicherungsmethoden nach den verschiedenen Ereignisebenen in der Verkettung ab, die auch den weiteren Darlegungen zugrunde gelegt wird.

Das Vermeiden von Fehlern und Ausfällen sowie die Einschränkung ihrer Folgewirkungen in der Ereigniskette dient im Prinzip gleichermaßen der Sicherheit und der Funktionszuverlässigkeit eines Systems.

Auch die Methoden zur Erreichung der beiden Systemziele müssen daher im Prinzip gleich sein. Aus dieser Ziel- und Methodengleichheit kann jedoch nicht geschlossen werden, daß Sicherheits- und Zuverlässigkeitsarbeit den gleichen Gesetzmäßigkeiten folgen. Wie schon im Abschnitt 1.3.5.1 festgestellt wurde, sind aus den Gründen zur rechtlichen Schadenersatzverpflichtung gegenüber Dritten bei Sicherheits- und Zuverlässigkeitsentscheidungen unterschiedliche Verfügungsbereiche für den Systemverantwortlichen maßgebend, die einleitend zu den technischen Sicherungsmethoden noch einmal herausgestellt werden müssen, da sich hieraus deutliche Konsequenzen für die Zuverlässigkeitsarbeit und Sicherheitsarbeit der Verkehrssysteme ergeben.

Zunächst wäre festzuhalten, daß die Auswirkungen eines reinen Funktionsversagens im Sinne einer Nichterfüllung der Aufgabenstellung des Systems her im allgemeinen mit meß- und eingrenzbaren Wert- oder besser Verlustangaben belegt werden kann, die sich außerdem über ihren Geldwert mit anderen Werten vergleichen lassen. Wie im nachfolgenden noch im einzelnen dargetan werden soll, aber bereits prinzipiell schon im Abschnitt 1.3.5.1 behandelt wurde, werden sich die Methoden zur Vermeidung von Fehlern und Ausfällen sowie ihrer Folgen deutlich auch nach dem mit ihrer Anwendung verbundenen Aufwand bei der Systementwicklung und im Systembetrieb unterscheiden. Auch dieser Aufwand läßt sich in Angaben erfassen, die letztlich in einem zugehörigen Geldwert zusammengefaßt werden können. Für die reine Zuverlässigkeit eines Systems lassen sich folglich Methodenaufwand und Auswirkung in einem gleichen Parameter ausdrücken und erlauben damit den Ansatz einer Optimierungs-Zielfunktion nach dem Grundsatz, die Verluste aus mangelnder Zuverlässigkeit zuzüglich des Aufwandes für Methoden zur Steigerung der Zuverlässigkeit insgesamt zu einem Minimum zu machen. Aus diesem Gesamt-Minimum kann anschließend im einzelnen abgeleitet werden, welche Methoden zur Vermeidung von Fehlern und Ausfällen sowie zur Geringhaltung ihrer Auswirkung im System anzuwenden sind.

Bei einem Funktionsversagen mit der Gefahr einer Schädigung Dritter kommen zu den reinen Verlusten aus der Nichterfüllung der Aufgabenstellung weitere Verluste aus möglichen Unfällen und ihren Unfallfolgen hinzu. Wie schon im Abschnitt 1.4.5 erläutert, ist die Entwicklung einer Gefahr zu einem Unfall und zu bestimmten Unfallfolgen nicht deterministisch zu beschreiben. Auch unter der Voraussetzung, daß sich die Verluste aus Unfällen in Geldwert ausdrücken lassen, wird damit ein Vergleich zwischen Methodenaufwand und Versagensverlusten fragwürdig. Hinzu kommt, daß sich Unfallfolgen tatsächlich nur im Hinblick auf Sachbeschädigungen − und auch hier nicht vollständig − in Geldwert ausdrücken lassen. Sämtliche Personenschäden insbesondere entziehen sich der Geldwertbetrachtung und stellen infolge der Singularität jedes Menschen im Grunde unersetzbare Verluste dar.

Ist aber ein Verlust als unersetzbar anzusehen, so muß im Prinzip alles getan werden, um ihn im Einzelfall möglichst überhaupt zu vermeiden.

Insgesamt wäre festzuhalten,

− die Methoden zur Vermeidung von Fehlern und Ausfällen sowie zur Geringhaltung ihrer Auswirkung im Hinblick auf die Zuverlässigkeit eines Systems werden nur vom Methodenaufwand im Vergleich zu den gesamten Funktionsverlusten bestimmt, d. h. die Auswahl der Methoden zur Gewährleistung oder Zuverlässigkeit bestimmt sich aus einer Aufwands- und Verlustbilanz im Gesamt-System;

− die Methoden zur Vermeidung von Fehlern und Ausfällen sowie zur Geringhaltung ihrer Auswirkungen im Hinblick auf die Sicherheit eines Systems müssen so weit wie möglich das Eintreten von Einzelverlusten verhindern, d. h. die Auswahl der Methoden zur Gewährleistung der Sicherheit bestimmen sich nach ihrem Erfolg zur Vermeidung von Einzelverlusten über die grundsätzliche Vermeidung von Gefahren sowie die Vermeidung von Fehlern und Ausfällen.

Damit unterscheiden sich die Prinzipien der Sicherheitsarbeit von denjenigen der Zuverlässigkeitsarbeit in der Auswahl der zur Verfügung stehenden Methoden grundsätzlich voneinander. Entsprechend der Zielsetzung dieser Abhandlung sollen im nachstehenden nur die Prinzipien der Sicherheitsarbeit in Systemen behandelt werden.

Mit der o. a. Aufgabenstellung ergibt sich gleichzeitig eine logische Reihenfolge für die Behandlung der einzelnen Sicherheitsmethoden, die auch dem nachstehenden Text zugrunde gelegt ist.

2.1 Sicherungsmethoden gegen Fehler

Nach Marburger [50] gelten, wie im Abschnitt 1.3.1 ausgeführt, als Maßstab für nicht kodifiziert vorgeschriebene Sicherheitsmaßnahmen die beiden Grundsätze, daß

— ihre Eignung objektiv, d. h. wissenschaftlich-experimentell, nachweisbar sein muß und daß

— ihre Richtigkeit in der praktischen Anwendung sich erwiesen haben muß.

Unter Beachtung dieser Grundsätze gilt zunächst für die Sicherungsmethoden gegen Fehler, daß sie kein ausschließliches Phänomen der Verkehrssicherung sind, sondern im gesamten naturwissenschaftlichen Bereich schon seit langem angewandt werden müssen, um die Beschreibung und Entwicklung logischer Systeme überhaupt betreiben zu können. Die in der allgemeinen Naturwissenschaft üblichen Methoden zur Fehlerbekämpfung können wegen ihrer „in der praktischen Anwendung erwiesenen Richtigkeit" auch auf die Verkehrssicherung übertragen werden, obwohl sie dort bisher nicht ausdrücklich kodifiziert sind.

Der Nachweis der objektiven Eignung der möglichen Sicherungsmethoden gegen Fehler führt anhand einer unmittelbar einsichtigen „Fehlereignung auf ihre Vermeidung" hin zu einem ersten Ansatz in der qualitativ wertenden Einstufung der jeweils zugehörigen Sicherungsmethoden.

So ist in einer etwas plakativen, aber gerade deshalb die objektive Einsichtigkeit unterstreichend, derjenige Fehler als „der beste" zu bezeichnen, der gar nicht erst begangen werden kann. Methoden, die dafür sorgen, daß Fehler sozusagen mit absoluter Wirkung ausgeschlossen werden, haben sicherlich auch absoluten Vorrang vor allen anderen. In einer ersten und vorrangigen Kategorie der Sicherungsmethoden gegen Fehler können also zunächst alle Maßnahmen zusammengefaßt werden, die dem Fehlerausschluß dienen. Ihr Grundgedanke besteht darin, aus der beinahe unendlichen Vielfalt logischer Operationen nur diejenigen zuzulassen, die für die Beschreibung der jeweiligen Systemzusammenhänge unbedingt notwendig sind und damit gleichzeitig alle Fehlermöglichkeiten in Verbindung mit den ausgeschlossenen Operationen ebenfalls auszuschließen.

Im Rahmen dieser zur Beschreibung der Systemzusammenhänge unbedingt notwendigen Operationen kann derjenige Fehler als der „zweitbeste" bezeichnet werden, der zwar im Prinzip entstehen kann, aber dennoch nicht begangen wird. Die zugehörige Gruppe der Sicherungsmethoden verfolgt dementsprechend das ebenfalls zweitbeste Ziel, bei den logischen Operationen, die zur Beschreibung der Systemzusammenhänge zugelassen werden müssen, das Entstehen von Fehlern zu verhindern und kann dementsprechend unter dem Begriff Fehlerabwehr zusammengefaßt werden. Die Fehlerabwehr wirkt nicht absolut, sondern kann nur Fehler mit einer bestimmten Wahrscheinlichkeit verhindern.

Von den durch die Fehlerabwehr nicht verhinderten Fehlern muß zunächst derjenige als der drittbeste in der Gesamthierarchie bezeichnet werden, der zwar entsteht, aber vor Inbetriebnahme des Systems gefunden wird und beseitigt werden kann. Dieser Fehlertyp, der durch die zugehörigen Methoden der Fehleroffenbarung entdeckt wird, ist zunächst vor allem deshalb als nur drittbester zu bezeichnen, weil seine Offenbarung und Beseitigung immer einen nicht unerheblichen Aufwand erfordert. Weiterhin ist naturgemäß der Vorgang der Beseitigung eines Fehlers nicht in der Art zu normieren, d. h. durch Maßnahmen der Fehlerabwehr zu schützen, wie die Systementwicklung selbst. Daraus folgt, daß die Fehlerbeseitigung nicht nur Aufwand erfordert, sondern auch die erhöhte Möglichkeit zu neuen Fehlern bietet. Diese Möglichkeit steigt weiter an, wenn die Fehlerbeseitigung bei einem in Betrieb befindlichen System vorgenommen werden muß, da Zeit- oder Maßnahmebeschränkungen aus der Betriebsabwicklung erschwerend hinzukommen.

Der viertbeste und gleichzeitig schlechteste Fehler überhaupt ist schließlich selbstverständlich derjenige, der entsteht und sich erst in Verbindung mit einem gefährlichen Ereignis oder Unfall offenbart. Er ist auch heute mit allen Maßnahmen des Fehlerausschlusses, der Fehlerabwehr und der Fehleroffenbarung nicht vollständig vermeidbar und wird es auch künftig nicht sein [83], [86], [87], [88].

2.1.1 Fehlerausschluß

Ein Fehlerausschluß wird, wie im Abschnitt 2.1 bereits ausgeführt wurde, im Prinzip dadurch erreicht, daß man für die logische Beschreibung und Realisierung eines Systems, Vorganges oder Ablaufes nicht jedes beliebige Vorgehen und jede beliebige Darstellungsform zuläßt, sondern sich konsequent auf nur eine Vorgehens- und eine Beschreibungsart festlegt, die gleichzeitig natürlich auch die geeignetste sein sollte.

2.1.1.1 Systemübergreifende Maßnahmen

Die im Abschnitt 1.3.4 geschilderten rechtlichen Anhängigkeiten zwischen dem Betreiber einer Betriebsanlage des spurgeführten Verkehrs, deren Hersteller und der zugehörigen Aufsichtsbehörde stellen unter technischen Gesichtspunkten bereits eine erste Maßnahme des Fehlerausschlusses dar, da sie die Zuständigkeiten und Pflichten der Beteiligten sowie das Vorgehen bei der Planung und Errichtung einer Eisenbahnbetriebsanlage einschließlich der Beschreibungsart eindeutig und auch zweckmäßig regeln. Man kann feststellen, daß diese systemübergreifende Fehlerausschlußmaßnahme sich in der Praxis seit Jahrzehnten bewährt hat und auch für die Einführung moderner Techniken, wie der Elektronik, nach den Erfahrungen der ersten Pilotprojekte, keiner grundsätzlichen Änderung bedarf.

In die systemübergreifende Grundstruktur der gesetzlich geregelten Vorgehensweise beim Errichten von Bahnbetriebsanlagen gliedert sich ergänzend die

ebenfalls seit langem zum Stande der Technik gehörige Ablauf- und Zuständigkeitsregelung für die eigentliche Planung und Errichtung solcher Anlagen ein.

Mit dem generellen Ziel des Fehlerausschlusses gilt daher für die Entwicklung
von sicherheitsrelevanten Systemen die gewissermaßen zwangsläufige Arbeits-
folge und Zuständigkeitsregelung, die auch schon im Abschnitt 1.4.1 aufgezeigt
wurde wie folgt [81], [89]:

— Pflichtenhefterstellung, durch den Betreiber der Anlage,

— Konzeptioneller Entwurf,

— Konstruktiver Entwurf,

— Fertigung der Systemteile,

— Integration der Systemteile durch den oder die Hersteller der Anlage.

Diese an sich in der Beschreibung und Darstellung sehr einfachen Zusammenhänge bringen in der Realisierung eine Reihe von Schwierigkeiten mit sich.

Zunächst ist den Betreibern von Bahnbetriebsanlagen nicht immer die Erstellung
des als erforderlich bezeichneten Pflichtenheftes selbstverständlich. Insbesondere bei Betriebsanlagen in herkömmlicher Technik ist tatsächlich praktisch
nicht so recht einsehbar, daß allgemein bekannte Bedingungen und Anforderungen immer wieder neu niedergeschrieben werden sollen. Besonders dann, wenn
es sich auch noch um einen anlagen- und betriebserfahrenen Hersteller handelt,
werden daher gelegentlich solche Anlagen auch ohne eingehende Beschreibung,
insbesondere der sicherheitstechnischen Bedingungen, in Auftrag gegeben, da
diese auf beiden Seiten als hinlänglich bekannt vorausgesetzt werden.

Spätestens dann jedoch, wenn Bahnbetriebsanlagen in elektronischer Technik
gefertigt werden sollen und diese neue Technik ihre Vorteile nicht nur beim
eigentlichen Betreiben, sondern auch beim Entwurf und der Herstellung dieser
Anlagen ausspielen soll, wird offenbar, daß die vollständige, eindeutige und
widerspruchsfreie Beschreibung dessen, was eine Bahnbetriebsanlage auf der
einen Seite leisten soll und auf der anderen Seite nicht zulassen darf, auch für sehr
erfahrene Bahnbetriebsfachleute keine leichte Aufgabe ist. Die ersten Pilotprojekte elektronischer Bahnbetriebsanlagen haben gezeigt, daß trotz besten Bemü-
hens die Pflichtenhefte beinahe zum schwierigsten Teil der Gesamtentwicklung
gehörten und praktisch mit den Entwicklungserkenntnissen in immer neuen
Versionen fortgeschrieben werden mußten.

Es ist sicherlich, im Sinne der Fehlerdefinition kein Verstoß gegen die Systemlogik, wenn für eine Bahnbetriebsanlage kein oder nur ein bedingt verwendungs-
fähiges Pflichtenheft geschrieben wird, da sich an der späteren Funktion der
Anlage letztlich auch die Richtigkeit der Aufgabenstellung nachweisen läßt.
Offenkundig ist aber gleichzeitig, daß der zugehörige Aufwand schon deshalb um
ein Vielfaches höher sein muß, weil man auf Aufgabenstellungsfehler naturgemäß an einer bestehenden Anlage nur mit einem entsprechenden Umbau oder
mit einer Leistungseinschränkung begegnen kann.

Aus diesen Gründen bemühen sich derzeit die Richtlinieninstanzen des Bahnwesens, nicht nur den allgemeinen Überschriften-Katalog von Pflichtenheften anzugeben [81], [89], sondern auch seinen Inhalt im einzelnen in der Art eines Typenpflichtenheftes für Bahnbetriebsanlagen festzuschreiben. Das Ergebnis dieser Bemühungen wird jedoch frühestens in einigen Jahren vorliegen, so daß zumindest bis dahin auf die Erfahrung der Bahnsicherheitsingenieure nicht verzichtet werden kann.

Die Schwierigkeiten bei der Aufstellung von Pflichtenheften übertragen sich letztlich nahtlos auch auf die Erstellung der übrigen Planunterlagen des konzeptionellen und konstruktiven Entwurfes durch den Hersteller. Wenn sich die Aufgabenstellung den Entwicklungserfahrungen anpassen muß, ist dies natürlich auch bei den daraus abgeleiteten Konstruktionsunterlagen erforderlich. Bei einem komplexen System kann die Verfolgung derartiger Änderungen zu einem nicht unerheblichen Aufwand führen, der die eigentliche Entwicklungsarbeit beträchtlich behindert. Auch hier wird gelegentlich auf die Darstellung aller nachgeführten Abhängigkeiten aus Zeitgründen verzichtet, da der bahntechnische Fachmann bei der entwickelnden Industrie natürlich die Zusammenhänge genau so „im Kopf" hat wie der Pflichtenheftaufsteller.

Insgesamt kann festgestellt werden, daß die systemübergreifenden Fehlerausschlußmaßnahmen in ihrer prinzipiellen Wirksamkeit zwar einerseits eindeutig anerkannt sind, daß aber andererseits ihre praktische Anwendung auf eine Reihe von Durchführungsschwierigkeiten stößt. Analysiert man diese Schwierigkeiten, so stellt sich als Kern heraus, daß sie sich letztlich aus der beschränkten Arbeitsgeschwindigkeit der heute weitgehend nur papiergestützten Dokumentationstechniken erklären lassen. Hier wird sich in absehbarer Zeit mit dem Einsatz rechnergestützter Arbeitsweisen für die Aufgabenbeschreibung, die Darstellung der technischen Konzeption usw. eine Veränderung einstellen (s. auch Abschn. 2.1.4 und 2.1.5).

2.1.1.2 Einzelmaßnahmen des Fehlerausschlusses

Die am weitesten verbreitete und gleichzeitig wirkungsvollste Maßnahme des Fehlerausschlusses bei der Beschreibung logischer Zusammenhänge besteht in der Verwendung der international vereinbarten mathematischen Symbolzeichen für bestimmte logische Operationen − auch Operatoren genannt − vereinbarter Datensymbole − auch Operanden genannt − anstelle verbaler Beschreibungen. Die Methode des Fehlerausschlusses ist aus vielen Gründen so selbstverständlich geworden, daß sie auch hier nur zunächst der Vollständigkeit halber und als Ausgangspunkt weiterer Entwicklungen angeführt werden soll.

In diesem Sinn findet das Prinzip des Fehlerausschlusses durch Normung der Zeichen für Operanden und Operatoren naturgemäß eine breite Anwendung in der elektronischen Datenverarbeitung bei der Notwendigkeit, die Operationsanweisungen für Rechenanlagen in den verschiedenen Programmierebenen und -sprachen sicher zu gestalten.

Als Maßnahme des Fehlerausschlusses gilt bereits die Tatsache, daß überhaupt eine Norm für die Beschreibung der logischen Operationen beim Aufbau und beim Betrieb des Systems festgelegt wird. Es wäre naturgemäß äußerst interessant, ergänzend angeben zu können, mit welcher Norm die meisten Fehler ausgeschlossen werden können. Die Beantwortung dieser Frage ist nicht direkt aus der gewählten Norm selbst möglich, sondern erfordert im Prinzip zunächst die Ermittlung der Fehleranfälligkeit einer Systementwicklung ohne jede Norm, um gewissermaßen den ungünstigsten Fall zu erfassen.

Tatsächlich wird heutzutage aus den verschiedensten Gründen eine Systementwicklung im technischen Bereich ohne mehr oder weniger große normative Festlegungen überhaupt nicht mehr betrieben. Damit entfällt praktisch die Bezugsmöglichkeit zu einer normfreien Entwicklung, und es verbleibt als Alternative nur der Vergleich mit dem Fehlerausschlußerfolg mit anderen Normungsverfahren.

Der Vergleich von unterschiedlichen Normungsverfahren hinsichtlich ihres Fehlerausschlußerfolges wird insofern schwierig, als sich der Fehlerausschlußerfolg des einen Normverfahrens aus der Fehleranfälligkeit des anderen ergibt. Im Vergleich zu mehreren anderen Verfahren muß damit der Fehlerausschlußerfolg naturgemäß unterschiedlich sein. Als kennzeichnend kann damit nur der Fehlerausschlußerfolg aus dem Verhältnis der Fehleranfälligkeit zum nächstschlechteren Verfahren herangezogen werden.

Die Fehleranfälligkeit von Normungsverfahren leitet sich aber aus der Wirksamkeit derjenigen Maßnahmen ab, die der Fehlerabwehr innerhalb der festgelegten Normen dienen, so daß sich letztlich der **Fehlerausschluß**erfolg eines Normungsverfahrens aus der Differenz des Fehler**abwehr**erfolges des nächstschlechteren Normungsverfahrens zum eigenen Fehlerabwehrerfolg ergibt.

Hieraus folgt zunächst, daß auch zur Bestimmung des Fehlerausschlußerfolges die Bestimmung des Fehlerabwehrerfolges notwendig ist.

Weiterhin wäre sicherlich festzustellen, daß angesichts der sehr weit ausgebauten Fehlerabwehrmaßnahmen bei allen Normungsverfahren (s. Abschnitt 2.1.2) die Unterschiede, die den Fehlerausschlußerfolg eines Normverfahrens charakterisieren, relativ gering sein werden.

2.1.1.3 Beispiele für Einzelmaßnahmen des Fehlerausschlusses

Die wesentlichen Grundgedanken der Sicherungsmethode des Fehlerausschlusses bestehen darin, die Entwicklung eines Systems in vororganisierten Bahnen ablaufen zu lassen, damit zunächst vor allem die Fehler ausgeschlossen werden können, die sich zwangsläufig bei einer in beliebigen Schritten ablaufenden Entwicklung einstellen müssen. Diese Normung des Entwicklungganges gehört einerseits nicht nur aus sicherheitstechnischen Gründen zum selbstverständlich geübten Stand der Technik, sie muß andererseits in ihren Einzelheiten auch immer wieder neu, vor allem z. B. beim Übergang auf neue Technologien, erarbeitet werden.

Es gilt gewissermaßen, die Entwicklungsvorgänge nicht nur überhaupt zu normen, sondern es muß zusätzlich eine Norm gefunden werden, die für das jeweilig zu entwickelnde System den größten Fehlerausschlußerfolg gewährleistet.

Im Abschnitt 2.1.1.3 wurden die vor allem mit der letzten Aufgabenstellung verbundenen Schwierigkeiten dargetan. Demzufolge ist es für praktische Bedürfnisse beinahe unmöglich, einen theoretischen, quantifizierbaren Nachweis des Fehlerausschlußerfolges zu führen, um daraus die für eine bestimmte Entwicklung geeignetsten Methoden des Fehlerausschlusses bestimmen zu können.

Kann der Weg einer theoretischen Vorherbestimmung der geeignetsten Sicherungsmethoden nicht beschritten werden, so bedeutet dies jedoch keineswegs, daß damit ihre Auswahl beliebig freigegeben ist. Es gibt immer einen ersten qualitativen Anhalt für ein geeignetes Vorgehen, das seine Begründung in einer inneren, objektiven Logik findet, ohne mit anderen gleichermaßen logischen Vorgehensweisen quantitativ wertend vergleichbar zu sein. Entsprechend den Grundsätzen für die Eignung von Sicherheitsmaßnahmen [50] ist die qualitative Eignung einer Sicherheitsmethode das erste Indiz für ihre Zulässigkeit. Falls sich jedoch qualitativ gleichartig einzuschätzende Methoden anbieten, entscheidet zwischen ihnen die praktische Bewährung. Diese theoretische Begründung für das Ansetzen von Sicherungsmaßnahmen hat bereits lange vor einer ausdrücklichen Kodifizierung ihren Niederschlag im praktischen Vorgehen gefunden. So gibt es bei den verschiedensten Systementwicklungen, als Ersatz für eine theoretische Nachweisführung der geeigneten Fehlerausschlußmethoden, eine praktische Bewährung, die sich zum Teil über jahrzehntelange Erfahrungen erstreckt und die, nach Marburger [50] damit nicht nur den Charakter des Zulässigen, sondern auch den des Gebotenen erhält.

Als Beispiel für ein solches durch Erfahrung im Fehlerausschlußerfolg bestätigtes Normungssystem seien hier die Normen im Zusammenhang mit der Planung und Errichtung von Betriebsanlagen im spurgeführten Verkehr vorgestellt.

Der Normungsprozeß beginnt bereits auf der Ebene der gesetzlichen Vorschriften, auf der die Eisenbahn-Bau- und -Betriebsordnung [90] definiert, welches die wesentlichen Elemente der zu steuernden Einheiten im Prozeß Bahnverkehr, kurz „Bahnanlagen", sind. Aus dem § 6 dieser Rechtsverordnung sei zur weiteren beispielhaften Verfolgung der verschiedenen Normungsebenen der Absatz 3 angeführt:

„Bahnhöfe sind Bahnanlagen mit mindestens einer Weiche, wo Züge beginnen, enden oder mit Gleiswechsel wenden dürfen."

Gleistechnische Planunterlagen

Als erste Normungsebenen folgt hieraus die Darstellung der Bahnanlage „Bahnhof" gehörigen Elemente in einem Lageplan, der im Prinzip lediglich die geographisch-vermessungstechnische Abbildung der Schienen, Schwellen usw. zu umfassen hätte, um als Konstruktionsunterlage auszureichen. Unter dem

Gesichtspunkt des Fehlerausschlusses hat sich jedoch aus dieser Urform des Lageplans eine abstrahierende Darstellungsform entwickelt, die vom realen Bild der Gleis- und Weichenanlage erheblich abweicht. So wird in den Gleislageplänen seit langem nicht mehr der vollständige Gleisrost mit beiden Schienen und sämtlichen Schwellen abgebildet, sondern lediglich die imaginäre, in der Realität gar nicht ausgebildete oder kenntlich gemachte Gleismitte als Hauptbezugslinie dargestellt.

Diese Darstellungsvereinfachung kann als sehr wirksame Maßnahme des Fehlerausschlusses bezeichnet werden, da hiermit die willkürliche Wahl von vermessungstechnischen Bezugslinien − z. B. einmal die linke und ein anderes Mal die rechte Schiene − mit den zugehörigen Fehlermöglichkeiten, z. B. aus der Bindung von links und rechts an die Fahrtrichtung, vermieden wird.

Des weiteren werden die Gleisachsen bei der Abbildung von Weichen noch weiter abstrahiert, indem auf die vermessungstechnisch exakte Abbildung der Krümmungen verzichtet wird, um stattdessen über eine vereinbarte Symbolik die Art und Funktion der Weiche anschaulich machen zu können, die aus der reinen, nicht abstrahierten Form nur mit zahlreichen Fehlschlußmöglichkeiten abzuleiten wäre.

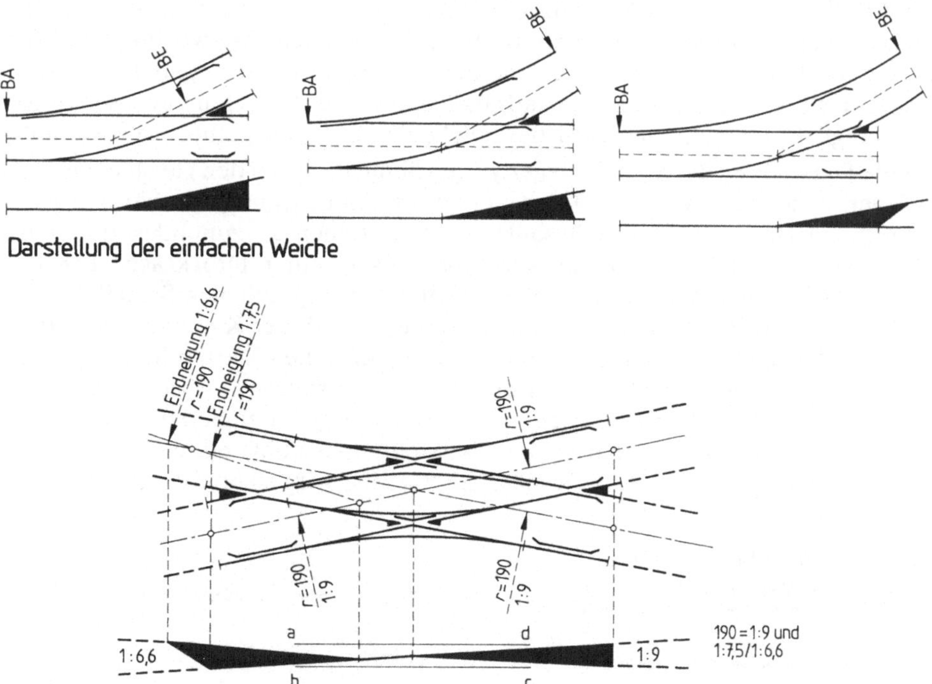

Bild 2.1 Beispiel für die fehlerausschließende Normung von Gleisplandarstellungen

In ähnlicher Weise läßt sich in vielen Einzelheiten die heute übliche Darstellungs-
norm für gleistechnische Lagepläne als Maßnahmenkatalog des Fehlerausschlusses aus der Entwicklungsgeschichte heraus begründen. Insgesamt kann sie als
Sicherungsmaßnahme bezeichnet werden, die einerseits objektiv begründet
werden kann und außerdem aber auch über eine umfangreiche praktische
Bewährung verfügen. Die für die Bundesrepublik maßgebende Norm findet sich
heute in der Drucksache 800/1 [91] der Deutschen Bundesbahn, die gleichzeitig
auch für andere Bahnen den Stand der Technik beschreibt. Ein Beispiel der
Normungsart für gleistechnische Pläne ist in Bild **2**.1 wiedergegeben.

Signaltechnische Planunterlagen

In den gleistechnischen Plänen ist enthalten, in welcher Weise die Gleisanlage
über die Gleisverbindungen und unter Berücksichtigung der Fahrdynamik
befahren werden kann. Einerseits sind die sich aus diesen Verhältnissen ergebenden Einschränkungen, wie z. B. Geschwindigkeitsbegrenzungen in Gleis- und
Wendebögen, den einzelnen Fahreinheiten mitzuteilen, andererseits muß der
Fahrbetrieb auf den Gleisanlagen nach Zeitlage und Reihenfolge überhaupt
geregelt werden. Die für diese Zwecke heute noch fast ausschließlich verwandten
Einrichtungen sind die auf optischer Sicht beruhenden sogenannten Signalanlagen. Mit ihrer wichtigsten Aufgabe, der Regelung des Verkehrsprozesses auf den
Gleisanlagen, kommt ihnen unmittelbare Sicherheitsverantwortung zu. Sie
werden deshalb auch heute noch vielfach als Sicherungsanlagen bezeichnet,
obwohl als ihre Hauptaufgabe grundsätzlich die Prozeßregelung anzusehen ist,
die „lediglich" im Rahmen der Sicherheitsbedingungen ausgeführt werden muß.

Für die Darstellung der Signalanlagen gelten ähnlich wie bei den gleistechnischen
Anlagen genormte Symbole, deren Fehlerausschlußwirkung wie bei den Nor-
mungen zur Darstellung der Gleisanlagen im einzelnen die zumindest qualitativ
nachgewiesen werden kann. Sie sind ebenfalls in einer Drucksache 818 der
Deutschen Bundesbahn [92] festgelegt. Neben dem eigentlichen Signallageplan
gehören zu den signaltechnischen Planunterlagen auch der Kabelübersichtsplan
und Kabellageplan mit der Einordnung der elektrischen Verbindungen in den
Gleisplan sowie der Isolierplan mit der Angabe, in welcher Weise die Gleisanlagen zur elektrischen Ortung der Fahreinheiten gegeneinander isoliert sein
müssen. Auch für diese Planarten sind Darstellungssymbole mit fehlerausschlie-
ßender Wirkung in einer DB-Drucksache 832 [93] vorgeschrieben (Bild **2**.2).

Lichthaupt- und Lichtvorsignale

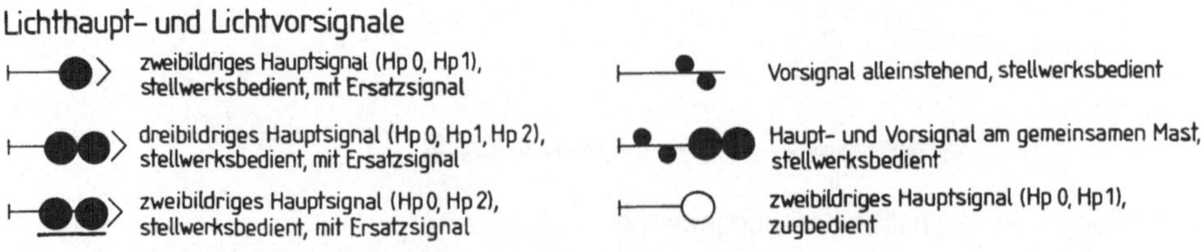

Bild **2**.2   Beispiel für die fehlerausschließende Normung von Signalplandarstellungen

Außer den Symboldarstellungen der verschiedenen gleis- und signaltechnischen Einrichtungen muß zur Vermeidung von Verwechslungen im Sinne eines Fehlerausschlusses auch eine Kennzeichnungsmethodik festgelegt sein. Die ebenfalls in den Dienstsachen der DB enthaltenen Bezeichnungsvorschriften stützen sich einerseits auf die vermessungstechnischen Grundwerte, wie xy-Koordinaten und Kilometrierungen, ab, verwenden andererseits jedoch eine vereinfachte betriebsbezogene Logik, für die bei der Ortsunterscheidung der verschiedenen Betriebsanlagen eine sehr weitgehende, fehlerausschließende Wirkung nachgewiesen werden kann, obwohl sie nicht das Produkt theoretischer, wirkungsbezogener Untersuchungen ist, sondern allein auf praktischen Erfahrungen beruht. Beispielsweise ist allgemein und grundsätzlich festgelegt, daß für die geodätisch eingemessenen Gleisachsen eine Kilometrierung angegeben wird, die von Norden nach Süden und von Osten nach Westen aufsteigt. Die in dieser Weise sich ergebenden Zahlenangaben werden nicht nur mit den entsprechenden Symbolen in die gleis- und signaltechnischen Lagepläne eingetragen, sondern sind entsprechend den Vorschriften der EBO § 17 [90] in 100-m-Schritten auch als sogenannte Kilometersteine an den Strecken zu finden. Bei zweigleisigen Strecken ist zunächst ebenfalls wieder in der EBO § 38 [90] bestimmt, daß die Gleise grundsätzlich im Rechtsverkehr benutzt werden. Hieraus abgeleitet ergibt sich die Identifikation der beiden Gleise einer Strecke aus der ergänzenden Festlegung in der DS 818 [92], daß ein Gleis mit der Fahrtrichtung in aufsteigender Kilometrierung in Bahnhofsanlagen stets mit der Nummer 1 zu bezeichnen ist und daß das Gleis der zugehörigen Gegenrichtung stets die Nummer 2 trägt. Auf dieser Bezeichnungsgrundlage bauen die weiteren Bezeichnungsregeln für die Gleise, Weichen und Signale auf, so daß insgesamt eine systematische Bezeichnungsabhängigkeit entsteht, die vom Prinzip her die Möglichkeit der zwei- oder mehrdeutigen Bezeichnung der gleis- und signaltechnischen Anlagenelemente mit den zugehörigen Fehlermöglichkeiten ausschließt.

Funktions- und Sicherheitslogik

Mit der Anordnung und eindeutigen Bezeichnung der gleistechnischen Elemente können die Fahrmöglichkeiten in einem Bahnhof durch die Angabe des Zielgleises ebenfalls eindeutig beschrieben werden. Die Fahrmöglichkeiten werden mit dem Begriff F a h r s t r a ß e n bezeichnet. Sie sind wieder mit dem Ziel der fehlerausschließenden Wirkung definiert als Verbindung zwischen einem Start- und einem Zielgleis, die ohne Richtungswechsel befahren werden können. Die Gleise, in denen ein Richtungswechsel vorgenommen werden kann, sind in den Gleisanlagen ebenfalls definiert. Wenn zwischen zwei Start- und Zielgleisen mehr als eine Fahrmöglichkeit besteht, sind die unterschiedlichen Fahrstraßen in der Reihenfolge des kürzesten oder fahrtechnisch günstigsten Weges aufsteigend numeriert, wobei zusätzlich der günstigste Weg als Hauptfahrstraße und die übrigen als Umwegfahrstraßen bezeichnet werden.

Für jede einzelne der auf diese Weise in einem Bahnhof festgelegten Fahrstraßen kann aus dem Gleisplan abgelesen werden, welche Fahrwegstelleinrichtungen

(Weichen und Kreuzungen) für eine Bewegung auf diesem Fahrweg benutzt werden und in welcher Stellung sie sich jeweils befinden müssen. Man erhält auf diese Weise eine Handlungsanweisung für die Einstellung der Fahrwegverzweigungen aus der Angabe des Start- und Zielgleises einer beabsichtigten Fahrt und in Verbindung mit dem Signallageplan eine Anweisung, mit Hilfe welcher Signaleinrichtungen die Fahrt auf der beabsichtigten Fahrstraße freigegeben werden kann. Die Handlungsanweisungen für die Bedienung der Stelleinrichtungen zum Einstellen jeder der vorgesehenen Fahrstraßen in einem Bahnhof werden in einer sogenannten Fahrstraßentabelle zusammengefaßt, die damit den Bahnhof in seiner Abbildungs- und Funktionslogik beschreibt.

Die in der Fahrstraßentabelle eines Bahnhofs aufgeführten Fahrstraßen sind nur in einem begrenzten Umfang gleichzeitig möglich. Sie schließen sich gegenseitig immer dann aus, wenn sie ganz oder teilweise über gleiche Gleisabschnitte führen, obwohl sie unter Umständen unterschiedliche Start- und Zielbeziehungen haben. Zu der nur auflistenden Fahrstraßentabelle gehört somit zur Beschreibung der zeitabhängigen Möglichkeiten eines Bahnhofes, den Betrieb zu regeln, die sogenannte Fahrstraßenausschlußtafel hinzu.

Diese Fahrstraßenausschlußtafel wird im allgemeinen mit den Stellanweisungen für die gleis- und signaltechnischen Stelleinrichtungen in der sogenannten Verschlußtafel zusammengefaßt (Bild **2**.3). Sie enthält mit diesen Angaben einerseits die einzelnen Handlungsanweisungen zur Prozeßregelung des Bahnverkehrs in einem Bahnhof mit Hilfe der Stelleinrichtungen. Andererseits kann über die Ausschlußangaben zu den Fahrtraßen abgeleitet werden, wo in der Anlage gefährliche Fehlhandlungen des Bedieners der Stelleinrichtungen möglich wären. Darum wiederum ergibt sich die Möglichkeit, derartige Fehlbedienungen in der Art eines Ausfallausschlusses durch eine technische Behinderung bei der Bedienung unmöglich zu machen. Der Verschlußplan enthält somit die grundlegende Funktionslogik und die in der sogenannten äußeren Sicherheitslogik zusammengefaßten Ausfallausschlußmaßnahmen gegen Fehlhandlungen des Bedieners, die heute im allgemeinen in der Art von Stellwerken realisiert sind.

Stellwerke haben in erster Linie die Aufgabe, die Stellmöglichkeiten für möglichst viele Stelleinheiten eines oder mehrerer Bahnhöfe mit dem Ziel einer rationell konzentrierten Prozeßregelung an einer Stelle zusammenzufassen. Gleichzeitig sind, ausgehend von der Sicherungslogik, die Stelleinrichtungen in den Stellwerken über eine technische Verschlußeinrichtung so voneinander abhängig gemacht, daß nur solche Fahrmöglichkeiten gleichzeitig eingestellt werden können, auf denen keine gegenseitige Gefährdung der Fahrbewegungen eintreten kann.

Mit der Zusammenfassung der Stelleinrichtungen in einem Stellwerk werden technische Einrichtungen zur Kraftübertragung und zu Stellungsmeldungen der Weichen und Signale erforderlich. Diese technischen Einrichtungen sind entprechend den Sicherungsmethoden gegen Ausfälle zu sichern (s. Abschnitt 2.2). In der gesamten Stellwerksanlage bildet sich damit eine Verhaltensweise aus, die als innere Sicherungslogik bezeichnet werden kann.

Für Stellwerke stehen heute zwei technologisch unterschiedene Möglichkeiten
zur Übertragung der Stellkräfte vom Stellwerk zu den Stelleinrichtungen zur
Verfügung.

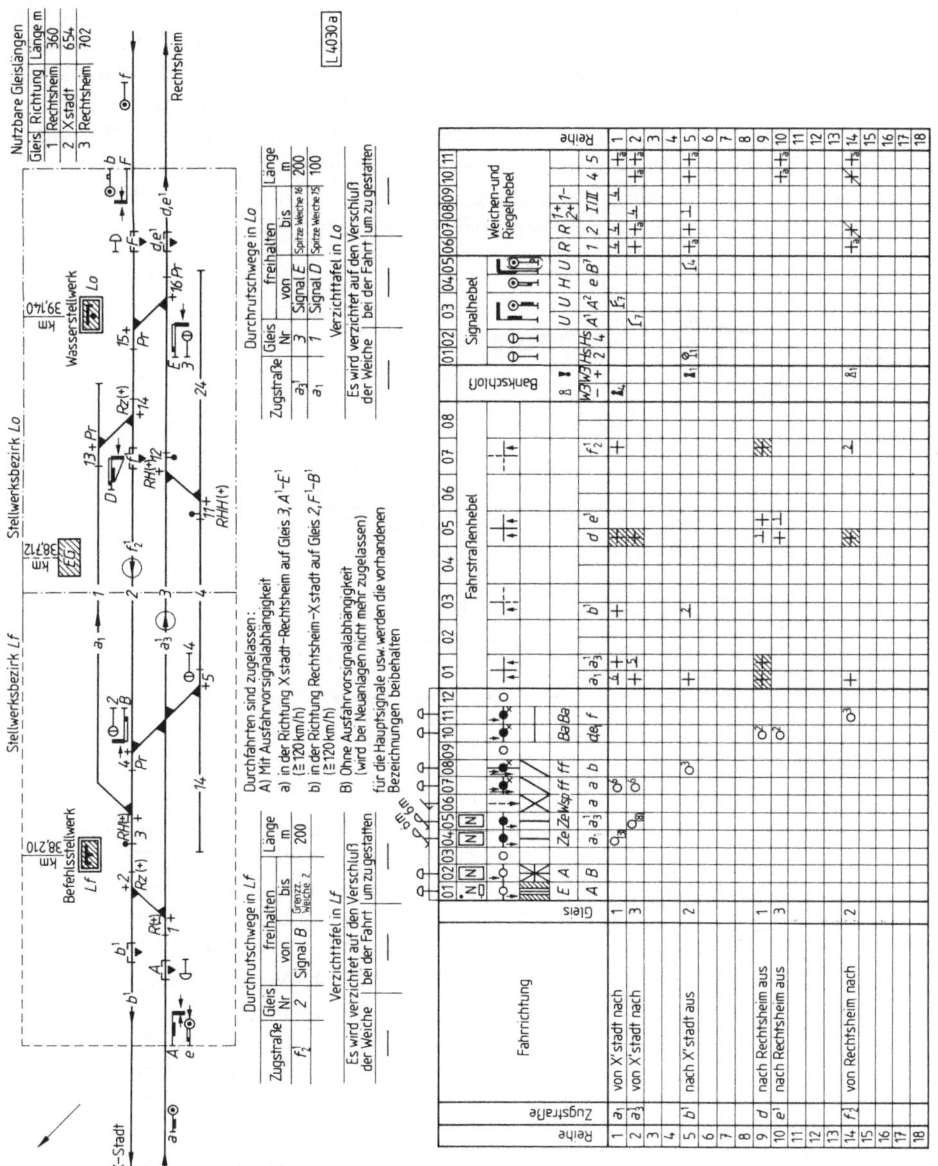

Bild **2**.3 Beispiel für die fehlerausschließende Normung von Darstellungen der äußeren
Funktions- und Sicherungslogik (Lageplan und Verschlußtafel eines Beispiel-
bahnhofes)

Mechanische Stellwerke

Die älteste, aber durchaus noch im praktischen Einsatz anzutreffende Bauform
ist das sogenannte mechanische Stellwerk, bei dem die Stellkräfte, von Hebeln
oder Kurbeln ausgehend, mechanisch über Drahtzüge oder Gestänge an die
Stelleinheiten (Weichen und Signale) übertragen werden. Außerdem ist beim
mechanischen Stellwerk auch die im Verschlußplan enthaltene Sicherungslogik
in der Form eines Verschlußregisters ausgeführt. Dieses Verschlußregister ist
meist als Kreuzgestänge konstruiert, bei dem durch eine entsprechende Behinderung der mechanischen Bewegungen in dem Gestänge nur die Bedienungen dem
Bediener freigegeben werden, die keine gegenseitige Gefährdung von Fahrbewegungen im Gleisfeld zur Folge haben (Bild **2.**4).

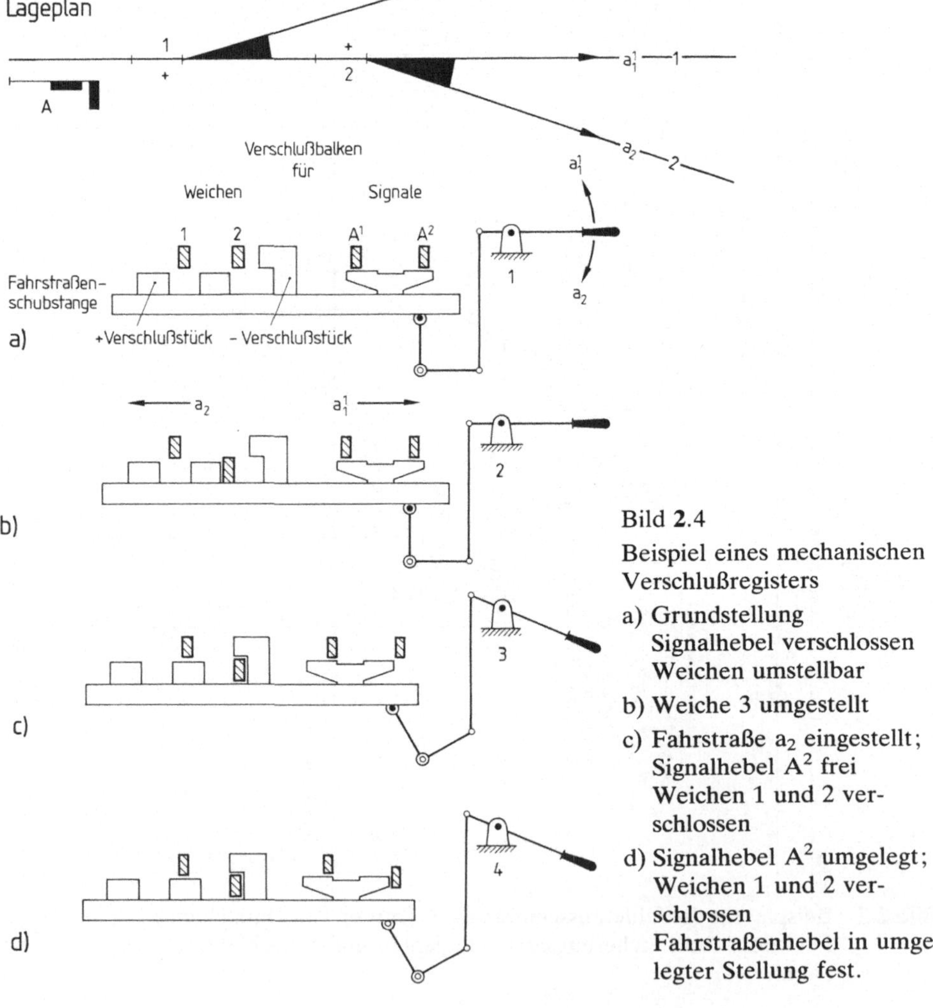

Bild **2.**4

Beispiel eines mechanischen
Verschlußregisters

a) Grundstellung
   Signalhebel verschlossen
   Weichen umstellbar

b) Weiche 3 umgestellt

c) Fahrstraße a$_2$ eingestellt;
   Signalhebel A^2 frei
   Weichen 1 und 2 ver-
   schlossen

d) Signalhebel A^2 umgelegt;
   Weichen 1 und 2 ver-
   schlossen
   Fahrstraßenhebel in umge-
   legter Stellung fest.

Elektromechanische Stellwerke

Bei den späteren sogenannten elektromechanischen Stellwerken werden die Stellkräfte nicht mechanisch, sondern durch die Stromzuführung zu Stellmotoren an den Stelleinrichtungen erzeugt. Damit ergab sich im Stellwerk die Möglichkeit, die Sicherheitslogik nicht nur in einem mechanischen Verschlußregister in Verbindung mit den Stellhebeln auszuführen, sondern zusätzlich auch ein elektrisches Verschlußregister unter Verwendung von Relaisschaltungen einzuführen (Bild **2.5**). Die Entwicklung führte schließlich in den sogenannten Dr-(Drucktasten)Stellwerken dazu, daß auf das mechanische Verschlußregister ganz verzichtet wurde.

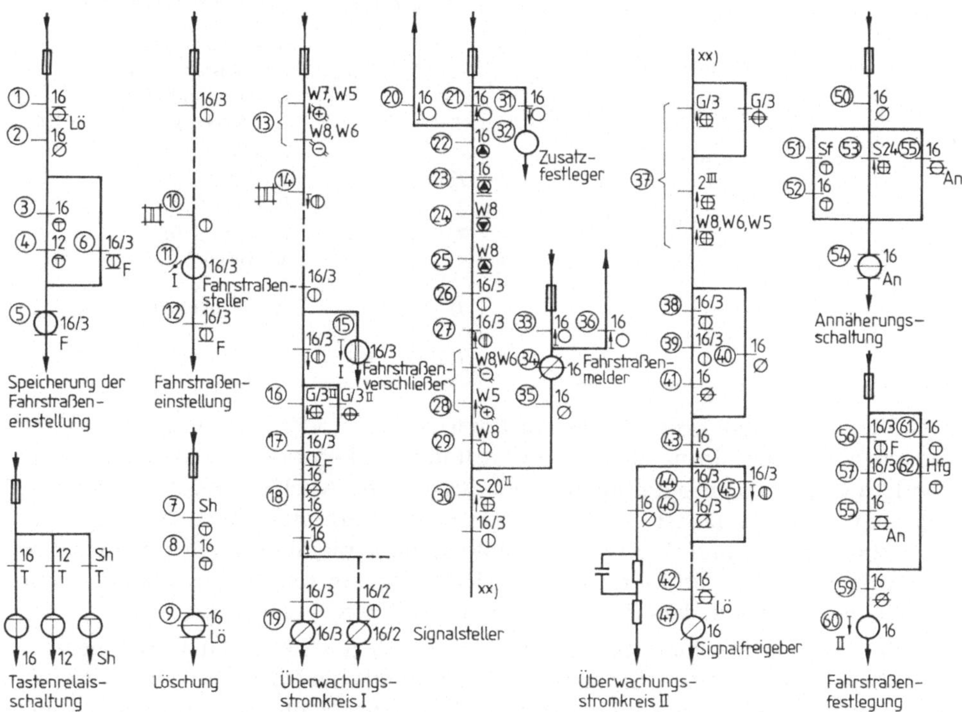

Bild **2.5** Beispiel für die Darstellung elektromechanischer Abhängigkeitsschaltungen (Relaisstellwerk)

Für alle diese Stellwerksbauformen gab es und gibt es auch heute noch normende Festlegungen als Fehlerausschlußmaßnahme für die Darstellungen und Bezeichnungen in den Herstellungsplänen für die Kraftübertragungs- und die Verschlußeinrichtungen (Tabelle **2.6**).

Elektronische Stellwerke

Bei der heute sich allmählich durchsetzenden Bauform der elektronischen Stellwerke werden nach wie vor die Stellkräfte durch Elektromotoren erzeugt.

Tabelle **2**.6   Beispiel für genormte Darstellungszeichen der Relaistechnik (Relaiszeichen alte Technik).

Nr.			Nr.		
7301	⊗	Springertastensperre	7310	E ⊕	Blockhilfsrelais A = Anfangsfeld E = Endfeld
7302	⊗	Dauerstromtastensperre			
7303	⊘	Sperrmagnet am Signal- bzw. Befehlshebel	7311	RbT ⊕	Rückblocktastenrelais
7304	⌐⊘	Signalhaltmelder	7312	VbT ⊕	Vorblocktastenrelais
7305	⌐⊘	Signalfahrtmelder	7313	BHT ⊕	Blockhilfstastenrelais
7306	⫯ ⊘	Warnmelder	7314	A⊕ᵢ4-6	Blockanschalter A = Anfangsfeld E = Endfeld Abfallverzögerung 4−6 sec.
7307	⊕	Ausfahrthaltüberwacher			
7308	Stp ⊘	Signalhaltstellenprüfer	7315	E ⊕	Blockanschalter A = Anfangsfeld E = Endfeld
7309	A ⊕	Blockrelais A = Anfangsfeld E = Endfeld	7316	MI ⊕	Anschalter für Motorinduktor
			7317	⊘	Weichenhebelsperre
			7318	◯	Auflösevorbereiter

Die Sicherungslogik, mit der das Ansteuern erlaubt oder nicht erlaubt wird, ist jedoch nicht mehr in mechanischen Gestängewerken oder Relaisschaltungen, sondern in Rechnerprogrammierungen ausgeführt. Auch für Rechnerprogrammierungen sind zunächst in den verschiedenen Verfeinerungsstufen vom Softwarekonzept über den Bausteinverknüpfungsplan und über die Programmstrukturierungen bis zur lauffähigen Befehlsliste Normen für die Darstellungs- und Bezeichnungsart mit dem Ziel des Fehlerausschlusses eingeführt worden.

Bei dieser Stellwerksbauform erhebt sich jedoch für die in einer Rechnerprogrammierung ausgeführte Sicherheitslogik erstmals die Frage, ob eine Normung der entwerfenden Darstellung auf dem Papier als Fehlerausschlußmaßnahme allein noch ausreicht. Der Entwurf von Rechnerprogrammierungen vollzieht sich heute kaum noch anhand von Papierunterlagen, auf denen die logische Verknüpfung der einzelnen Vorgänge zunächst geplant werden muß, um erst danach anhand des Planes in die technische Realisierung umgesetzt zu werden. Bei Rechnerprogrammierungen vollziehen sich Planung und Realisierung unmittelbar in einem Schritt direkt im Medium elektronischer Daten. Es sind damit natürlich immer noch fehlerausschließende Maßnahmen in der oben bereits erwähnten Form erforderlich, sie bedürfen aber kaum noch des Ausdruckes auf Papierunterlagen, sondern gelten in erster Linie als Handlungsanweisung oder -einschränkung für den Programmierer. Als Beispiel mögen die Programmierregeln für sicherheitsverantwortliche Programme in den Programmiersprachen Assembler 8085 und 8086 sowie in Pascal (Tabelle **2**.7) dienen.

Tabelle **2**.7　Auszug aus den Programmierrichtlinien für die Programmiersprache Pascal

Verbotene und bedingt erlaubte Befehle

1. BDTD-Anweisungen (verboten)	BDTD-Anweisungen durchbrechen die strukturierte Programmierung, bzw. wenn sie so angewandt werden, daß die strukturierte Programmierung nicht zerstört wird, so können sie durch andere, Pascal-Anweisungen ersetzt werden, sie sind also entbehrlich, und sollen unbedingt vermieden werden.
2. NEW und DISPOSE (verboten)	Durch die Benutzung von dynamischen Speichern wird ein Heap-Bereich erzeugt, dessen Größe schwer kalkulierbar ist. Außerdem sind die durch DISPOSE freigegebenen Lücken oft nicht für neu erzeugte Variablen nutzbar. Damit kann nicht ausgeschlossen werden, daß der Heap-Bereich so groß wird, daß Heap und Stack nicht mehr beide in den Speicher passen. In diesem Falle können sie sich gegenseitig überschreiben.
3. Realwerte (bedingt erlaubt)	Beim Arbeiten mit Realwerten treten grundsätzlich Rundungsfehler auf. Darum sollten sie vermieden werden, soweit dies möglich ist.
4. FORWARD-Deklarationen (bedingt erlaubt)	Die Benutzung von FORWARD macht ein Programm immer unübersichtlich. Darum sollte es vermieden werden, soweit dies möglich ist.
5. Variante Records (bedingt erlaubt)	Wenn die Auswahlvariable und die zugehörigen Speicherplätze getrennt besetzt werden, so besteht die Gefahr, daß die Speicherinhalte der zuletzt besetzten Variante als Daten der inzwischen geänderten Variante interpretiert werden, was zu Fehlern führen würde. Damit müssen variante Records einer besonderen Prüfung unterzogen werden.
6. CASE-Anweisungen ohne OTHERWISE (bedingt erlaubt)	Wenn eine CASE-Anweisung kein OTHERWISE umfaßt, und die abgefragte Variable einen Wert annimmt, der nicht durch die CASE-Alternativen abgedeckt ist, kann das System auf einen Fehler laufen oder in einen undefinierten Zustand übergehen. Aus diesem Grunde sollte immer ein OTHERWISE verwendet werden, um nichtvorgesehene Fälle abzufangen.

Zu der fehlerausschließenden Aufgabe der Programmierregeln für sicherheitsverantwortliche Rechnerprogrammierungen kommt als weitere Aufgabe hinzu, daß sie, bei geeigneter Ausgestaltung, die Anwendung der weiteren Sicherungsmethoden gegen Fehler erleichtern können. Eine Reihe der Vorschriften in den angeführten Programmierregeln hat beispielsweise zwar keine direkte fehlervermeidende Wirkung, ihre Einhaltung erlaubt es jedoch, die Sicherungsmethode der Fehleroffenbarung mit größerer Wirkung anzuwenden, indem sie vor allem eine rechnergestützte Überprüfung der Einhaltung der vorgeschriebenen Programmierregeln erleichtern.

Zusammenfassend läßt sich feststellen, daß die Maßnahmen des Fehlerausschlusses in ihrem gemeinsamen Kern die optimierte Normung der Operanden, also derjenigen Elemente der Systemplanung und -erstellung zum Ziel haben, mit denen die verschiedenen Entwicklungszustände eines Systems dargestellt oder beschrieben werden.

2.1.2 Fehlerabwehr

Die Fehlerabwehr als allgemeine Zielsetzung unterteilt sich naturgemäß in verschiedene Einzelmaßnahmen, die von den Merkmalen der möglichen Fehler bestimmt werden, wie sie in Abschnitt 1.4.1 beschrieben sind.

Das dort einleitend beschriebene Merkmal nach der Fehlerauswirkung auf das Systemziel Sicherheit oder andere Systemziele hat zwar grundsätzliche Bedeutung hinsichtlich der wirtschaftlichen Disponibilität von Sicherungsmaßnahmen gegen Fehler (s. Abschnitt 1.3.2) begründet jedoch keine qualitativ voneinander verschiedenen Fehlerabwehrverfahren; mit anderen Worten ausgedrückt, wirken alle Fehlerabwehrmaßnahmen qualitativ und quantitativ gleichartig, unabhängig davon, welchem Systemziel sie dienen sollen.

Beim Systemziel Sicherheit wird lediglich die Intensität der Fehlerabwehrmaßnahmen von systemexternen rechtlichen Bedingungen bestimmt und nicht von internen wirtschaftlichen Überlegungen.

Der Fehlereintritt, wie er in Abschnitt 1.4.1.1 als weiteres Fehlermerkmal behandelt wird, kann in erster Näherung ebenfalls keinen direkten Bezug auf bestimmte Fehlerabwehrmaßnahmen haben. Es mag zwar zu erwarten sein, daß die Entstehungsphasen eines Systems unterschiedliche Fehlerarten begünstigen und damit ebenfalls eine unterschiedliche Intensität der Fehlerabwehrmaßnahmen je nach Entwicklungsphase erforderlich machen. Prinzipiell kann es jedoch keine Fehlerabwehrmaßnahmen geben, die vom Eintrittszeitpunkt der Fehler her typisiert werden können.

Von den unter Abschnitt 1.4.1 beschriebenen Fehlermerkmalen liefert allein die Fehlerursache einen direkten Anhalt für die Ableitung von Fehlerabwehrmaßnahmen. Es wurde dort ausgeführt, daß als allgemeine Ursache für das Begehen von Fehlern menschliches Fehlverhalten infolge von Falschhandeln oder Unterlassen angesehen werden kann. Hieraus leiten sich zwei Zielrichtungen für Fehlerabwehrmaßnahmen ab, die entweder gegen das Falschhandeln oder gegen das Unterlassen von Handlungen wirken.

2.1.2.1 Fehlerabwehr gegen Unterlassungen

Abwehrmaßnahmen gegen das Unterlassen von Handlungen setzen voraus, daß es eine Festlegung der notwendigen Handlungen gibt. Für die Entwicklung eines technischen Systems unter den heutigen weitgehend durchtechnisierten allgemeinen Verhältnissen leiten sich zunächst die Beschreibungshandlungen aus der allgemeinen Beschreibungssystematik technischer Systeme ab.

Äußere Systemlogik

Hiernach besteht die erste Aufgabe darin, das Verhältnis des in Frage stehenden Systems zu seiner Umgebung zu beschreiben. Für diese Beschreibung ist es erforderlich, zunächst die benachbarten natürlichen oder technischen Systeme zu identifizieren und die Beziehungen zu ihnen, zunächst nach der Wirkungsrichtung unterschieden, aufzuführen. Die Beziehungen selbst müßten anschließend nach ihrer Art, z. B. Materialfluß, Krafteinwirkung oder Informationsübermittlung, und innerhalb der Art wieder nach den zugehörigen Leistungsmerkmalen beschrieben werden.

Insgesamt existiert also ein umfassendes und eindeutiges Handlungskonzept für die Beschreibung technischer Systeme, das in konsequenter Anwendung geeignet ist, Fehler bei der Systementwicklung in der Form von Unterlassungen abzuwehren. Das Handlungskonzept umfaßt als allgemeingültig für alle technischen Systeme alle prinzipiell möglichen Beziehungen physikalischer, chemischer oder sonstiger Art und ist damit notwendigerweise sehr umfangreich.

Bei immer wiederkehrenden Systementwicklungen, wie z. B. die Fahrzeugentwicklung, hat es sich daher eingebürgert, nicht das ganze Handlungskonzept abzuarbeiten, sondern nur gewissermaßen für die typische Entwicklungsaufgabe aus dem Gesamtkomplex ausschnittartig typisierte Handlungskonzepte zugrundezulegen, die sich, wie beispielsweise bei früheren Fahrzeugentwicklungen, bereits bewährt haben. Mit derartig eingeschränkten Handlungskonzepten läuft man naturgemäß sofort Gefahr, in dem ausgeklammerten Bereich Unterlassungen zu begehen, wenn neue Systementwicklungen Einflüsse auf die Umgebung ausüben oder von ihr aufnehmen, die bei den früheren Entwicklungen noch nicht existierten oder noch nicht bekannt waren.

Gerade im Hinblick auf das Systemziel Sicherheit haben frühere, isoliert betriebene Entwicklungen mit ihren nicht berücksichtigten Beziehungen, insbesondere zur natürlichen Umgebung, das heute zu bewältigende Umweltschutzproblem ausgelöst.

Aber auch im rein technischen Bereich können einschränkend typisierte Handlungskonzepte verhängnisvoll sein, wenn man beispielsweise im Verkehr an die neuzeitliche Drehstrom-Antriebstechnik elektrischer Lokomotiven sowie an die Wirbelstrombremsen denkt, deren elektromagnetische Auswirkungen auf die Zugsicherungsanlagen auch heute noch nicht zur vollen Zufriedenheit beherrscht werden.

Insgesamt gesehen kommt es gerade bei der Abwehr der Fehlerursache des Unterlassens darauf an, die Beziehungen zur Systemumwelt vollständig zu erfassen.

Innere Systemlogik

Im Zusammenhang mit der Beschreibung der äußeren Logik des Systems als Verhältnis zu den benachbarten Systemen entwickelt sich nach dem gleichen

Prinzip der stufenweisen Untergliederung die innere Logik des Systems, nach der die eingebenden Beziehungen zur Umgebung in die ausgehenden umgesetzt werden.

Die innere Systemlogik wird naturgemäß im wesentlichen von der Aufgabenstellung des Systems bestimmt. Je vollständiger demnach die Aufgabenstellung eines Systems beschrieben werden kann, desto weniger Möglichkeiten verbleiben, bei der Umsetzung der Aufgabenstellung in die technische Lösung, unterlassende Fehler zu begehen. Die Aufgabenstellung eines Systems wiederum läßt sich um so eingehender beschreiben, je größer der Erfahrungsschatz mit dem Betrieb gleicher oder vergleichbarer Systeme ist. In diesen kurz umrissenen Abhängigkeiten spiegelt sich letztlich der allgemeine Prozeß wider, mit dem durch „Versuch und Irrtum" nicht nur die Beherrschung technischer Systeme erlernt wird.

Zur Abwehr von Unterlassungsfehlern bieten sich vor diesem Hintergrund zwei grundsätzliche Ansatzmöglichkeiten. Zum einen kann man versuchen, die innere Systemlogik von unterlassenden Fehlern dadurch frei zu halten, daß man versucht, sich das Funktionieren des Systems, soweit es eben geht, in der Theorie planend voraus vorzustellen und hieraus eine aufgabenstellende Systembeschreibung abzuleiten. Dieses Vorgehen setzt natürlich voraus, daß bereits ein hohes Maß an Wissen und Erfahrung in der allgemeinen theoretischen Systembeschreibung vorhanden ist.

Ein anderer Weg kann darin bestehen, daß man das zu realisierende System weniger vollständig plant, dafür aber mit ersten, vereinfachten Realisierungsstufen praktische Erfahrungen zu sammeln sucht, deren Auswirkungen man anschließend in die endgültige Gestaltung des Systems einbringt.

In der heutigen Praxis bei der Entwicklung technischer Systeme mischen sich beide Ansatzarten auch im Zusammenhang mit der Erstellung von Prozeßregelungsanlagen des spurgeführten Verkehrs. Je mehr Erfahrungen mit einer bestimmten Systemart vorliegen, wie z. B. bei den elektrischen Stellwerken, desto vollständiger und genauer läßt sich die innere Systemlogik in eine Aufgabenstellung umsetzen. Je neuartiger dagegen eine bestimmte Technologie ist, in der die Anlage realisiert werden soll, desto weniger zuverlässig müssen notwendigerweise planende Vorüberlegungen sein. Ein Tatbestand, der sich in großer Eindeutigkeit jetzt im Zusammenhang mit der Einführung elektronischer Stellwerke, aber auch schon früher beim Übergang auf die Relaistechnik im Stellwerksbau, gezeigt hat.

Bis heute, d. h. bis zu Beginn des Zeitalters der elektronischen Datenverarbeitung, konnte der Erfahrungsschatz im Zusammenhang mit einer bestimmten Systementwicklung nur in der Form von textlichen oder grafischen Beschreibungen gespeichert werden. Das Auswerten dieser, gewissermaßen statischen, Erfahrungsdatensammlung oblag ausschließlich dem Menschen, der allein in der Lage war, gewissermaßen dynamisch, die Beziehungen zwischen den verschiedenen gespeicherten Datensätzen herzustellen und daraus Schlüsse zu ziehen, wobei die Auswertemethodik, nach der hierbei gearbeitet wurde, sich z. B. beim Ingenieur, ausgehend von einer grundlegenden Ausbildung, wiederum anhand von Erfahrungen mit Systementwicklungen weiterbilden konnte. Gerade dieser Erfahrungsschatz aber ließ sich über theoretische Schulung nur in sehr begrenztem Umfang weitergeben. Jeder Systementwickler mußte gerade diesen Erfahrungsschatz sich selbst immer wieder neu schaffen, um als Fachmann oder Experte handeln zu können.

Mit dem jüngsten Kind, der elektronischen Datenverarbeitung, jedoch könnte es möglich werden, auch die Beziehungsauswertung zwischen gespeicherten Informationen zu objektivieren und wiederverwendbar zu speichern [94], [95], [96], [97].

Während bisher z. B. die Vollständigkeitskontrolle beim Beschreiben der Aufgabenstellungen von Stellwerken im wesentlichen von Erfahrungsschatz des einzelnen, entwerfenden Ingenieurs abhing, könnte es für künftige Entwicklungen möglich werden, diesen Erfahrungsschatz zu speichern und ihn mit den Entwicklungserfahrungen auch anderer Ingenieure zu einem Expertensystem reifen zu lassen, damit unterlassende Fehler schon in der Systemplanung kaum noch vorkommen können.

Für den augenblicklichen Stand der Technik muß man jedoch festhalten, daß es neben der Sorgfalt und der Erfahrung der entwickelnden Ingenieure keine systematische und objektive Methode der Fehlerabwehr gegen Unterlassungen gibt.

2.1.2.2 Fehlerabwehr gegen Falschhandeln

Die Fehlerabwehr gegen Falschhandeln durchzieht jegliche Art von logischen Umsetzungsprozessen. Ihr Prinzip besteht darin, den gesamten Umsetzungsprozeß so zu strukturieren, daß sich einzelne Umsetzungsstufen bilden, die nur einen eindeutigen und möglichst einfachen Umsetzungsvorgang erfordern und auf diese Weise mit hoher Zuverlässigkeit ausgeführt werden können.

Als einfachstes Beispiel für derartige Fehlerabwehrmaßnahmen gegen Falschhandeln sei auf die Regeln hingewiesen, nach denen in der Mathematik Gleichungen umgeformt werden sollten. Der Grundsatz, in jeder Gleichungszeile nur eine Umformung vorzunehmen, unterteilt beispielsweise den gesamten Vorgang so, daß jeweils nur die einfachsten Umsetzungsprozesse stattfinden können, während die Vorschrift, die Gleichheitszeichen bei sämtlichen Gleichungszeilen stets senkrecht untereinander zu setzen, die Falschhandlungen auslösende Verwechslung mit Minuszeichen abwehrt.

Diesem Vorgehen in der Mathematik entspricht der Ingenieursgrundsatz der sogenannten „top-down"-Entwicklung, bei der ebenfalls von der Aufgabenstellung, dem „top" ausgehend, nur möglichst einfache Verfeinerungsschritte bis zur nächsten Dokumentationsebene vorgenommen werden dürfen, um die bei zu kühnen Entwicklungssprüngen möglichen Falschhandlungen zu verhindern.

Wichtig ist bei den Fehlerabwehrmaßnahmen gegen Falschhandlungen, daß wie in der Mathematik in jeder Gleichungszeile bei Ingenieursentwicklungen jeder Vereinfachungsschritt vollständig dokumentiert wird. Der Zwang, sich jede Ebene vollständig dokumentierend erarbeiten zu müssen, ist beinahe der wichtigste fehlerabwehrende Einfluß gegen Falschhandlungen des entwerfenden Ingenieurs. Darüber hinaus sind Dokumentationen in dieser Vollständigkeit eine wichtige Fehlerabwehrmaßnahme beim Durchführen späterer Änderungen an der in Betrieb genommenen Anlage.

Bei der Entwicklung von Prozeßsteuerungsanlagen des spurgeführten Verkehrs ist in diesem Sinn der Fehlerabwehr die Reihenfolge der zu erstellenden Pläne von der betrieblichen Systemskizze bis zum Verdrahtungsplan der Relaisgestelle zwar nicht kodifiziert, aber doch als Bestandteil des Ingenieurwissens festgelegt.

Eine vergleichbare Dokumentationshierarchie mit dem Ziel der Vermeidung von Falschhandlungen gilt auch für die Entwicklung von Softwareprodukten für die gleichen Anlagen. Sie beginnt mit der Beschreibung des Softwarekonzeptes und führt über den Bausteinverknüpfungsplan und das Struktogramm zum Objektcode. Da jedoch Rechnerprogrammierungen gegenüber der bisherigen Technik wesentlich geeigneter für die Anwendung von fehleroffenbarenden Sicherungsmethoden sind (s. Abschnitt 2.1.5.4 und 2.1.5.5), muß die Anwendung fehlerabwehrender Sicherungsmaßnahmen in der Fortschreibung auf Papierunterlagen immer dann in ihrem Wert bezweifelt werden, wenn die entsprechende Vorgehensweise zum reinen Selbstzweck wird und der eigentliche Fehlerverhinderungswert gegenüber anderen Methoden, z. B. Fehleroffenbarungsmaßnahmen mit Rechnerstützung, gering einzuschätzen ist.

Zusammenfassend läßt sich feststellen, daß die Maßnahmen der Fehlerabwehr in ihrem gemeinsamen Kern die optimierte Normung der Operatoren, also derjenigen Elemente der Systemplanung und -erstellung zum Ziel haben, mit denen die verschiedenen Entwicklungszustände eines Systems aufeinander aufbauend erarbeitet werden.

Zusammenfassend für die beiden Maßnahmengruppen des Fehlerausschlusses und der Fehlerabwehr ist ferner festzustellen, daß mit der von ihnen ausgehenden Normung und den gegen diese Normung möglichen Verstößen eine eigene Art von Fehlern, nämlich die der sogenannten formalen Fehler entsteht. Formale Fehler sind zwar keine unmittelbaren Verstöße gegen die Systemlogik, als Vorstöße gegen festgelegte Fehlerausschluß- und Fehlerabwehrmaßnahmen heben sie jedoch die Wirkung dieser Maßnahmen in einzelnen Punkten auf und es können sich an diesen Stellen wirkliche Verstöße gegen die Funktionslogik des Systems verbergen, die ohne Verstoß gegen die formalen Festlegungen entweder gar nicht eintreten oder sich einfacher offenbaren würden. Eine Analyse der Systementwicklung auf formale Fehler gehört aus diesem Grund zum zwingenden Bestandteil der im nachstehenden Abschnitt zu beschreibenden Fehleroffenbarungsmaßnahmen.

Da die formalen Fehler keinen direkten Verstoß gegen die Systemlogik darstellen, kann durchaus auf eine grundsätzliche Beseitigung verzichtet werden, wenn im Einzelfall durch eine gezielte Nachprüfung nachgewiesen worden ist, daß sich hinter ihnen keine Verstöße gegen die Systemlogik verbergen. Belassene formale Fehler behalten aber grundsätzlich ihre Eigenschaft, funktionale Fehler, z. B. bei Anlagenänderungen im Betrieb, verbergen zu können, und sie sollten aus diesem Grunde auf jeden Fall dokumentiert werden.

2.1.3   Fehleroffenbarung

Die Sicherungsmethoden der Fehleroffenbarung gliedern sich in drei prinzipiell voneinander verschiedene Gruppen. Die erste besteht im wesentlichen darin, den Entwurfsvorgang für eine technische Anlage oder Einrichtung in allen einzelnen Entwurfsschritten prüfend nachzuvollziehen und im Nachvollzug des Entwurfsvorganges Fehler zu offenbaren und, natürlich, anschließend zu beheben. Derartige Prüfvorgänge finden für die sicherheitsverantwortlichen Einrichtungen des spurgeführten Verkehrs in verschiedenen Stadien des Entwurfsprozesses statt.

Die zweite grundsätzliche Methodengruppe der Fehleroffenbarung versucht, über eine möglichst vollständige Nachahmung der später von der in Betrieb befindlichen Anlage auszuführenden Funktionen festzustellen, ob in der Planung Funktionsfehler verborgen sind, die behoben werden müssen.

Die letzte Sicherungsmethodengruppe der Fehleroffenbarung besteht schließlich darin, die funktionale Richtigkeit der geplanten Einrichtung durch eine funktionsunabhängige logische Ableitung zu beweisen.

2.1.3.1   Fehleroffenbarung durch nachvollziehende Prüfung

Zunächst wird jeder Entwickler sein Entwicklungsprodukt in persönlicher Verantwortung an geeigneten Stellen auf seine richtige, den Aufgaben entsprechende Umsetzung überprüfen, um dadurch vor sich selber entstandene Fehler zu offenbaren und zu beseitigen. Grundsätzlich besteht die Möglichkeit die Art und die Häufigkeit dieser Selbstprüfungen dem Entwickler selbst zu überlassen. Man unterstützt auf diese Weise psychologisch das persönliche Interesse des Entwicklers an seiner eigenen Arbeit und veranlaßt ihn dadurch zu einer hohen Entwicklungssorgfalt. Bei Entwicklungsprozessen, denen ein zunehmender Wiederholungscharakter innewohnt, kann die Freigabe der Selbstprüfung allerdings auch dazu führen, daß infolge eines sich übersteigenden Selbstvertrauens die Selbstprüfung vernachlässigt wird. Bei derartigen Entwicklungsprozessen empfiehlt es sich daher, dem Entwickler in objektiv abgeleiteten Abständen und in einer nachweisbaren Methodik bestimmte Selbstprüfungsmechanismen vorzuschreiben.

Auch bei bester objektiver Ableistung der Selbstprüfungsmaßnahmen der entwickelnden Personen bleibt die Fehleroffenbarungswirkung der Selbstprüfung begrenzt, da naturgemäß ein jeder seinen eigenen Produkten gegenüber nicht die psychologisch erforderliche Distanz entwickeln kann.

Vom prinzipiellen Ansatz her hat aus diesem Grunde der Nachvollzug des Entwicklungsvorganges durch von der Entwicklung unabhängige Personen den Vorteil der objektiv unbeeinflußten Prüfung. Diese Unabhängigkeit setzt jedoch bei der Person des nachvollziehenden Prüfers zunächst voraus, daß er mindestens über einen der Entwicklung gegenüber gleichwertigen Kenntnisstand hinsichtlich der zu entwickelnden Anlage verfügt, d. h. daß die prüfende Person auch selbständig in der Lage wäre, die infrage stehende Anlage selbst zu entwickeln. Das Prinzip der Fremdprüfung ist dennoch die in der bisherigen Technik am weitesten verbreitete Methode der Fehleroffenbarung. Für die Anlagen des spurgeführten Verkehrs gehört eine derartige Fremdprüfung zum selbstverständlichen Bestandteil eines jeden Planes einschließlich aller zugehörigen Berechnungen. Ihre Durchführung ist auf jeder Prüfunterlage durch die Unterschrift der prüfenden Person zu dokumentieren.

Außerdem findet bei den Betriebseinrichtungen des spurgeführten Verkehrs eine weitere nachvollziehende Fremdprüfung als aufsichtsbehördlicher Prüfvorgang statt, der in der Form eines Prüfberichtes und einer unverwechselbaren Kennzeichnung der geprüften Unterlagen festgehalten wird.

Obwohl die nachvollziehende Fremdprüfung der Planunterlagen einen so weit verbreiteten Einsatz findet, hat sie einen von verschiedenen Umständen abhängigen unterschiedlichen Fehleroffenbarungswert.

So kann bei Betriebsanlagen mit mehr statischem Charakter, wie Gleisanlagen, Brücken o. ä. die Anlage durchaus umfassend in ihrem tatsächlichen Zustand auf Plänen beschrieben werden. Entsprechend wirksam ist daher die nachvollziehenden Berechnungs- und Planunterlagen. Bei mehr dynamischen Einrichtungen wie z. B. den Stellwerken dagegen ist die Fehleroffenbarungswirkung einer nachvollziehenden Fremdprüfung sehr stark von der Stellwerkstechnologie abhängig.

Mechanische Stellwerke

Bei mechanischen Stellwerken besteht die Sicherungslogik im wesentlichen darin, die Bedienung der Stellhebel so gegeneinander zu verschließen, daß keine gefährlichen Zugbegegnungen eintreten können. Zur Herstellung des Verschlußregisters werden die zugehörigen Bedingungen aus dem sogenannten Verschlußplan abgelesen und das Verschlußregister in seiner sogenannten Grundstellung als Herstellungsunterlage gezeichnet. Diese Grundstellung ist durch eine bestimmte Stellung der Bedienungshebel, wie Weichenhebel, in der sogenannten +Lage, die Fahrstraßenhebel in der Mittelstellung und die Signalhebel in der Haltlage gekennzeichnet. Anhand dieses statischen Abbildes des Verschlußregisters, gemäß Abschn. 2.1.1.4, kann man sich unter Zuhilfenahme des Verschlußplanes bei den relativ einfachen mechanischen Abhängigkeiten vorstellen, welche Zustände das Kreuzgestänge bei eingestellten und als frei signalisierten Fahrstraßen einnimmt und welche weiteren Einstellungen dabei möglich bleiben oder mechanisch gesperrt werden. Es wird damit auch fehleroffenbarend nachvollziehbar, ob die gegenseitigen Bedienungsausschlüsse den Erfordernissen entsprechen, obwohl nicht alle möglichen Zustände des Kreuzgestänges zeichnerisch dargestellt worden sind (Bild 2.8).

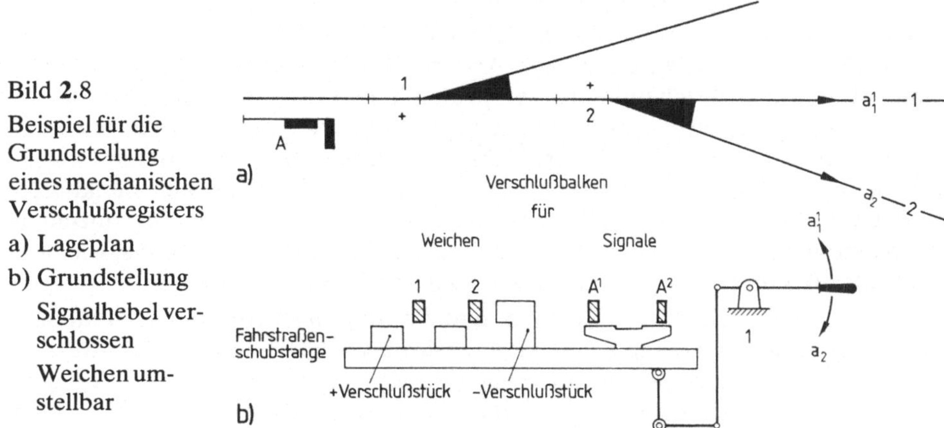

Bild 2.8
Beispiel für die Grundstellung eines mechanischen Verschlußregisters
a) Lageplan
b) Grundstellung
   Signalhebel verschlossen
   Weichen umstellbar

Obwohl aber für die einfachen Bedingungen der mechanischen Verschlußregister die Verhältnisse an den Planunterlagen vollständig nachvollziebar waren, wurden bei diesen Stellwerken dennoch vor ihrer Inbetriebnahme jede Ausschlußbedingung am fertiggestellten Objekt ausprobiert, d. h. die nachvollziehende Fremdprüfung an den Planunterlagen wurde durch praktische Tests an der Anlage ergänzt.

Elektromechanische Stellwerke

Bei elektromechanischen Stellwerken wurden die mechanischen Verschlüsse durch elektrische nachgebildet. Außerdem kamen zu den relativ einfachen gegenseitigen Bedienungsausschlüssen weitere ausschließende Bedienungsbedingungen aus der mit diesen Stellwerken, zumindest in ihren heutigen Ausführungen, immer verbundenen elektrischen Gleisfrei- oder Gleisbesetztmeldungen hinzu. Insgesamt wurden damit sehr komplexe Darstellungen der logischen Zusammenhänge für die Relaisschaltwerke erforderlich, die naturgemäß mit noch größerer Berechtigung nur die Abbildung eines einzigen Zustandes der Anlage, d. h. die sogenannte Grundstellung, wie beim mechanischen Stellwerk zulassen. Jede nachvollziehende Prüfung, die auch die nicht abgebildeten Zustände mit einbeziehen soll, wird naturgemäß durch diesen Zustand ebenfalls erheblich erschwert. Mit einer nachvollziehenden Selbstprüfung ist das Eindringen in den Bereich nicht abbildbarer Zustände sicherlich größer, während andererseits der Fehleroffenbarungsgrad geringer bleibt als bei einer Fremdprüfung. Die vom Grundsatz her im Hinblick auf den Fehleroffenbarungsgrad wirksamere nachvollziehbare Fremdprüfung hinwiederum kann, bei gleichem Prüfaufwand, nur in geringerem Umfang in den nicht abbildbaren Zustandsbereich eindringen.

Insgesamt gesehen muß aus den geschilderten Gründen der wirkliche Fehleroffenbarungsgrad von nachvollziehenden Prüfungen unbestimmt bleiben. Fest steht lediglich, daß er in weiten Grenzen schwanken kann.

Ein besonderer Nachteil der nachvollziehenden Prüfung, der letztlich ihren weitgehend unbestimmbaren Wirkungsgrad erklärt, besteht vor allem darin, daß der durchgeführte Prüfvorgang nach Art und Inhalt nicht festgehalten werden kann. Hinter der Bescheinigung der prüfenden Person den Plan geprüft zu haben, können sich zwei sehr weit auseinanderliegende Fehleroffenbarungsverfahren, nämlich einerseits eine nur flüchtige Übersicht der abgebildeten Grundstellung der Anlage oder andererseits der genaue Nachvollzug aller denkbaren weiteren Anlagenzustände verbergen. Auch die Kennzeichnung der einzelnen Plandarstellungen mit einzelnen Prüfvermerken sagt nichts darüber aus, was sich der Prüfer bei dieser Kennzeichnung als geprüft vorgestellt hat [89].

Dieser Umstand zwingt letztlich dazu, daß die reine nachvollziehbare Planprüfung bei derartig komplexen Schaltwerken wie elektromechanischen Stellwerken in keiner Weise als ausreichend angesehen werden kann und daß solche Anlagen dem Betrieb nur nach einer ausgedehnten Funktionsprüfung übergeben werden dürfen, deren Inhalt und Ergebnis dokumentiert werden können.

Diese Feststellung bedeutet, daß schon bei den heute betriebenen Stellwerksanlagen in Relaistechnik der Beitrag der Fehleroffenbarungsmethoden zum Nachweis der Fehlerfreiheit aus der Kombination von nachvollziehenden Prüfungen und Testverfahren besteht, wobei der Schwerpunkt des Nachweises bereits deutlich überwiegend durch die Funktionstests erbracht wird.

Elektronische Stellwerke

Bei elektronischen Stellwerken wird die Funktions- und Sicherungslogik in Rechnerprogrammierungen ausgeführt. Die Darstellung der Zusammenhänge dieser Programmierungen auf einer Planunterlage in Papierform ist im Prinzip durchaus möglich, die Komplexität der Darstellung ist jedoch um ein Vielfaches größer als bei den Schaltwerken von Relaisstellwerken. Schon damit muß der Fehleroffenbarungswert einer nachvollziehenden Prüfung noch geringer eingestuft werden als bei elektromechanischen Stellwerken.

Darüber hinaus jedoch ist die Papierdarstellung der Programmierung nicht mehr in der gleichen Form als „Plan" anzusprechen wie der „Plan" einer Relaisanlage, da die Reihenfolge des Entstehens sich genau umkehrt. Bei Relaisanlagen wird zunächst der Plan erstellt, nach dem anschließend gefertigt wird; eine Programmierung jedoch wird direkt in den Rechner geschrieben und erst danach als Abzug der elektronisch gespeicherten Daten auf Papier gebracht. Der Papierausdruck stellt gewissermaßen gar nicht das eigentliche, einer nachzuvollziehenden

Prüfung zu unterziehende Objekt dar, sondern kann nur als sein nachträglich erzeugtes Abbild angesprochen werden. Auch aus diesem Grund muß der fehleroffenbarende Wert der nachvollziehenden Prüfung einer Programmierung anhand von Papierausdrucken als gering angesprochen werden, da an diesem Abbild noch weniger als an einem wirklichen, vorher erstellten Plan festgehalten werden kann, was tatsächlich geprüft worden ist. Außerdem besteht zwischen der geprüften Unterlage und dem eigentlichen Prüfobjekt keine Verfahrensabhängigkeit, d. h. die aufgrund eines offenbarten Fehlers oder aus sonstigen Gründen am Objekt durchgeführten Änderungen können nicht unmittelbar in den geprüften Plan übertragen werden, sondern es muß ein vollständig neuer Papierausdruck erzeugt werden, um die Änderung mit dem ursprünglich geprüften Programmausdruck vergleichen zu können.

Insgesamt bleibt festzuhalten, daß der fehleroffenbarende Wert von nachvollziehenden Prüfungen an den Programmausdrucken von Programmierungen elektronischer Stellwerke sehr gering ist und daß für den Nachweis der ausreichenden Anwendung von Fehleroffenbarungsmethoden in verstärktem Maße auf andere Methoden zurückgegriffen werden muß.

2.1.3.2 Fehleroffenbarung durch Testverfahren

Mechanische und elektromechanische Stellwerke

Bei den dynamischen Anlagen des spurgeführten Verkehrs wird schon in der derzeitigen Praxis der mechanischen und elektromechanischen Stellwerke die nachvollziehende Fremdprüfung der Planunterlagen als nicht ausreichend angesehen und dementsprechend durch Funktionsprüfungen oder Testverfahren an der ausgeführten Anlage ergänzt. Im Laufe der langjährigen Erfahrungen sind für jeden einzelnen Stellwerkstyp Testprogramme entstanden, die anhand von sogenannten Prüfblättern mit einzeln angegebenen Testfällen abgearbeitet werden können, wobei gleichzeitig das Testfallergebnis in den Prüfblättern festgehalten werden kann. Als Beispiel ist in Bild **2**.9 ein Auszug aus den Prüfblättern zum modernsten Relaisstellwerkstyp mit der Bezeichnung SpDrS 600 (Spurplan-Drucktastenstellwerk der Bauart Siemens 600) wiedergegeben [98].

Die Testprogramme für elektromechanische Stellwerke, wie z. B. die auszugsweise dargestellten Prüfblätter der Bauform SpDrS 600, gliedern sich in vier Gruppen.

In einer ersten Gruppe wird festgestellt, ob die Elemente der Außenanlage in der Stellwerksanlage richtig nachgebildet sind, d. h. ob eine Weiche, die sich außen in der Rechtslage befindet, im Zustandsbild des Stellwerkes ebenfalls die Rechtslage anzeigt. Diese Testfallgruppe läßt sich unter der Bezeichnung Überprüfung der Abbildungslogik zusammenfassen.

In einer weiteren Gruppe werden Tests ausgeführt, mit denen die richtigen Funktionen des Stellwerkes, z. B. beim Einstellen der Fahrstraßen nachgewiesen werden sollen. Die zugehörigen Tests werden daher, in ihrer Gruppe zusammen-

Prüfblatt für Abnahme-/Umbauprüfung

1	2	3		4	1
Bemerkungen	lfd. Nr.	Maßnahme	Wahrzunehmen	Bezeichnung	lfd. Nr.
zu lfd. Nr. 1 bis 8: Die Prüfungen sind für jede Kreuzung oder Kreuzung mit beweglichen Herzstücken durchzuführen. Voraussetzung ist jedoch der ordnungsgemäße Abschluß der Prüfungen nach 892/1 01c8 lfd. Nr. 1 bis 15.	1	Der Gruppenplatz ist nur für den im Gruppenverbindungsplan zugeordneten Gruppentyp eingerichtet.	an der Codierung im Gestellplatz		1
	2	Stecker für Normalbetrieb ist in die Gruppe WKA eingesetzt.	an der WKA-Gruppe		2
	3	a) Die Weiche mit Antrieb ist nach „Merk- für die Prüfung elektrisch gestellter Weichen in Sp Dr L60-Stellwerken" - BZA Mü - 65. Ibktr. 1 Sbm - Mrz 1964-i.O.			3a)
		b) Die Prüfung der Weichenantriebs- kontakte ist nach der Prüfanleitung BZA Mü -6201/2345 Bl.1 Jul 78 erfolgt.			3b)
zu lfd. Nr. 4 und 5: Die Prüfung ist sowohl für die „Rechts-" als auch für die „Linkslage" durchzuführen. Die lfd. Nr. 4c, 4b, 4d und 5 ist nur bei Kreuzungen mit Außenlage notwendig.	4	Bestehende Übereinstimmung ist nachgeprüft zwischen:			4 b)
		a) dem Stellungsmelder, Kreuzungsmelder und	im KW-Tischfeld im WG-Tastenblock		
		b) der entsprechenden Stellung des Stützrelais KL1 und Relais KÜ und	in der KST-Gruppe		4b)1
		des Stützrelais KL1 und Relais WÜ	in der WKA-Gruppe		4b)2
		c) der entsprechenden Stellung der Zahnstange	am Antrieb		4c)
		d) der Lage der Zunge	der Weiche		4d)
	5	Antriebsabschaltung			5a)
		a) Kurbel läßt sich bei nicht abge- schaltetem Antrieb nicht einstecken	(W-Antrieb)		
		b) W-Antrieb mit Schlüsselabschalter WÜ-Relais fällt ab	am W-Antrieb in der WKA-Gruppe		5b)
		c) Schlüssel läßt sich nur bei einge- schaltetem Antrieb abziehen und die Schaltleiste ist in der entsprechen- den Endstellung festgelegt.	(W-Antrieb)		5c)

892/1 01c 10   Sp Dr 5600 Prüfblätter für Kreuzungen mit oder ohne bewegliche Herzstücke   Blatt 01

Bild **2**.9   Auszug aus den Prüfblättern für Stellwerke der Bauform SpDrS 600

gefaßt, auch als Funktionstests bezeichnet. Das Gruppenprogramm entspricht einer Überprüfung der Sollfunktionen oder der Funktionslogik.

Mit einer dritten Gruppe von Testfällen werden die Funktionen überprüft, die das Stellwerk aufgrund von äußeren betrieblichen Bedingungen nicht ausführen darf, wie z. B. das gleichzeitige Einstellen zweier sich kreuzender und damit ausschließender Fahrstraßen. Als Gruppe zusammengefaßt gehören diese Funktionen zu den Ausfallausschlußannahmen gegen das Versagen des Bedieners, und man bezeichnet diese Testfälle deshalb auch als Nicht-Funktionstests. Ihre Aufgabe besteht darin, die Einhaltung der Vorschriften des Verschlußplanes oder damit die äußere Sicherheitslogik des Stellwerkes zu überprüfen.

Die vierte und letzte Gruppe von Testfällen überprüft das ordnungsgemäße Verhalten der Stellwerksanlage beim Vorliegen bestimmter Ausfälle und Störungen in den verschiedenen Anlagenelementen, wie z. B. für den Fall, daß eine Weiche nach Ansteuerung des Umstellvorganges nicht ihre Endlage erreicht. Mit dieser Gruppe von Testfällen zum Ausfall- und Störverhalten wird überprüft, ob die Maßnahmen des Schutzes gegen Ausfälle, insbesondere der Gefahrenausschluß und die Begrenzung der Gefahrenwahrscheinlichkeit gegen technisches Versagen, innerhalb der Anlage (s. Abschnitt 2.2.1 und 2.2.2) richtig ansprechen. Insgesamt kann die Aufgabenstellung dieser Testfallgruppe daher als Überprüfung der inneren Sicherheitslogik angesehen werden.

Sämtliche Testfälle der aufgeführten Gruppen werden an der fertigen Stellwerksanlage in Verbindung mit allen Außenanlagen ausgeführt und protokolliert. Die in den Prüfblättern enthaltenen Prüfvorgänge sind zunächst Bestandteil firmeninterner Kontrollmaßnahmen im Rahmen der allgemeinen Qualitätssicherungsverpflichtungen des Herstellers. Anschließend werden sie noch einmal gesondert als Abnahme durch den Betreiber, eventuell auch in Verbindung mit einer aufsichtsbehördlichen Abnahme durchgeführt.

Stellwerksanlagen werden heute nur in den seltensten Fällen noch als reine Neubauten, d. h. im Zusammenhang mit vollständig neuen und noch nicht befahrenen Gleisanlagen errichtet. Meistens ersetzen neue Stellwerksanlagen bei vorhandenen und betriebenen Gleisanlagen nur alte, unwirtschaftlich gewordene oder abgenutzte Stellwerke. Hieraus ergeben sich für die Durchführung der Testprogramme naturgemäß eine Reihe von Schwierigkeiten.

Zunächst können alle Tests, da sie in Verbindung mit den Außenanlagen stehen, nur bei vorübergehend stillgelegtem Betrieb oder mit an der letzten Schnittstelle noch nicht voll in den Betrieb eingebundenen Anlagenteilen, wie verdeckte Signalbilder oder nicht angeschlossene Weichenantriebe, durchgeführt werden. Für die Testfallgruppen zwei bis vier ist die Durchführung ohne vollständige Einbindung der Außenanlagen in den Betrieb durchaus möglich, da sie die Funktions- und Sicherheitslogik auf einer vom direkten Betrieb abgehobenen Ebene erfassen. Für die Testfallgruppe eins dagegen, d. h. für die Abbildungstests, ist die vollständige Einbindung in den Betrieb unabdingbar. Hieraus folgt, daß sie immer nur bei vorübergehend stillgelegtem Betrieb durchgeführt werden kann. Da diese Tests jedoch in einem Arbeitsgang mit der Inbetriebnahme der neuen Signal- und Weichenantriebe durchführbar sind, für die ohnehin der Betrieb vorübergehend stillgelegt werden muß, ergibt sich hieraus, außer einer besonderen Sorgfalt bei ihrer Durchführung angesichts der zeitlichen Eingrenzung in Betriebspausen, keine besondere Problematik.

Für die andere Seite der Verbindung des Stellwerks mit der Außenanlage, die Ortungs- oder Gleisfreimeldeeinrichtungen, sind jedoch einige besondere Überlegungen erforderlich. Wenn in Verbindung mit dem Stellwerksumbau auch die Gleisfreimeldeeinrichtungen in anderer Technik erneuert werden, z. B. Ersatz von Gleisstromkreisen durch Achszähler oder umgekehrt, können die neuen Einrichtungen parallel zu den alten eingebaut werden. Falls die vorhandenen Gleisfreimeldeeinrichtungen erhalten bleiben sollen, besteht die Möglichkeit, ihre Meldeausgänge zu verdoppeln und getrennt in die neue und die alte Stellwerksanlage einzuführen. In beiden Fällen besteht im Prinzip die Möglichkeit, die Testfälle der Gleisfreimeldeeinrichtungen wie für die noch nicht eingebundenen Signale und Weichen auszuführen, wobei jedoch die Besonderheit hinzukommt, daß einerseits systematische Testfälle nach einem Prüfprogramm nur in Betriebspausen möglich sind, während andererseits der normalerweise ablaufende Betrieb durchaus auch für Testzwecke in Anspruch genommen werden kann.

Falls sich in Verbindung mit dem Stellwerksumbau die Einteilung der Gleisfreimeldung, d. h. der Isolierplan, unter grundsätzlicher Beibehaltung der Gleisfreimeldetechnik, z. B. Gleisstromkreise, ändern soll, so können die neuen Gleisstromkreiseinrichtungen nur in Betriebspausen getestet werden.

Insgesamt wäre festzuhalten, daß die bei den derzeitigen Stellwerksanlagen üblichen Testverfahren unter Einbeziehung der Außenanlagen am fertig errichteten Stellwerk bei laufendem Betrieb erhebliche Anforderungen in organisatorischer Hinsicht stellen und auch mit einem dementsprechenden Aufwand verbunden sind.

Um diesen Aufwand wenigstens teilweise zu reduzieren, ist es zumindest für die elektromechanischen Stellwerke der Spurplangeneration üblich, Teile der Schaltwerke, die sich häufiger wiederholen, zu einer Art Baumodul zusammenzufassen und sie typisiert in sogenannten Weichengruppen oder Signalgruppen so auszubilden, daß sie allen denkbaren betrieblichen Anforderungen gerecht werden können, wenn auch in der spezifischen Anlage, in der sie später funktionieren sollen, nur Teile der gesamten, von den Baugruppen beherrschbaren Möglichkeiten tatsächlich in Anspruch genommen werden. Derartige Module können naturgemäß auch als Einzelelemente in allen ihren Möglichkeiten auf die in ihnen enthaltenen Teil-Funktions- und Teil-Sicherheitslogik ausgetestet werden, wobei im Prinzip am Einzelelement mehr, unter Umständen wesentlich mehr, Funktionen zu testen sind als später nach Einbau in eine Anlage im Einzelfall tatsächlich notwendig wären.

Die an typisierten Relaisbaugruppen durchgeführten Testprogramme können sich naturgemäß nicht an ihrer später zu erwartenden Einzelverwendung orientieren, sondern erfassen alle in die jeweilige Gruppe eingebauten Funktionsmöglichkeiten. Sie gehen daher von einer Funktionssumme oder besser von der Struktur der inneren Abhängigkeiten der Module aus. Im Gegensatz zu den von einer wirklichen Funktion in einem Stellwerk abgeleiteten sogenannten „funktionsorientierten" Testfälle kann man daher die an den Baugruppen durchgeführten Testfälle als „strukturorientiert" bezeichnen.

Elektronische Stellwerke

In Anlehnung an die Testverfahren der Relaisstellwerke wurden bei den ersten Anlagen in dieser Technik nach dem seinerzeitigen Stand der Technik ebenfalls zwei Arten von Testverfahren durchgeführt. Einmal gelten die kleinsten Einheiten von Rechnerprogrammierungen, die sogenannten Programmbausteine, als den Weichen- und Signalbaugruppen vergleichbar, und man versucht, sie dadurch in gewissem Sinne typenzuprüfen, daß man bei ihnen mit Hilfe strukturorientierter Testläufe, unabhängig von den späteren Funktionen, versuchte, sämtliche Zweige des Programmbausteins in zum Teil manuellem Nachvollzug anzusprechen.

Neben diesen strukturorientierten Testläufen wurden bei den ersten Anlagen in dieser Technik, wie bei Relaisstellwerken, vor der Inbetriebnahme des Stellwerks funktionsorientierte Testläufe durchgeführt, die alle zugelassenen Funktionen des Stellwerks mindestens einmal ansprechen, alle nicht zugelassenen Funktionen mindestens einmal auf ihre Zurückweisung überprüfen und einen Teil der anzunehmenden Ausfälle und Störungen ebenfalls mindestens einmal auf die Richtigkeit der Auswirkungen im übrigen Stellwerksverhalten testen. Wie bei den Relaisstellwerken ist es mit diesen Funktiontests in Verbindung mit den Außenanlagen nicht möglich, sämtliche Anlagenzustände nachzuahmen, so daß zahlreiche vorkommende Funktionen bei bestimmten Anlagenzuständen nicht ausgetestet sind.

Dieses Vorgehen bei den ersten elektronischen Zugsicherungsanlagen entsprach zwar dem bis dahin geübten Vorgehen zur Fehleroffenbarung und war damit im Kontext der rechtlichen Bestimmungen nicht nur zulässig, sondern sogar geboten. Andererseits konnte jedoch das Verfahren auf die Dauer angesichts der Möglichkeiten, die die Elektronik bietet, nicht befriedigen [88].

So gilt zunächst für die durchgeführten Strukturtests an den kleinsten Programmeinheiten, daß sie vor allem deshalb keine Aussagekraft haben konnten, da, anders als bei den strukturorientierten Tests der Relaisbaugruppen, keine Zuordnung der Testfälle zu Funktionen möglich ist. Um Softwaremodule funktionsunabhängig angemessen austesten zu können, wäre eine vollständige Pfadabdeckung erforderlich, die wiederum infolge des zugehörigen, gegen unendlich strebenden Aufwandes, für praktische Aufgaben undurchführbar bleibt.

Die Durchführung von funktionsorientierten Testläufen in der Art der Abnahmetestfälle bei der Relaistechnik behält dagegen ihre grundsätzliche Bedeutung bei. Ihre Durchführung an elektronischen Einrichtungen eröffnet jedoch Dokumentationsmöglichkeiten, die in der Relaistechnik nicht möglich sind. Durch ein geeignetes „Mitlesen" der Programmabläufe bei den Testfällen kann festgehalten werden, welche Programmteile nach Zweigen und Pfaden bei den einzelnen Testfällen und insgesamt in Anspruch genommen werden. Aus der Programm-Abdeckungsdokumentation wiederum können sich Ansatzpunkte ergeben, den Testfallkatalog zu ergänzen oder bei Mehrfachabdeckungen zu kürzen. Vor allem steht aber mit der Abdeckungsdokumentation des Programmes ein entscheidendes Hilfsmittel zur Verfügung bei Änderungen einer einmal fehleroffenbarend geprüften Anlage die ergänzenden Testfälle auf das sich allein aus Änderungen ergebende Minimum zu beschränken (s. Abschnitt 2.1.4) [99], [100].

2.1.3.3 Fehleroffenbarung durch Beweisverfahren

Die Möglichkeit, Fehler durch Beweisverfahren zu offenbaren, kann nur auf Rechnerprogrammierungen angewandt werden. Weder in der mechanischen noch in der elektromechanischen Technik finden derartige Verfahren Ansatzmöglichkeiten. Auch in der Elektronik sind sie praktisch noch gar nicht anwendbar, bis auf die symbolische Ausführung von Programmen, die unter bestimmten Voraussetzungen eingesetzt werden kann. Im nachstehenden werden diese Verfahren in ihrer prinzipiellen Funktionsweise und in ihrem Fehleroffenbarungswert beschrieben, wobei gleichzeitig angegeben wird, warum ihr Einsatz in der augenblicklichen Entwicklungs- und Prüfpraxis für die Sicherungsanlagen des spurgeführten Verkehrs auf Schwierigkeiten stößt.

Programmbeweis

Der erste Schritt bei Programmbeweisen besteht in der Formulierung von Bedingungen für die Ausgabewerte Veränderlicher, die die Korrektheit eines zu testenden Programms vollständig beschreiben. Es handelt sich dabei um eine formale mathematische Bedingung, die alle Anforderungen der Spezifikation umfaßt. Eine derartige Bedingung ist formulierbar für einfache Beispiele; für realistische Spezifikationen jedoch, die sehr umfangreich und oft in einer unformalen Sprache geschrieben sind, würde eine solche Formalisierung der Spezifikation einen unvertretbaren Aufwand bedeuten und selbst eine Fehlerquelle bilden. Bei manchen Programmbeweisen sind weiterhin noch sogenannte Zusicherungen erforderlich, mit deren Hilfe formal die Korrektheit von Zwischenergebnissen vollständig beschrieben werden sollen. Ihre Formulierung ist ebenfalls sehr schwierig, zumal die Spezifikation allein dafür, nicht ausreicht, sondern alle Zwischenschritte des Programms genau bekannt sein müssen.

Die erwähnten Bedingungen sind der Hauptgrund dafür, daß Programmbeweise in der Praxis kaum angewendet werden können. Wären die erforderlichen Bedingungen jedoch erfüllbar, könnte für den weiteren Ablauf des Programmbeweises eine Rechnerunterstützung entwickelt werden, die aus rein formalen Transformationen dieser Bedingung bei jeder Programmanweisung besteht. In diesen idealen Umständen würde der Programmbeweis alle Fehler aufdecken können, die als Verstoß gegen die formulierten Bedingungen anzusprechen sind.

Symbolische Ausführung von Programmen

Die symbolische Ausführung eines Programms bedeutet, daß das Programm als Eingabe statt konkreter Werte Symbole erhält und daß jeder Pfad des Programms mit diesen symbolischen Werten ausgeführt wird. Die symbolische Darstellung der Eingabe erlaubt, bei der Verifikation alle möglichen Eingaben für das Programm zu berücksichtigen. Damit kann theoretisch genau gezeigt werden, für welche Eingaben das Programm das korrekte Ergebnis liefert und für welche Eingaben das Programm falsch ist.

In der Praxis ergeben sich jedoch Schwierigkeiten bei der Interpretation der erhaltenen symbolischen Formeln, da es sich hierbei unter Umständen um komplizierte mathematische Ausdrücke handeln kann. Auch ist die symbolische Ausführung für Programme mit Schleifen nicht immer realisierbar.

Für Programme logischer Natur allerdings, wie sie oft im Bereich des spurgeführten Verkehrs vorkommen, ist ein Einsatz der symbolischen Ausführung durchaus denkbar, da in diesen Programmen keine komplizierten Berechnungen und relativ selten komplizierte Schleifen auftreten. Es ist jedoch unbedingt eine Rechnerunterstützung für den praktischen Einsatz notwendig, da die manuelle symbolische Ausführung sehr aufwendig und in sich fehleranfällig ist. Eine Rechnerunterstützung im praktischen Einsatz scheint möglich, weil ein großer Teil der symbolischen Ausführung aus automatischen, leicht programmierbaren Tätigkeiten besteht [101], [102].

Die symbolische Ausführung von Programmen kann zu keinen Aussagen über das zeitliche Verhalten von Programmen kommen oder den Einfluß der Hardware und der Umwelt nachbilden, weil sie ausschließlich in einer Analyse des Programm-Listings besteht.

2.1.4 Rechnergestützte Anwendung der Sicherungsmethoden gegen Fehler im spurgeführten Verkehr als Nachweis der Software-Sicherheit

Für die prozeßsteuernden Einrichtungen im spurgeführten Verkehr ist, angesichts der allgemeinen technischen Entwicklung zur Elektronik, vorsehbar, daß sie künftig neu nur noch als Rechnersteuerungen entstehen werden. Des weiteren muß davon ausgegangen werden, daß sich die gesamte technische Entwicklungstätigkeit in zunehmendem Maße rechnergestützter Entwicklungswerkzeuge in der Form von sogenannten CA-Systemen (computer-aided-systems) bedienen wird. Unabhängig von den bereits geschilderten Nachteilen der bisherigen Fehlerbekämpfung (Abschnitt 2.1.3) werden schon deshalb mindestens im gleichen Maße, wie die rechnergestützte Entwicklung fortschreitet, auch die Sicherungsmethoden gegen Fehler nur noch rechnergestützt Anwendung finden können.

Die Grundstruktur eines rechnergestützten Systems zur Anwendung der Sicherungsmethoden gegen Fehler bei der Errichtung von sicherheitsverantwortlichen Prozeßregelungseinrichtungen im spurgeführten Verkehr läßt sich anhand der Prinzipien ihrer bisherigen nichtrechnergestützten Anwendung in Verbindung mit den Möglichkeiten der Informatik und Rechentechnik in der nachstehend aufgeführten Weise ableiten.

Das wichtigste Merkmal eines solchen Systems muß darin bestehen, daß es in den drei Einsatzbereichen der Sicherungsmethoden gegen Fehler, d. h. in der Qualitätssicherung im Herstellerwerk, bei der unternehmerischen Prüfung des Anwenders der Anlage und für die Prüfung der Anlage durch eine Aufsichtsbehörde je nach Bedarf gleichermaßen einsetzbar sein muß.

Aus der Anwendungsmöglichkeit als unternehmerisches oder aufsichtsbehördliches Prüfinstrument folgt, daß mit dem System jede mögliche Stufe der rechnergestützten Entwicklung in den verschiedenen Herstellerwerken von der einfachsten Form der rechnergestützten Quellcode-Erstellung bis zum geschlossenen CIM-System (computer-integrated-manufacturing) für die Hard- und Software-Erstellung bedienbar sein muß.

Mit Rücksicht auf die universelleren Einsatzbedingungen soll die Grundstruktur eines solchen Systems an der Einsatzart als unternehmerisches oder aufsichtsbehördliches Prüfinstrument beschrieben werden.

2.1.4.1 Grundlagen

Entsprechend in den voranstehenden Abschnitten abgeleiteten allgemein anerkannten Stand der Technik gliedern sich die Sicherungsmethoden gegen Fehler bei der Entwicklung von Logik- oder Software-Produkten, insbesondere auch bei der Programmierung von elektronischen Rechenanlagen, in die drei Hauptkategorien

- des „Fehlerausschlusses" entsprechend Abschnitt 2.1.1, als Maßnahmen der Beschränkung auf die logischen Operatoren, die zur Lösung der gestellten Aufgabe ausreichen, die Lösung in verständlichen und nachprüfbaren Strukturen darstellen sowie gefährliche Konstruktionen ausschließen, wie beispielsweise die entsprechende Einschränkung des allgemeinen Befehlsvorrates einer Programmiersprache.

- der „Fehlerabwehr" entsprechend Abschnitt 2.1.2 als Maßnahmen der Beschränkung auf eine bestimmte Beschreibungsart der logischen Operationen, die dem Entstehen von Fehlern entgegenwirkt, wie zum Beispiel die Vorschrift des strukturierten Programmierens nach Nassi-Shneiderman.

- der „Fehleroffenbarung" entsprechend Abschnitt 2.1.3 als Maßnahmen zur Aufdeckung von Fehlern in den logischen Operationen, wie zum Beispiel die Durchführung von Inspektionen und Tests.

Nach dem heutigen Stand der Erkenntnisse ist ein absoluter Beweis der Fehlerfreiheit von logischen Operationen, insbesondere bei der Programmierung von elektronischen Rechenanlagen, mit der Ausnahme von Problemstellungen einfachster Art, nicht möglich.

Ersatzweise gilt aus diesem Grund die Anwendung einer definierten Auswahl der oben angeführten Sicherungsmaßnahmen gegen Fehler als indirekter Nachweis, daß Rechnerprogramme „als fehlerfrei" in Betrieb gehen können.

Zu den Sicherungsmethoden des Fehlerausschlusses und der Fehlerabwehr gehören zunächst fehlerausschließende und fehlerabwehrende Arbeitsorganisationen der Entwurfs- und Konstruktionsvorgänge sowie der Prüfabläufe, die sich mit der Bezeichnung „organisationsbezogene" Maßnahmen umschreiben lassen.

Weiterhin werden Sicherungsmethoden des Fehlerausschlusses und der Fehlerabwehr unmittelbar im Entwurf oder in der Konstruktion des Logik- oder Software-Produktes eingesetzt und lassen sich daher unter der gemeinsamen Bezeichnung „entwurfsbezogene" Maßnahmen zusammenfassen.

Die Sicherungsmethoden der Fehleroffenbarung werden am fertigen Logik- oder Software-Produkt zur analysierenden Fehlersuche eingesetzt und können daher auch als „analysebezogene" Maßnahmen bezeichnet werden [103].

2.1.4.2 Allgemeine Nachweisanforderungen

Aus diesen Grundlagen der Sicherungsmöglichkeiten gegen Fehler leiten sich die allgemeinen Nachweisanforderungen zum indirekten Nachweis der Fehlerfreiheit von Software-Produkten, insbesondere von Rechnerprogrammierungen, in den nachstehenden Kategorien ab:

— **Organisationsbezogene Maßnahmen**

   Aufstellung und Typenprüfung der Arbeitsorganisation der Software-Produktion mit dem Ziel, Fehler bei der Erstellung von Software-Produkten in ausreichendem Umfang auszuschließen und abzuwehren.

   Aufstellung und Typenprüfung der Arbeitsorganisation zur qualitätssichernden, leistungsabnehmenden oder aufsichtsbehördlichen Prüfung von Software-Produkten mit dem Ziel, Fehler bei der Prüfabwicklung in ausreichendem Umfang auszuschließen oder abzuwehren.

— **Entwurfsbezogene Maßnahmen**

   allgemein

   Typenprüfung der Programmierregeln einer Programmiersprache, bestehend aus Listen der zugelassenen Befehle (Fehlerausschluß) und Programmiermethoden (Fehlerabwehr) auf ihre Eignung, Fehler in der Entwurfsphase des Software-Produktes in ausreichendem Umfang auszuschließen und abzuwehren.

   objektbezogen

   Prüfung der Befehlsdateien von lauffähigen Programmierungen auf die richtige Anwendung der typengeprüften Programmierregeln.

– Analysebezogene Maßnahmen

allgemein

Typenprüfung von Analysenmaßnahmen auf ihre Eignung, in ausreichendem Umfang Fehler zu offenbaren.

objektbezogen

Prüfung der lauffähigen Programmierung mit den typengeprüften Analysemaßnahmen oder

Prüfung der lauffähigen Programmierung auf die richtige Durchführung von typengeprüften Analysemaßnahmen.

2.1.4.3 Einzel-Nachweisanforderungen

Organisationsbezogene Maßnahmen

Die Arbeitsorganisation bei der Erstellung von Software-Produkten für Prozeßsteuerungsaufgaben im spurgeführten Verkehr ist derzeit einerseits zwar firmenspezifisch unterschiedlich, andererseits aber dennoch im allgemeinen nach klaren Zuständigkeits- und Verantwortungsbereichen strukturiert. Rechnergestützte Organisationshilfen, z. B. in der Form von Entwurfssprachen oder Verwaltungsdatenbanken werden erst versuchsweise eingesetzt.

Eine Typenprüfung der Arbeitsorganisation bei der Erstellung von Software-Produkten für Prozeßsteuerungsaufgaben im spurgeführten Verkehr findet derzeit nur im Rahmen der herstellerseitigen, betriebsinternen Qualitätssicherung statt. Für leistungsabnehmende oder aufsichtsbehördliche Zwecke wird auf derartige Prüfungen verzichtet, da die bisher in diesem Bereich tätige Industrie über jahrzehntelange Erfahrungen in der Fertigung von sicherheitsverantwortlichen Einrichtungen für den spurgeführten Verkehr besitzt.

Die Arbeitsorganisation bei der Prüfung (leistungsabnehmend oder aufsichtsbehördlich) von Software-Produkten ist derzeit erst bei Einzelmaßnahmen als Hilfsmittel der Fehlerabwehr oder des Fehlerausschlusses erprobt worden. Die Erfahrungen zeigen, daß es angesichts der komplexen Prüfaufgaben im Zusammenhang mit Software-Produkten dringend erforderlich ist, möglichst bald eine genormte Arbeitsorganisation für praktische Prüfvorhaben bei Software-Produkten zu erarbeiten. Diese Arbeitsorganisation ist mit Rücksicht auf eine ausreichende Leistungsfähigkeit und auf verantwortbare Kosten nur mit einer konsequenten Rechnerstützung zu realisieren.

Entwurfsbezogene Maßnahmen

Bei der Programmierung von Rechenanlagen der ersten elektronischen Prozeßsteuerungseinrichtungen des spurgeführten Verkehrs wurde mit der Programmiersprache Assembler „8080/8085" gearbeitet. Der vollständige Befehlsvorrat dieser Programmiersprache wurde in geprüften Programmierregeln auf diejenigen Befehle eingeschränkt, die zur Erledigung der Aufgabe ausreichend waren und zu keinen unklaren Programmabläufen führen konnten (Fehlerausschluß).

Für weitere Vorhaben werden die Sprachen „Assembler 8086" und als erste höhere Programmiersprache „Pascal" eingesetzt. Auch für diese Sprache liegen geprüfte Programmiersprachen im Sinne der Sicherungsmethoden gegen Fehler vor.

Die Prüfung auf Einhaltung der Programmierregeln (Befehlslisten, Vorgehensweisen usw.) und des Nachweises der Strukturierung wurden an Listen- und Grafikausdrucken auf Papier manuell durchgeführt. Dieses Verfahren erfordert neben hoher Konzentration des manuell tätigen Prüfers einen beträchtlichen Zeitaufwand in Verbindung mit einer Prüftiefe, die einerseits durch die menschliche Irrtumswahrscheinlichkeit begrenzt ist und außerdem in Abhängigkeit von der Tagesform des Prüfers schwanken kann.

Der unbefriedigende Zustand der derzeitigen Prüfmethodik ist nur durch eine Rechnerstützung der Prüfvorgänge zu verbessern [104].

Analysebezogene Maßnahmen

Bei den analysebezogenen Maßnahmen zur Offenbarung von Fehlern muß zwischen mehreren Ansatzebenen unterschieden werden. Zunächst ist das fertige Software-Produkt darauf zu untersuchen, ob es Verstöße gegen die statische Logik zur Lösung der gestellten Prozeßsteuerungsaufgabe enthält.

Mit Rücksicht auf die Tatsache, daß bei Prozeßrechnern mehrere Programmteile oder Rechner in einem lösungsgerechten Zeitverhalten miteinander korrespondieren müssen, ist auch das dynamische Verhalten einer fehleroffenbarenden Analyse zu unterziehen.

Schließlich muß gewährleistet sein, daß die zu steuernde Außenanlage in der Rechnersteuerung richtig abgebildet ist. Auch diese Übereinstimmung ist einer fehleroffenbarenden Analyse zu unterziehen, ehe die Gesamtanlage in Betrieb gehen kann.

Elektronische Steuerungen unterliegen in ihrem Software-Teil nach derzeitigen Erkenntnissen keinerlei Abnutzungserscheinungen, so daß fehleroffenbarende Analysemaßnahmen im laufenden Betrieb, die auf eventuelle ungewollte Veränderungen im Software-Produkt abzielen, mit an Sicherheit grenzender Wahrscheinlichkeit nicht erforderlich sein werden. Auf jeden Fall aber müssen bei Änderungen der Außenanlagen oder bei Änderungen an den Software-Produkten selbst, die aus den verschiedenen Gründen notwendig werden können, entsprechende fehleroffenbarende Analysen durchgeführt werden.

Statische Software-Analyse

Für die Verifizierung von Programmierungen im allgemeinen Sinn der Informatik stehen im Prinzip eine Vielzahl von theoretischen erfolgversprechenden Verfahren zur Verfügung. Ihre praktische Verwendungsmöglichkeit wird jedoch nicht allein von den Qualitäten des jeweiligen Verfahrens bestimmt, sondern hängt in viel größerem Maß von den Bedingungen ab, unter denen das zu prüfende Objekt entwickelt worden ist. Die Verhältnisse lassen sich zusammengefaßt mit dem unmittelbar verständlichen Grundsatz umschreiben, daß um so leistungsfähigere und kostengünstigere Prüfverfahren einsatzfähig werden, je konsequenter die Entwicklung der Software-Produkte rechnergestützt durchgeführt wird.

Beim derzeitigen üblichen Vorgehen in der Software-Entwicklung für Sicherungsaufgaben des spurgeführten Verkehrs, die im wesentlichen durch eine fast ausschließlich manuell erstellte Dokumentation zwischen Pflichtenheft und Quellcode gekennzeichnet ist, eignen sich für leistungsabnehmende oder aufsichtsbehördliche Prüfaufgaben nur Testverfahren mit funktionsorientierter, strukturorientierter oder statistischer Testfallerzeugung.

Prinzipiell ist jede der angeführten Testfallerzeugungsarten für die Programmprüfung bei Prozeßsteuerungseinrichtungen im spurgeführten Verkehr geeignet, wenn ein aufgabengerechtes Testendekriterium definiert werden kann und, mit Rücksicht auf die nachprüfungsgerechten Dokumentationsanforderungen, die durchgeführten Testläufe nach Art und Ergebnis gespeichert werden können. Da jedoch die Aufgabenstellung bei der Prozeßsteuerung von Bahnsystemen in erster Linie ein Zuordnungsproblem darstellt, kann man von vornherein folgern, daß mit einer statistischen Erzeugung von Testfällen das Testendekriterium gegenüber den beiden übrigen Arten der Testfallerzeugung nur mit überhöhtem Aufwand erreichbar ist.

Bei den Prozeßsteuerungseinrichtungen des spurgeführten Verkehrs ergibt sich im Prinzip ein natürliches Testendekriterium, wenn alle möglichen Kombinationen von Zuständen und Bewegungen der Stell- und Meldeeinrichtungen mit positivem Ergebnis durchgetestet worden sind. Dies bedeutet programmtechnisch, daß alle Programmpfade einmal durchlaufen wurden. Die Anzahl der Stell- und Meldekombinationen in den Außenanlagen, und damit auch die Anzahl der Programmpfade, geht jedoch gegen unendlich, so daß auch bei kleineren Anlagen dieses natürliche Testendekriterium mit vertretbarem Aufwand nicht erreicht werden kann.

Entsprechend den bisherigen Prüfgewohnheiten bei den Prozeßsteuerungseinrichtungen des spurgeführten Verkehrs in Relaistechnik läßt sich durch einen Analogieschluß zeigen, daß ein Testprogramm mit vollständiger Zweigabdeckung eine Weiterentwicklung des bisherigen Standes der Sicherungstechnik bedeuten würde und daher als ausreichend angesehen werden kann.

Auch die vollständige Zweigabdeckung läßt sich mit den üblichen Funktionskombinationen als Testfallkatalog sehr wahrscheinlich nicht erreichen. Es ist daher zunächst ein funktionsorientierter Satz von Testfällen abzuarbeiten, der mindestens die bisher üblichen Testfälle zum Funktions-, Nicht-Funktions- und Ausfallverhalten, z. B. bei Stellwerksabnahmen in der bisherigen Technologie gemäß Abschnitt 2.1.3.2, umfaßt. Die von den funktionsorientierten Testfällen nicht angesprochenen Zweige sind zu registrieren und es rückwärts zu analysieren mit welchen Testfällen sie erreichbar sind. Die restlichen, auch dann noch nicht angesprochenen Zweige sind auf ihre Notwendigkeit zu prüfen und gegebenenfalls durch strukturorientierte Testfälle abzudecken.

Für die Zwecke der statistischen fehleroffenbarenden Analyse von sicherheits-verantwortlichen Programmen im spurgeführten Verkehr kann diese Verbindung aus funktionsorientierten und strukturorientierten Testläufen mit dem Testendekriterium der vollständigen Zweigabdeckung als ausreichend angesehen werden, da mit den zugehörigen Programmierungen weit überwiegend logische Operationen gegenüber einer geringen Anzahl algebraischer Funktionen ausgeführt werden. Für diese Verhältnisse besitzen strukturorientierte Testfälle als Ergänzung zu den funktionsorientierten Testfällen einen hohen Analysewert.

In Verbindung mit den heute üblichen, umfangreichen Abnahmetestfällen am installierten, mit den Außenanlagen verbundenen Zielsystem erfüllt das derzeitige Testverfahren prinzipiell zwar die Anforderungen eines gemischten funktions- und strukturorientierten Testprogramms, wobei jedoch das Testendekriterium der vollständigen Zweigabdeckung ausschließlich mit hohem manuellen Aufwand über ausschließlich strukturorientierte Testfälle nachgewiesen und der funktionsorientiert erreichte Zweigabdeckungsgrad trotz des sehr hohen Testaufwandes bei den Abnahmearbeiten an der fertig installierten Anlage nicht angegeben werden kann. Da außerdem bei dem heutigen Verfahren die Zuordnung der Testfälle zu den angesprochenen Zweigen und Pfaden nicht möglich ist, muß auch bei kleineren Anlagenänderungen im Prinzip das gesamte funktionsorientierte Testfallprogramm erneut abgearbeitet werden.

Der somit als unzureichend gekennzeichnete derzeitige Zustand kann nur durch Rechnerstützung bei der statischen Programmanalyse verbessert werden.

Die rechnergestützte statische Programmanalyse mit einer optimierten Mischung aus funktions- und strukturorientierten Testfällen bis zum Nachweis der vollständigen Zweigabdeckung ist einerseits als das anzustrebende Mindestmaß an Fehleroffenbarungsmaßnahmen anzusehen, andererseits erlaubt sie es, die Abnahmetestfälle am Zielsystem in Verbindung mit den Außenanlagen auf diejenigen zu beschränken, mit denen die richtige Abbildung der Außenanlage im Rechner geprüft werden kann. Die bisher üblichen Abnahmearbeiten könnten damit ganz erheblich vereinfacht werden.

Bei der zu erwartenden Ausweitung der rechnergestützten Entwicklung von sicherheitsverantwortlichen Prozeßsteuerungseinrichtungen im spurgeführten Verkehr sind als weitere Maßnahmen der Fehleroffenbarung die Methode der symbolischen Programmierung oder Beweisverfahren, beide mit noch größerer Leistungsfähigkeit an Schnelligkeit und Prüftiefe, denkbar.

Dynamische Software-Analyse

Die Programmierung eines Rechners mit Sicherheitsaufgaben im spurgeführten Verkehr besteht aus sogenannten Prüfprogrammen zur Überwachung der Hardware-Konfiguration auf richtige Funktion und auf vorgeschriebenes Ausfallverhalten und aus den sogenannten Nutzprogrammen zur Steuerung der Außenanlagen. Die Prüfprogramme laufen ständig in einem geeigneten zeitlichen Takt.

Sie werden zur Ausführung der Nutzprogramme über hierarchisch gegliederte Interruptorganisationen unterbrochen.

Es ist derzeit nicht möglich, das Laufzeitverhalten von Prozeßrechnerprogrammierungen, insbesondere das Zusammenspiel einer Konfiguration von mehreren Rechnern, mit Hilfe systematisch fehleroffenbarender Maßnahmen zu analysieren.

Mit Rücksicht auf die derzeit nicht nachvollziehbaren Laufzeitvorgänge in den Rechnerkonfigurationen für Prozeßsteuerungsaufgaben im spurgeführten Verkehr ist unbedingt eine systematische Analysemöglichkeit erforderlich, mit der mindestens die allgemeinen Verhältnisse nach der sicheren Seite abgeschätzt werden können, sofern nicht gar Analysen an den jeweiligen Einzelobjekten erforderlich werden.

Abbildungsanalyse

In Anlehnung an das Vorgehen bei der Installation und Abnahme von Stellwerksanlagen in Relaistechnik werden auch bei elektronischen Prozeßsteuerungsanlagen des spurgeführten Verkehrs derzeit nach dem Verbinden der Rechnersteuerung mit den zu steuernden Außenanlagen umfangreiche Abnahmearbeiten in der Form von Testfallsätzen ausgeführt, die nicht nur die übereinstimmende Abbildung der Außenanlage in der Rechnersteuerung fehleroffenbarend analysieren, sondern außerdem auch noch Aufgaben der statischen Software-Analyse erfüllen (s. Abschnitt 2.1.3.2).

Naturgemäß müssen Abnahmearbeiten einen um so größeren Zeitraum umfassen, je größer die Zahl der auszuführenden Testfälle ist. Es wäre deshalb wünschenswert, die Abnahmetestfälle auf diejenigen zu beschränken, die nicht auf eine andere Weise abgedeckt werden können.

Infolge der unter Abschnitt 2.1.4 beschriebenen Möglichkeit, im Rahmen der statischen Software-Analyse mit funktionsorientierten Testfällen das richtige Funktions-, Nichtfunktions- und Ausfallverhalten überprüfen zu können, ist es denkbar, sich bei der Abnahme einer Prozeßsteuerungsanlage des spurgeführten Verkehrs ausschließlich auf die fehleroffenbarende Analyse der Übereinstimmung zwischen der Außenanlage selbst und ihrer Abbildung in der Rechnersteuerung zu beschränken.

Änderungsanalyse

Bei den derzeitig üblichen Verfahren der entwurfs- und analysebezogenen Sicherungsmaßnahmen gegen Fehler sind bei Änderungen an elektronischen Prozeßsteuerungseinrichtungen im allgemeinen alle Anaylsemaßnahmen mit geringen Ausnahmen vollständig zu wiederholen.

Bei Einsatz rechnergestützter Analysehilfen, wie unter den voranstehenden Punkten beschrieben, können Änderungsanalysen auf das unbedingt notwendige Maß bei Wahrung der Prüftiefe der Erstprüfung beschränkt werden.

2.1.4.4 Prinzipbeschreibung eines rechnergestützten Prüf- und Nachweissystems am Beispiel des Systems „ProTest"

Aus den allgemeinen und den Einzel-Prüfanforderungen läßt sich in Verbindung mit den Möglichkeiten der Informatik und der elektronischen Datenverarbeitung ein rechnergestütztes Prüfsystem entwickeln, mit dem zunächst die Prüfarbeiten an den Programmierungen von elektronischen Betriebsanlagen im spurgeführten Verkehr durch Rechnerstützung erleichtert und beschleunigt werden sollen [105].

Das Prüfsystem muß, angesichts der allgemeinen technischen Entwicklung bei der Erstellung von Software-Produkten, darauf angelegt sein, in Verbindung mit einer vollständig rechnergestützten Entwicklung der Prüfobjekte seine größte Leistungsfähigkeit zu erreichen. Solange die Entwicklung der Prüfobjekte jedoch ganz oder teilweise noch manuell durchgeführt wird, sollte das Prüfsystem auf der jeweils ersten rechnergestützt erstellten Entwicklungsebene aufsetzen.

Beim derzeitig üblichen Vorgehen in der Entwicklung von elektronischen Sicherungs- und Steuerungsanlagen im spurgeführten Verkehr ist die erste rechnergestützt erzeugte Entwicklungsebene der Quellcode der Programmierung. Der Quellcode der Programmierung ist außerdem das eigentliche Prüfobjekt. Aus diesem Grunde muß ein rechnergestütztes Prüfsystem derzeit von dem Grundsatz einer Prüfung direkt am Quellcode ausgehen.

Je nach dem Grad des Einsatzes von rechnergestützten Entwicklungshilfen in der Zukunft, kann aus diesen Prüfhilfen unter Umständen die Art oder der Umfang späterer Prüfungen am Quellcode vereinfacht werden. Hieraus ergibt sich für das Prüfsystem die prinzipielle Anforderung des modularen Aufbaues, bei dem in späteren Entwicklungszuständen auf die Anwendung des einen oder anderen Prüfmoduls verzichtet werden kann.

Eine rechnergestützte, direkte Prüfung des Quellcodes bietet gegenüber den bisher üblichen manuellen indirekten Prüfungen an Listenausdrucken den Vorteil einer erheblich größeren Prüfobjektnähe. Die Arbeitsweise von Rechenanlagen erlaubt darüber hinaus eine von individuellen Schwankungen freie Prüftiefe sowie außerdem eine erhebliche Beschleunigung des Prüfablaufes gegenüber dem bisher üblichen manuellen Nachvollzug von Programmabläufen. Gleichzeitig entfallen alle Identifizierungsprobleme zwischen der Prüfunterlage in Papierform und dem eigentlichen Prüfobjekt.

Die rechnergestützte Prüfung von Software-Produkten für sicherheitsverantwortliche Einrichtungen im spurgeführten Verkehr wird infolge ihres erheblich höheren prüftechnischen Wertes auch ohne Berücksichtigung ihrer ebenfalls erheblich größeren Prüfgeschwindigkeit und ihres deutlich gesenkten Prüfaufwandes mit dem Augenblick ihrer Anwendungsreife zum zwingenden Stand der Technik.

Bei der Erstellung der Hardware-Produkte für elektronische Sicherheitseinrichtungen im spurgeführten Verkehr werden derzeit erst in einem sehr geringen Umfang rechnergestützte Entwicklungshilfen eingesetzt. Die Beschreibung und

Darstellung der Prüfobjekte ist aus diesem Grund derzeit nur in der Form von Papierunterlagen möglich. Hieraus wiederum folgt, daß auch eine Prüfung der Hardware-Produkte derzeit unverändert nur an Plandarstellungen in Papierform möglich ist.

Auch die Entwicklung der Hardware-Produkte wird sich, gerade in der Elektronik, in zunehmendem Maße der Rechnerstützung in der Form von CA-System bedienen. Damit stehen auch die Hardware-Prüfobjekte künftig als elektronische Datensätze zur Verfügung, und es eröffnet sich damit auch die Möglichkeit einer rechnergestützten Prüfung der Hardware-Unterlagen. Wenn auch derzeit die rechnergestützte Entwicklung der Hardware-Produkte am Anfang steht, so muß dennoch ein zukunftsorientiertes Prüfsystem schon jetzt die Nutzungsmöglichkeiten berücksichtigen, die sich unter diesen Aspekten abzeichnen.

Mit Rücksicht auf einen möglichst universellen Einsatz, aber auch wieder mit dem Ziel, sich künftigen Entwicklungen anpassen zu können, sollte das Prüfsystem die nachstehenden Anforderungsprofile von Prüfvorgängen erfüllen:

- Prüfungsanforderungen von Aufsichtsbehörden bei Erst- und Änderungsgenehmigungen an Software-Produkten gemäß

    Eisenbahn-Bau- und Betriebsordnung (EBO)

    Bau- und Betriebsordnung für Straßenbahnen (BOStrab)

    Bau- und Betriebsordnung für Anschlußbahnen (BOA)
- Prüfungsanforderungen von Bestellern bei der Leistungsabnahme nach Funktionserfüllung und Qualität
- Prüfungsanforderungen als Instrument der Qualitätskontrolle des Herstellers
- Prüfungsanforderungen als Wartungs- oder Wiederholungsprüfinstrument des Bestellers

Das Prüfsystem ersetzt beim Einsatz als aufsichtsbehördliches oder leistungsabnehmendes Prüfinstrument keine Maßnahmen der Qualitätssicherung des Herstellers oder des Betreibers von Betriebsanlagen, es kann sich jedoch in geeigneter Form auf solche Maßnahmen abstützen.

Die Prüfung von Software-Produkten mit Hilfe des Prüfsystems muß, entsprechend dem derzeitigen Stand bei der Einführung von rechnergestützten Entwicklungshilfen, noch vollständig am Quell- und Objektcode als Prüfunterlage durchgeführt werden. Jeder weitere Einführungsschritt von Rechnerhilfen in der Entwicklung bis hin zur rechnergestützten Erstellung von Pflichtenheften muß ohne Systemveränderung, aber unter weiteren deutlichen Leistungssteigerungen übernommen werden können.

Entsprechend der grundsätzlichen Gliederung der Sicherungsmethoden gegen Fehler teilt sich die Prüfung auf in einen gemeinsamen Bereich zur Überprüfung der Maßnahmen zum Fehlerausschluß und zur Fehlerabwehr sowie in einen zweiten Bereich mit Maßnahmen zur Fehleroffenbarung. Je nach der Art der Prüfung

– aufsichtsbehördlich,

– leistungsabnehmend oder

– qualitätssichernd

können insbesondere die Maßnahmen der Fehleroffenbarung mit unterschiedlicher Prüftiefe durchgeführt werden.

Bei Wartungs-, Wiederholungs- oder Änderungsprüfungen muß der Maßstab der Erstprüfung erhalten bleiben.

Die Benutzeroberfläche des Prüfsystems darf beim Anwender, bis auf allgemeine Kenntnisse der Programmierung von elektronischen Rechenanlagen, nur betriebliche Erfahrungen voraussetzen.

Das Prüfsystem muß für die Prüfung der im Augenblick für Prozeßsteuerungseinrichtungen des spurgeführten Verkehrs angewandten Programmiersprachen (derzeit Assembler 8080/8085; 8086) geeignet sein, aber auch für künftig einzusetzende, insbesondere höhere Programmiersprachen (z. B. Pascal) ohne prinzipielle Änderungen eingesetzt werden können.

Als Grundlage für eine Daueranwendung zur wiederholten Durchführung von Prüfungen zu Wartungs- oder Wiederholungsprüfungen beim Anwender sowie für möglichst beliebige Prüfobjekte im Bereich der aufsichtsbehördlichen Prüfung muß im Prüfsystem eine Datenbank zur Verwaltung der Prüfunterlagen während und im Anschluß an die Prüfvorgänge enthalten sein.

2.1.4.5 Elemente eines rechnergestützten Prüf- und Nachweissystems

Aus den allgemeinen und den Einzelprüfanforderungen leiten sich in Verbindung mit den voranstehenden Einsatzrandbedingungen die nachstehenden prinzipiellen Elemente eines rechnergestützten Prüfsystems ab:

– **Dokumentationsmodul** als Anforderung der organisationsbezogenen Sicherungsmaßnahmen des Fehlerausschlusses und der Fehlerabwehr (s. Abschnitt 2.1.4.3) sowie zur Speicherung und Verwaltung der Prüfunterlagen und Prüfergebnisse während des Prüfablaufes und nach Abschluß der Prüfung als Grundlage für die Durchführung von Wartungs-, Wiederholungs- oder Änderungsprüfungen (Bild **2**.10).

Das Dokumentationsmodul erlaubt es, als genormtes Instrument der „organisationsbezogenen" Sicherungsmaßnahmen, während der Prüfarbeiten die erforderlichen Prüfunterlagen in allen Zwischenzuständen einschließlich der angegebenen Fehlermeldungen und deren Erledigungsart in optimaler Zugriffsmöglichkeit zu verwalten. Nach Abschluß der Prüfungen speichert das Dokumentationsmodul die geprüften Unterlagen einschließlich der durchgeführten Einzelprüfungen sowie die zugehörigen zwischenzeitlichen und abschließenden Prüfergebnisse.

Das Dokumentationsmodul arbeitet nach dem Prinzip der Datenbanken. Mit ihm können Hardware- und Software-Prüfunterlagen nach Art, Inhalt Bearbeitungs- und Prüfstand sowie mit dem abschließenden Prüfergebnis bearbei-

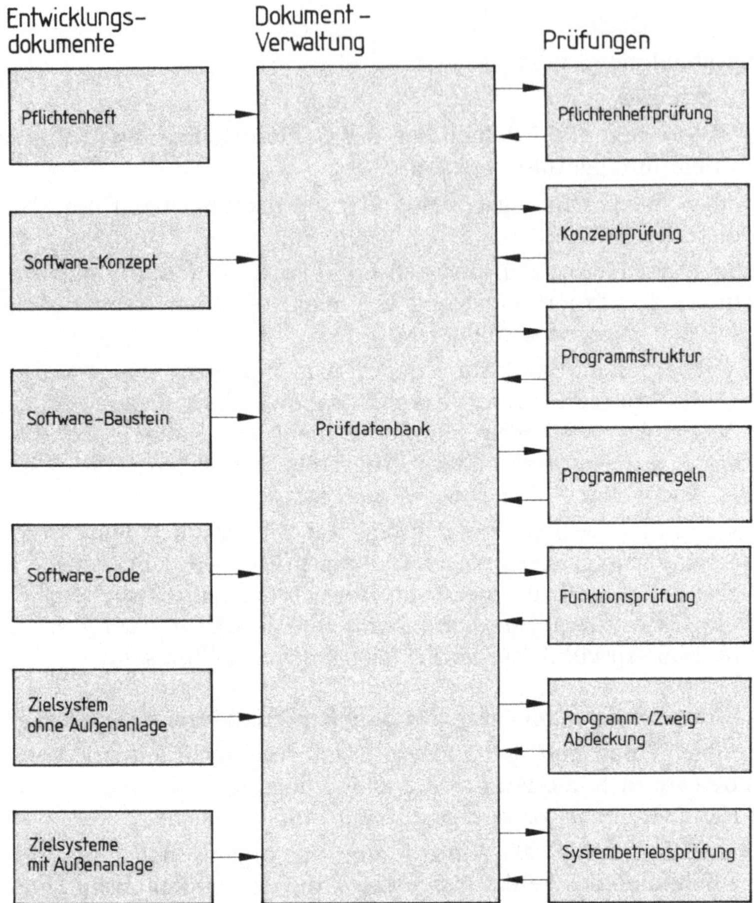

Bild **2**.10 Grundstruktur des Prüf- und Nachweissystems „ProTest" der Firma IVV
Braunschweig

tet werden. Bei Texten und grafischen Hardware-Unterlagen, die noch nicht
mit Textverarbeitungs- oder CA-Systemen erstellt worden sind, müssen die
Unterlagen selbst in der Papierform geprüft und in Akteien abgelegt werden.
Bearbeitungsvorgänge der Prüfung, wie Fehlermeldungen, Testdokumenta-
tionen, Prüfberichte o. ä. werden für die Bearbeitung und Aufbewahrung auf
elektronischen Datenträgern erstellt.

Sind die Prüfunterlagen selbst auf elektronischen Datenträgern speicherungs-
fähig, werden sie unmittelbar im Dokumentationsmodul bearbeitet und nach
Abschluß der Prüfung einschließlich der Prüfdokumentation auf elektronischen Datenträgern (Bändern oder Disketten) abgelegt.

– **Statisches Analysenmodul** als Anforderung der entwurfsbezogenen Sicherungsmaßnahmen des Fehlerausschlusses und der Fehlerabwehr (s. Abschnitt

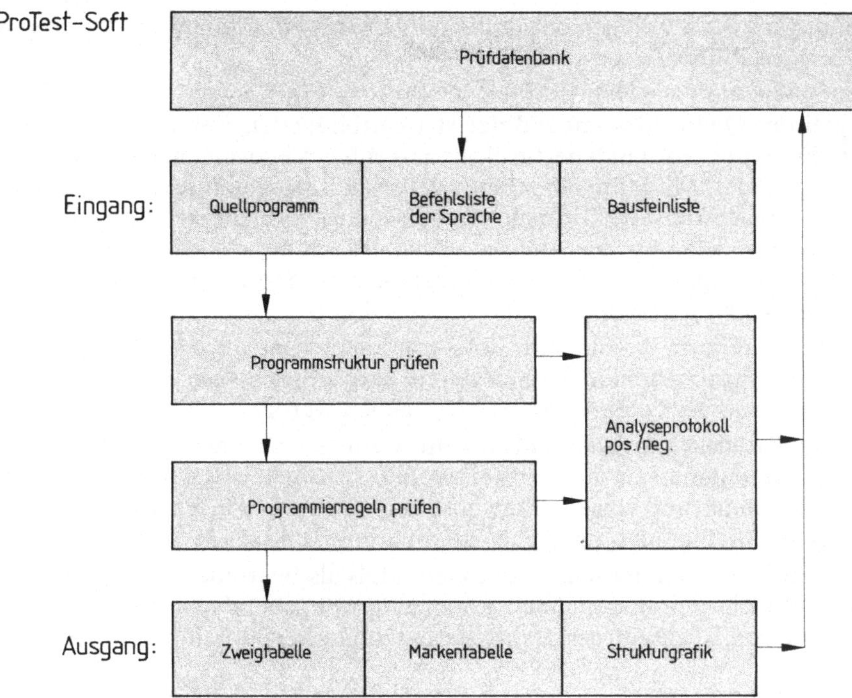

Bild **2**.11   Statische Analyse der Software im Prüf- und Nachweissystem „ProTest" der Firma IVV Braunschweig

2.1.4.3 mit dem Ziel der Programmierregeln und der Strukturregeln (Bild **2**.11).

Mit Hilfe des Statischen Analysenmoduls als Instrument der „entwurfsbezogenen" Sicherungsmaßnahmen sollen Quellprogramme daraufhin analysiert werden, ob sie, entsprechend den grundsätzlichen Sicherungsmethoden des Fehlerausschlusses und der Fehlerabwehr, die vorgeschriebenen Strukturbedingungen erfüllen und ob vereinbarte oder vorgeschriebene Programmierregeln eingehalten worden sind. Bei der Überprüfung auf die Einhaltung der Programmierregeln soll, falls erforderlich, unterschieden werden können zwischen unbedingt und nur bedingt einzuhaltenden Regeln, über deren Gültigkeit der Prüfer gegebenenfalls im Einzelfall entscheiden kann.

Im Analyseteil zur Überprüfung der Programmierung auf Einhaltung der vorgeschriebenen Programmierregeln wird unter Betrachtung des Quellcodes als Befehlsdatei der gesamte Befehlsbestand mit einer, für die jeweilige Programmiersprache aufgestellten Liste bedingt oder unbedingt zugelassener Befehle oder Befehlskombinationen verglichen. Befehle des Quellcodes, die in dieser Liste nicht enthalten sind, werden mit Lagekennung als Fehlermeldung ausgegeben. Für Befehle, die in der Zulässigkeitsliste bedingt zugelassen sind, wird das Vorliegen der Bedingungen entweder durch ein Prüfprogramm oder den Prüfer festgestellt.

Im Analyseteil zur Überprüfung der Programmstruktur wird aus der Befehlsdatei des Quellcodes anhand der strukturbildenden Befehle die in der Programmierung vorhandene Struktur mit allen Verzweigungen und Schleifen nachgebildet. Mit Hilfe eines besonderen Prüfprogramms wird diese Nachbildung anhand der Strukturbedingungen reduziert. Läßt sich diese Strukturreduktion vollständig durchführen, ist die korrekte Strukturierung des Programms nachgewiesen. Unvollständigkeiten der Strukturreduktion werden als Fehlermeldung ausgegeben.

Außerdem kann die Struktur der Programmierung auch als Graf abgebildet werden. Strukturfehler können damit auch optisch vom Prüfer unmittelbar erkannt und als Fehlermeldung ausgegeben werden.

— **Dynamisches Analysenmodul** als Anforderung der „analysebezogenen" Sicherungsmaßnahmen zur Fehleroffenbarung (s. Abschnitt 2.1.4.3) auf dem Wege der Durchführung von struktur- und funktionsorientierten Zweig- und Pfadtests als Maßnahmen der Fehleroffenbarung (Bild 2.12).

Mit Hilfe des Dynamischen Analysemoduls als Instrument der „analysebezogenen" Sicherungsmaßnahmen können für weitgehend beliebige Programmierungen von Rechnern zur Betriebssteuerung von spurgeführten Verkehrsmit-

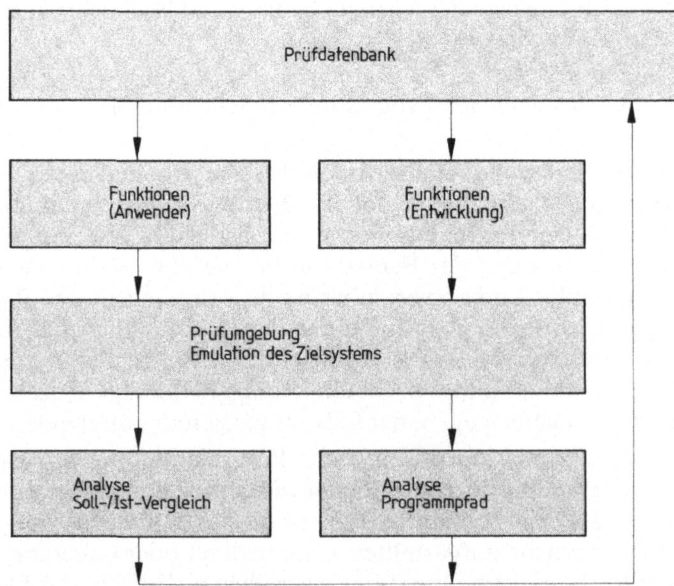

Bild **2.**12 Dynamische Analyse der Software im Prüf- und Nachweissystem „ProTest" der Firma IVV Braunschweig

teln funktionsorientierte und strukturorientierte Zweig- und Pfadtests zur Überprüfung des richtigen Funktions-, Nicht-Funktions- sowie des Ausfalls- und Störverhaltens auf den verschiedenen Integrationsstufen vom Programm- baustein bis zum Gesamtprogramm des Zielsystems durchgeführt werden.

Bei der Anwendung des Funktionsprüfmoduls wird zunächst die Befehlsdatei des Quellcodes in einer für die beabsichtigten Analysearbeiten geeigneten Weise an bestimmten Stellen gekennzeichnet, d. h. der Quellcode wird in einer für Prüfzwecke geeigneten Art „instrumentiert". Mit dem Original- und instrumentierten Quellcode werden kombinierte Testläufe durchgeführt.

Anstelle der Programminstrumentierung kann die Programminanspruch- nahme auch durch ein dokumentierendes Mitlesen des Telegrammverkehrs auf dem Bus des Kernspeichers gewonnen werden.

— **Abnahmeprüfmodul** als Anforderung der „analysebezogenen" Sicherungs- maßnahmen zur Fehleroffenbarung (s. Abschnitt 2.1.4.3) auf dem Wege der

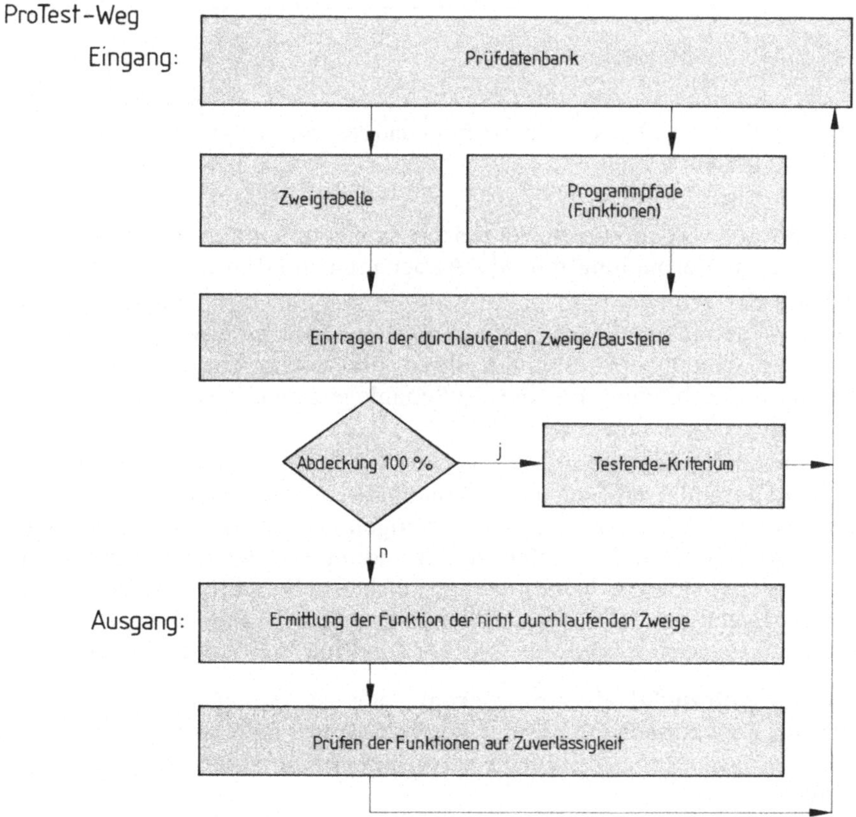

Bild **2**.13   Software − Zweigabdeckung im Prüf- und Nachweissystem „ProTest" der Firma IVV Braunschweig

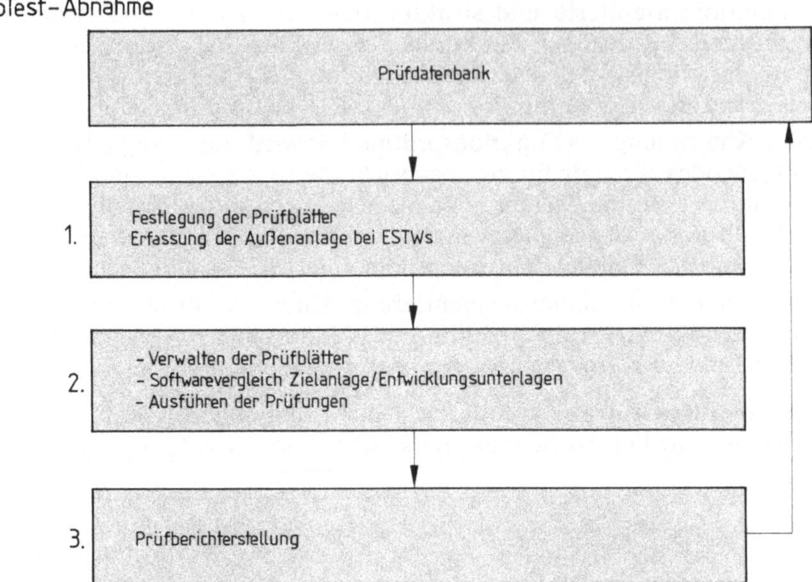

Bild **2**.14   Betriebs-Funktionsprüfung im Prüf- und Nachweissystem „ProTest" der Firma
IVV Braunschweig

Durchführung von funktionsorientierten Zweig- und Pfadtests am installierten
Zielsystem in Verbindung mit den Außenanlagen (Bild **2**.13 und **2**.14).

Mit Hilfe des Abnahmeprüfmoduls als Instrument der „analysebezogenen"
Sicherungsmaßnahmen wird die Organisation, Durchführung und Dokumentation der Abnahmeprüfung mit ihren funktionsorientierten Zweig- und
Pfadtests in Verbindung mit der Außenanlage erleichtert, beschleunigt und
übersichtlicher gestaltet werden.

Das Abnahmeprüfmodul arbeitet in der Art einer vereinfachten Datenbank
und verwaltet anlagenbezogen die Abnahmevorgänge der Gesamtanlage und
deren Ergebnisse. Es kann für den derzeitigen Zustand der Durchführung von
funktionsorientierten Testläufen in Verbindung mit der Außenanlage eingesetzt werden, eignet sich naturgemäß auch für Durchführung einer reinen
Abbildungsanalyse, falls die funktionsorientierten Testläufe mit dem statischen Funktionsprüfmodul durchgeführt und nachgewiesen worden sind.

– **Änderungsprüfmodul** als Anforderung aller Sicherungsmaßnahmen gegen
Fehler im Zusammenhang mit der Durchführung von Wartungs-, Wiederho-
lungs- oder Änderungsprüfungen unter Beibehaltung der Prüftiefe der Erstprüfung.
Mit dem Änderungsprüfmodul werden auf der Basis der Inbetriebnahmeprü-
fung (Erstgenehmigung) für eine bestimmte Einzelanlage spätere Wiederho-

lungsprüfungen bei unveränderter Anlage, z. B. zur Erfüllung gesetzlicher oder aufsichtsbehördlicher Auflagen, sowie Änderungsprüfungen im Zusammenhang mit der Umgestaltung von Außenanlagen und auch bei reinen Software-Änderungen, z. B. zur Beschleunigung des Datenaustausches, vom Bahnunternehmen selbst ohne Inanspruchnahme dritter Instanzen durchgeführt.

Das Änderungsprüfmodul setzt im Prinzip zunächst voraus, daß für die betreffende Anlage die Erstprüfung mit einem rechnergestützten Prüfsystem durchgeführt worden ist. Dies bedeutet, daß für die in der Anlage installierte Programmierung insbesondere die durchgeführten Testläufe des Grundtestlaufprogramms einschließlich eventuell zusätzlich durchgeführter Einzeltestläufe aufgrund besonderer örtlicher Situationen nach Art, Eingabeparametern und Ergebnis, wie durchlaufene Pfade mit Zweigabdeckungsgrad u. ä., gespeichert sind.

Bei einer Wiederholungsprüfung werden zunächst die Programminhalte der vorübergehend ausgetauschten Speicher der Anlage in einen vereinfachten Prüfrechner eingelesen. Mit Hilfe einer reduzierten, anlagenspezifischen Version des statischen Funktionsprüfmoduls werden anschließend systematisch oder zufällig ausgewählte Testfälle aus dem Testfallprogramm der Erstprüfung verglichen.

Bei einer Änderungsprüfung werden zunächst anhand eines Inhaltsvergleiches der neuen und alten Speicher die vorgenommenen Software-Änderungen nach Ort und Art bestimmt. Aus den gespeicherten Ergebnissen der Erstprüfung sind die zu den geänderten Software-Teilen gehörigen Testfälle zu ermitteln und für die geänderte Software erneut durchzuführen und gewissermaßen als Änderungsfassung der ursprünglichen Erstprüfung, erfolgreichen Ablauf vorausgesetzt, zu speichern.

2.2 Sicherungsmethoden gegen Ausfälle

Das Ziel der Anwendung der Sicherungsmethoden gegen Fehler besteht darin, daß nach der Integrationsphase das System „als fehlerfrei" in Betrieb geht. Wie im Abschnitt 2.1 gezeigt werden konnte, ist es nicht möglich, eine absolute Fehlerfreiheit des inbetriebnahmereifen Systems zu erreichen und vor allem nachzuweisen. Es muß also auch während des Betriebes früher oder später mit den Auswirkungen von bei Inbetriebnahme noch verborgen vorhandenen Fehlern gerechnet werden, wie auch schon im Abschnitt 1.4.4 ausgeführt wurde. Gegen diese bei Inbetriebnahme noch vorhandenen Fehler gibt es keinen methodisch neuen Sicherungsansatz mehr, der nicht insbesondere bereits für die Fehleroffenbarung vor Inbetriebnahme ebenfalls anwendbar wäre. Es ist lediglich eine Frage des Aufwandes, ob man die Anwendung der Sicherungsmethoden gegen Fehler auch nach Inbetriebnahme in bestimmtem Umfang fortsetzt.

Wie im Abschnitt 1.4.2 ausgeführt wurde, muß sich jedoch mit der Inbetriebnahme eines Systems die Sicherheitstechnik einem neuen Phänomen, den Ausfällen, stellen, die auch eine andere Art von Sicherheitsmethoden als gegen Fehler fordern. Ausfälle sind nach Abschnitt 1.4.2 zwar ebenfalls wie Fehler als unzulässige Abweichungen zwischen einem Soll- und Istzustand charakterisiert, sie werden jedoch nicht bei Entwurf und Fertigung des Systems durch Fehlhandlungen gewissermaßen „eingebaut", sondern stellen sich als zufällig eintretende Veränderung an bestimmten Bauteilen des Systems dar, die höchstens als grundsätzlich möglich, aber nicht nach ihrem zeitlichen Eintritt vorhersehbar sind. Da innerhalb der Betriebsphase des Systems somit im Prinzip jederzeit sich Ausfälle ereignen können, muß diese Möglichkeit durch die Anwendung entsprechender Sicherungsmethoden berücksichtigt werden.

Wie im Abschnitt 2.1 wäre zunächst wieder darauf hinzuweisen, daß auch bei Ausfällen, die Abweichungen zwischen Soll und Ist an ihrer Zulässigkeit im Hinblick auf das Systemziel Sicherheit zu messen sind. In diesem Sinne unzulässig sind Ausfälle nur dann, wenn mit ihrer Auswirkung die Gefahr der Verletzung von Rechtsgütern bei Dritten verbunden ist.

Anhand der Grundsätze von Marburger [50] für die Eignung von Sicherheitsmaßnahmen, aber auch schon zum Teil in kodifizierten Regeln festgelegt [106], [107], lassen sich die nachstehenden Hauptkategorien der Sicherungsmethoden gegen Ausfälle darstellen.

Wie im Abschnitt 1.4.3 bereits ausgeführt, ist bei Systemen, die von der Funktion her nur einen sicheren Zustand kennen, mit einem Ausfall gleichzeitig und unmittelbar eine Gefahr verbunden. Bei diesen Systemen sind somit die Sicherungsmethoden gegen Ausfälle ebenso gleichzeitig und unmittelbar auch Sicherungsmethoden gegen Gefahren. Bei Systemen mit mehreren sicheren Zuständen dagegen ist es möglich, durch geeignete Konstruktionsvorschriften bei unvermeidlich eintretenden Ausfällen im sicheren Betriebszustand die Wirkungsrichtung so zu lenken, daß einer der anderen möglichen sicheren Zustände eintritt und somit keine Gefahr entsteht. Bei diesen Systemen müssen folglich die Sicherungsmethoden gegen Ausfälle ergänzt werden um nur in diesen Systemen mögliche besondere Sicherungsmethoden gegen Gefahren.

Verkehrssysteme sind als Gesamtsystem betrachtet im Prinzip Systeme mit mindestens zwei sicheren Zuständen, dennoch müssen die Sicherungsprinzipien bei Systemen mit nur einem sicheren Zustand in die Betrachtung mit aufgenommen werden, da Teilbereiche von Verkehrssystemen, wie z. B. Brücken, nur einen sicheren Zustand kennen und außerdem auch bei Systemen mit mehreren sicheren Zuständen die Möglichkeit der unmittelbaren Ausfallabwehr eine zwar mittelbare, aber vorrangige Sicherungsmethode gegen Gefahren darstellt.

Insgesamt ergibt sich für alle technischen Systeme zunächst eine erste qualitativ geordnete Systematik von Sicherungsmethoden gegen Ausfälle und Gefahren anhand einer in sich einsichtigen „Eignung" zur Gefahrenverhinderung.

So kann man sicher plakativ überspitzt sagen, daß derjenige Ausfall im Hinblick auf das Systemziel „Sicherheit" der beste ist, der gar nicht erst eintreten kann, der also ausgeschlossen ist, während ein Ausfall, der zwar mit einer geringen und eingrenzbaren, aber dennoch nicht vollständig vernachlässigbaren Wahrscheinlichkeit auftreten kann, nur als der höchstens zweitbeste Ausfall bezeichnet werden kann.

In diesem Sinne liegt den Sicherungsmethoden gegen Ausfälle in Abhängigkeit von den eingesetzten Technologien je ein Katalog von auszuschließenden und von anzunehmenden Ausfällen zugrunde.

2.2.1 Ausfallausschluß

Die auszuschließenden Ausfälle, die in einen entsprechenden Katalog aufgenommen werden, ergeben sich aus bestimmten physikalischen Eigenschaften der im System mitwirkenden Einzelelemente, die unverlierbar sind oder als unverlierbar gelten können.

Derartig unverlierbare Eigenschaften können entweder

– allgemein naturgegeben sein, wie die Schwerkraft, oder unter besonderen Voraussetzungen naturgegeben sein, wie der Permanent-Magnetismus, wenn Schlageinwirkungen ausgeschlossen werden, oder

– unter besonderen Vorausetzungen als naturgegeben vereinbart sein, wie alle „worst-case"-Dimensionierungen, z. B. auch bei der Annahme, daß ein Kraftfederspeicher unter bestimmten Voraussetzungen nicht ausfallen kann.

2.2.2 Begrenzung der Ausfallwahrscheinlichkeit

In der zuletzt genannten Unterkategorie des Ausfallausschlusses ist bereits mit dem Begriff „vereinbart" eine Wahrscheinlichkeitsannahme anstelle des wirklich Absoluten enthalten.

Sie stellt gewissermaßen bereits den Übergang zum „zweitbesten Ausfall" dar, bei der der zugehörige Ausfall in der Funktionslogik nicht qualitativ, quasi-absolut ausgeschlossen werden kann, sondern mit einer, wenn auch geringen, aber quantifizierbaren Wahrscheinlichkeit mit in die Folgebetrachtungen einbezogen werden muß. Dieses Einbeziehen besteht im Prinzip darin, die nicht auszuschließenden Ausfälle zunächst in einer Liste zusammenzustellen und diese Liste als Grundlage für weitere Sicherungsmaßnahmen bereitzuhalten.

Aus der Tatsache, daß die in der Liste enthaltenen Ausfallannahmen durch weitere Sicherungsmethoden in ihrer Auswirkung abgefangen werden sollen, darf jedoch nicht gefolgert werden, daß derartige Ausfälle mit gewissermaßen beliebiger Wahrscheinlichkeit auftreten dürfen. Da das Ansprechen der Sicherungsfunktionen möglichst überhaupt zu vermeiden ist, muß auch bei den anzunehmenden Ausfällen, z. B. durch entsprechende Dimensionierungsmaßnahmen, gewährleistet sein, daß sie nur mit einer bestimmten geringen und begrenzten Wahrscheinlichkeit auftreten können.

Für jede der in den sicherheitsverantwortlichen Prozeßregelungseinrichtungen angewandten Technologie sind in diesem Sinne in umfangreichen Untersuchungen derartige Listen erarbeitet und als genormter Bestandteil der Sicherheitsarbeit verabschiedet worden. Als Beispiel sei ein Auszug aus der Ausfallannahmenliste für die Relaistechnik (Bild 2.15) und für diskrete Bauelemente der Elektronik (Bild 2.16) wiedergegeben [108], [109]. Insgesamt umfaßt die Ausfallannahmenliste für die Relaistechnik deutlich weniger Positionen als die Liste der

<table>
<tr><td colspan="2">- 11 -</td></tr>
<tr><td colspan="2">3.3 Relais</td></tr>
<tr><td colspan="2">3.3.1 Kammrelais</td></tr>
<tr><td>Anker zieht nicht an</td><td>ja</td></tr>
<tr><td>Anker fällt nicht ab</td><td>ja</td></tr>
<tr><td>Kontakt öffnet nicht</td><td>ja</td></tr>
<tr><td>Kontakt schließt nicht</td><td>ja</td></tr>
<tr><td>Anker fällt ab</td><td>ja</td></tr>
<tr><td>Kontakt öffnet</td><td>ja</td></tr>
<tr><td>Kontakt schließt</td><td>ja</td></tr>
<tr><td>Kontakt öffnet nicht und Auswirkungen durch Nichtschließen/Nichtöffnen bei einem/mehreren anderen Kontakt(en)</td><td>ja</td></tr>
<tr><td colspan="2">3.3.2 Signalrelais</td></tr>
<tr><td>Anker zieht nicht an</td><td>ja</td></tr>
<tr><td>Anker fällt nicht ab</td><td>ja</td></tr>
<tr><td>Kontakt öffnet nicht</td><td>ja</td></tr>
<tr><td>Kontakt schließt nicht</td><td>ja</td></tr>
<tr><td>Ruhe- und Arbeitskontakt gleichzeitig geschlossen</td><td>nein</td></tr>
<tr><td>Anker fällt ab</td><td>ja</td></tr>
<tr><td>Kontakt öffnet</td><td>ja</td></tr>
<tr><td>Arbeitskontakt öffnet nicht und Auswirkungen durch Nichtöffnen bei einem/mehreren anderen Arbeitskontakt(en)</td><td>ja</td></tr>
<tr><td>Ruhekontakt öffnet nicht und Auswirkungen durch Nichtöffnen bei einem/mehreren Ruhekontakt(en)</td><td>ja</td></tr>
</table>

Bild **2**.15   Auszug aus der Ausfallannahmenliste für Relais

<table>
<tr><td colspan="2">- 22 -</td></tr>
<tr><td colspan="2">8.5 Optokoppler</td></tr>
<tr><td colspan="2">a) Sender (Leuchtdiode)</td></tr>
<tr><td>Unterbrechung</td><td>ja</td></tr>
<tr><td>Kurzschluß</td><td>ja</td></tr>
<tr><td>Änderung Sperrstrom</td><td>ja</td></tr>
<tr><td>Verkleinerung Durchbruchspannung</td><td>ja</td></tr>
<tr><td>Änderung Durchlaßspannung</td><td>ja</td></tr>
<tr><td>Änderung Schwellspannung</td><td>ja</td></tr>
<tr><td>Änderung Bahnwiderstand</td><td>ja</td></tr>
<tr><td>Änderung differenzieller Widerstand</td><td>ja</td></tr>
<tr><td>Änderung Grenzfrequenz</td><td>ja</td></tr>
<tr><td>Änderung Sperrschichtkapazität</td><td>ja</td></tr>
<tr><td>Vergrößerung Rauschen</td><td>ja</td></tr>
<tr><td>Wackelkontakt</td><td>ja</td></tr>
<tr><td>intermittierender Schluß</td><td>ja</td></tr>
<tr><td>Vergrößerung Wärmewiderstand</td><td>ja</td></tr>
<tr><td colspan="2">b) Empfänger (Fototransistor)</td></tr>
<tr><td>Unterbrechung E</td><td>ja</td></tr>
<tr><td>Unterbrechung B</td><td>ja</td></tr>
<tr><td>Unterbrechung C</td><td>ja</td></tr>
<tr><td>Unterbrechung E-B-C</td><td>ja</td></tr>
<tr><td>Kurzschluß E-B</td><td>ja</td></tr>
<tr><td>Kurzschluß B-C</td><td>ja</td></tr>
<tr><td>Kurzschluß E-C</td><td>ja</td></tr>
<tr><td>Kurzschluß E-B-C</td><td>ja</td></tr>
<tr><td>Kurzschluß E-B, Unterbrechung C</td><td>ja</td></tr>
<tr><td>Kurzschluß B-C, Unterbrechung E</td><td>ja</td></tr>
<tr><td>Kurzschluß E-C, Unterbrechung B</td><td>ja</td></tr>
</table>

Bild **2**.16   Auszug aus der Ausfallannahmenliste für diskrete elektronische Bauelemente

Ausfallannahmen für die Elektronik. Der Unterschied erklärt sich vor allem daraus, daß für die Relaistechnik im wesentlichen nur Vollausfälle („funktioniert oder funktioniert nicht") anzunehmen waren, während für elektronische Einrichtungen auch sogenannte Änderungsausfälle, wie das Driften bestimmter Eigenschaftskennwerte, zu berücksichtigen sind.

2.3 Sicherungsmethoden gegen Gefahren

Bei Eintritt von Ausfällen, die nicht im Sinne von Abschnitt 2.2.1 ausgeschlossen werden können, geht das System von dem als sicher definierten Betriebszustand in einen Zustand über, der im wesentlichen von der Art des Ausfalles und von dem vom Ausfall betroffenen Systemelement bestimmt wird. Wählt man in einem System die Anordnung der Systemelemente allein und ausschließlich unter den Gesichtspunkten des Betriebszustandes oder, anders ausgedrückt, unter dem Gesichtspunkt der Funktionslogik, so ist der Zustand, den das System nach Eintritt eines nicht ausgeschlossenen Ausfalles annimmt, gewissermaßen vom Zufall bestimmt. Je nach der Aufgabenstellung des Systems kann der eintretende Zustand lediglich die Funktion stillsetzen, er kann aber auch, ohne Vorkehrungen, Schäden in der Anlage oder gar Schäden bei Dritten hervorrufen.

Schäden bei Dritten sind nach den rechtlichen Grundlagen gemäß Abschnitt 1.3.1, so weit es eben geht, zu vermeiden. Aus diesem Grunde dürfen bei bei allen Systemen, in denen, oder durch die Schäden bei Dritten verursacht werden können, die Ausfallauswirkungen auf den als sicher definierten Betriebszustand nicht dem Zufall überlassen bleiben, sondern das System ist mit Hilfe der sogenannten Sicherungslogik so zu gestalten, daß die nicht ausgeschlossenen Ausfälle sich nur in der Überführung des Systems in einen anderen sicheren Zustand auswirken können. Natürlich ist eine solche Sicherungslogik nur bei den Systemen einbaubar, die gemäß Abschnitt 1.4.3 zusätzlich zum Betriebszustand noch mindestens über einen weiteren sicheren Zustand verfügen.

Bei Verkehrssystemen gilt, neben dem Zustand der planmäßigen Bewegung, der Stillstand aller Bewegungen als ein weiterer sicherer Systemzustand. Die Sicherheitslogik von Verkehrssystemen ist daher darauf ausgerichtet, beim Eintritt von nicht ausgeschlossenen Ausfällen das System aus dem planmäßigen Betrieb in den Stillstand zu überführen.

Die Methodik, nach der die Sicherheitslogik in diesem Sinne zu wirken versucht, gliedert sich in die beiden Kategorien des Gefahrenausschlusses und der Begrenzung der Gefahrenwahrscheinlichkeit.

Beim Gefahrenausschluß wird die Überführung des Systems in den sicheren Ersatzzustand durch eine Funktion veranlaßt, für die selbst ein eigener Ausfall ausgeschlossen werden kann, d. h. die Systemüberführung wird durch unverlierbare Eigenschaften von Systemelementen im Sinne des Abschnittes 2.2.1 bewirkt.

Bei der Begrenzung der Gefährdungswahrscheinlichkeit dagegen müssen für die Zustandsüberführung des Systems Funktionen in Anspruch genommen werden, für die ein eigener Ausfall nicht ausgeschlossen werden kann.

Unter Berücksichtigung des Systemzieles Sicherheit ergibt sich die Anwendungsreihenfolge für die beiden aufgeführten Methoden gewissermaßen natürlich dahingehend, daß die Methode der Begrenzung der Gefahrenwahrscheinlichkeit nur dann angewendet werden darf, wenn der Gefahrenausschluß nicht möglich ist.

2.3.1 Gefahrenausschluß

Wie im voranstehenden ausgeführt wurde, wird bei der Sicherungsmethode des Gefahrenausschlusses die Überführung des Systems in einen sicheren Ersatzzustand durch eine Funktion bewirkt, bei der ein Ausfall nicht angenommen werden muß. Da es eine Reihe von physikalischen Eigenschaften gibt, die, wie ebenfalls früher bereits ausgeführt wurde, als unverlierbar gelten können oder tatsächlich unverlierbar sind, unterteilen sich zunächst die Methoden des Gefahrenausschlusses, gewissermaßen naturgegeben, nach diesen Prinzipien. Außerdem gliedern sich die Sicherungsmethoden des Gefahrenausschlusses nach der Art der funktionellen Sicherungslogik, die beim Eintreten eines Ausfalles in der Funktionslogik den jeweiligen Gefahrenausschluß bewirkt. Die nachstehenden Einteilungen und Beschreibungen folgen dieser Grundstruktur [110], [111], [112], [113], [114].

2.3.1.1 Direkter Gefahrenausschluß (einkanalige Fail-safe-Technik)

Die Sicherungsmethode des direkten Gefahrenausschlusses arbeitet nach dem Prinzip der direkten Einbindung der Sicherheitslogik in die Funktionslogik, d. h. die Funktion der Sicherheitslogik wird direkt aus der Funktionslogik abgeleitet. Ein anzunehmender Ausfall in der Funktionslogik bewirkt direkt ohne zusätzliche Einrichtungen, daß eine als unverlierbar anzunehmende Eigenschaft der Sicherheitslogik das System in den sicheren Ersatzzustand überführt.

Dieses Verarbeitungssystem ist so aufgebaut, daß, wie Bild 2.17 zeigt, bei einem Ausfall zur Zeit t_0 der Übergang vom Normalzustand in den sicheren Ausfallzu-

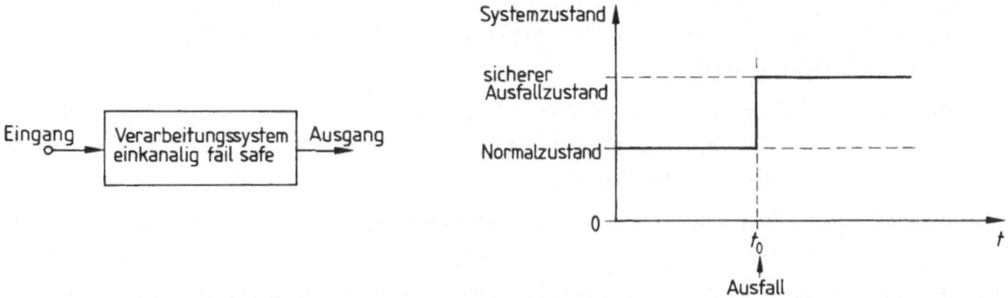

Bild 2.17 Einkanalige Fail-safe-Technik mit direktem Übergang vom Normalzustand in den sicheren Ausfallzustand beim Ausfall

stand unmittelbar aus der Nutzfunktion selbst abgeleitet wird. Dieses Schaltungsprinzip wird auch als **einkanalige Fail-safe-Technik** bezeichnet und bildet durch Anwendung des Ruhestromprinzips oder durch den Aufbau spezieller Sicherheitsschaltungen die Grundlage der Sicherheitstechnik im spurgeführten Verkehr.

2.3.1.1.1 Ruhestromprinzip. Grundgedanke des Ruhestromprinzips ist es, den energiereicheren Systemzustand stets dem ungefährlichen Zustand zuzuordnen, so daß bei jedem denkbaren Ausfall im Verarbeitungssystem zwangsläufig der energieärmere, meist energielose Zustand eingenommen wird, der dann seinerseits dem sicheren Betriebszustand des Verkehrssystems, beim spurgeführten Verkehr also dem Haltzustand, zuzuordnen ist. Dieses Zuordnungsprinzip ist entscheidend für die sichere Arbeitsweise des Systems. Die Anwendung des Ruhestromprinzips soll anhand einiger Beispiele aus der Bahntechnik erläutert werden.

Druckluftbremse

Bei der Druckluftbremse ist in der Steuerleitung der energiearme, also sichere Zustand dem Anlegen der Bremsen zugeordnet, so daß das Bremssystem erst durch das Vorhandensein von Druckluft in der Steuerleitung, also durch Übergang in den energiereicheren Zustand durch Gegenwirken gegen eine Primärkraft die Bremsen lösen kann. Voraussetzung für eine Zugfahrt ist also, dem Prinzip der Fail-safe-Technik entsprechend, stets das Vorhandensein von Druckluft in den Bremsschläuchen. Durch gesteuertes Verringern des Druckes in der fast immer den gesamten Zug durchlaufenden Bremsleitung kann der Zug den Fahrvorschriften entsprechend gebremst werden. Kommt es zum Ausfall des Bremssystems, beispielsweise zum Reißen des Bremsschlauches bei einer ungewollten Zugtrennung, so werden durch Entweichen der Druckluft beide Zugteile gebremst, gehen also unmittelbar aus der Nutzfunktion heraus in den als sicher definierten Haltzustand über.

Kennzeichnend für die Sicherheitsbetrachtung ist es, daß als Ausfall nur ein einziger Vorgang, in diesem Fall das Reißen des Bremsschlauches, unterstellt wird. Kommt jedoch als weiterer, allerdings sehr unwahrscheinlicher Vorgang das durch das Zurückklappen des Bremsschlauches ausgelöste Schließen eines am Wagen befindlichen Bremsventils hinzu, dann kann die Druckluft nicht entweichen, so daß der als sicher geforderte Haltzustand nicht eingenommen wird. Da beide Vorgänge weitgehend unabhängig voneinander sind, wird bei Sicherheitsbetrachtungen das gleichzeitige Auftreten beider Ereignisse ausgeschlossen, obwohl es bereits in der Praxis in seltenen Fällen beobachtet wurde.

Elektronischer Schienenkontakt

Beim elektronischen Schienenkontakt, dessen Aufgabe es ist, beispielsweise als Zählpunkt eines Achszählkreises das Durchlaufen eines Rades (und damit einer Achse) zu erfassen, ist, wie Bild **2**.18 zeigt, die an der Außenseite einer Schiene

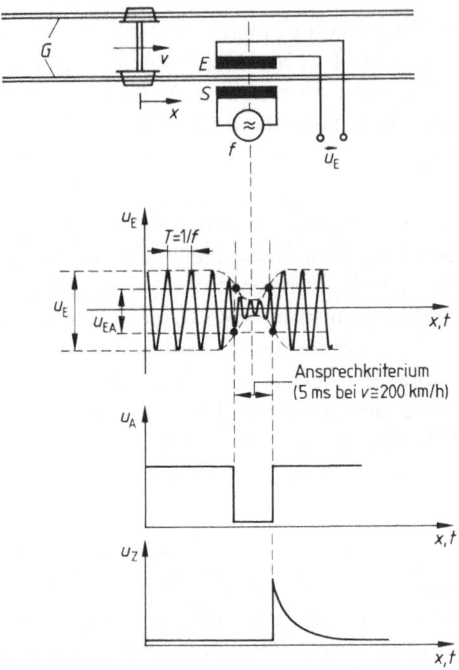

Bild 2.18
Ruhestromprinzip beim elektronischen Schienenkontakt (Achszählpunkt) mit signaltechnisch sicherem direktem Gefahrenausschluß: Keine Ausgangsspannung bei Raddurchlauf und bei Ausfällen

S Sendespule, E Empfangsspule, U_E Spannung im unbeeinflußten Zustand, U_{EA} Schwellwertspannung, U_A Spannung an der Auswerteschaltung, U_Z Zählpuls, G Gleis, x Ort der Achse, v Geschwindigkeit der Achse

des Gleises G angebrachte, von einem mit der Frequenz f arbeitenden Wechselstromgenerator gespeiste Sendespule S so mit einer auf der Innenseite der Schiene befindlichen Empfangsspule E verkoppelt, daß im Ruhezustand ständig die Empfängerspannung U_E auftritt.

Durchläuft ein Rad den Raum zwischen Sendespule S und Empfangsspule E, dann sinkt die Empfängerspannung U_E zunächst fast bis zum Wert Null ab und steigt anschließend wieder bis zum Ruhewert an (Ausführungsbeispiel der Firma SEL). Diese durch die Kopplungsfaktoränderung beim Raddurchlauf verursachte und durch den Verlauf der Empfängerspannung U_E gegebene, als Hüllkurve erkennbare Informationsänderung wird zum Erfassen der Achse durch Amplitudenvergleich mit einer in der Amplitude konstanten Schwellwertspannung U_{EA} in der Weise ausgenutzt, daß mittels einer Auswerteschaltung das Unterschreiten dieser Schwellwertspannung U_{EA} durch die Empfängerspannung U_E als Ansprechkriterium für das Durchlaufen einer Achse gewertet wird. Die im unbeeinflußten Zustand konstante Spannung U_A am Ausgang der Auswerteschaltung fällt dann auf den Wert Null ab. Da ohne das Vorhandensein einer Achse stets eine Empfängerspannung U_E als Kriterium für die Betriebsbereitschaft auftreten muß, erfüllt der elektronische Schienenkontakt die Bedingung der Fail-safe-Technik nach dem Ruhestromprinzip, bei dem mögliche Ausfälle nicht nur unmittelbar aus der Nutzfunktion heraus erkannt werden, sondern sich auch zur sicheren Seite hin auswirken. So täuschen beispielsweise eine Schaltungsunterbrechung oder ein Ausfall des Wechselstromgenerators das Durchlaufen einer Achse (und damit eine Zugfahrt) vor, was im vorausliegenden Abschnitt zu einer BESETZT-Meldung führt. Es kommt damit zwar zu einer Betriebsstörung, jedoch nicht zu einem gefährlichen Zustand.

Da die Dauer des Auftretens des Ansprechkriteriums von der Zuggeschwindigkeit v abhängt, wird in der Praxis an der Auswerteschaltung zur Zählung der durchlaufenden Achsen durch Differenzieren der ansteigenden Flanke der Spannung U_A ein Zählpuls U_Z gewonnen. Die Sicherungsmethoden des mit elektronischen Schienenkontakten aufzubauenden Achszählkreises sind in [115] dargestellt. Das hierbei erforderliche Richtungskriterium kann entweder durch Auswerten der Anzeigen zweier hintereinander angeordneter elektronischer Schienenkontakte gewonnen werden oder unmittelbar aus einer Spezialausführung des elektronischen Schienenkontaktes [116].

Gleisstromkreis

Ein weiteres Beispiel für die Anwendung der Fail-safe-Technik nach dem Ruhestromprinzip ist der Gleisstromkreis, der die Aufgabe hat, den FREI- oder BESETZT-Zustand eines Gleisabschnittes zu melden.

Grundschaltung. Wie Bild **2**.19 für einen Gleisstromkreis mit Isolierstößen I_s und einschieniger Isolierung zeigt, wird der zu überwachende Gleisabschnitt als elektrische Leitung betrieben mit einem Wechselstrom- oder Gleichstrom-Generator an dem einen Ende und einem als digitaler Spannungsmesser arbeitenden Gleisrelais an dem anderen Ende. Ist der Gleisabschnitt FREI, wird das Gleisrelais durch die an ihm liegende Gleisspannung U_G erregt und spricht an (energiereicher Zustand). Dem Ruhestromprinzip entsprechend muß also im FREI-Zustand stets eine Gleisspannung U_G vorhanden sein. Läuft eine Zugachse in den Abschnitt ein, wird also der Gleisabschnitt BESETZT, dann schließt die

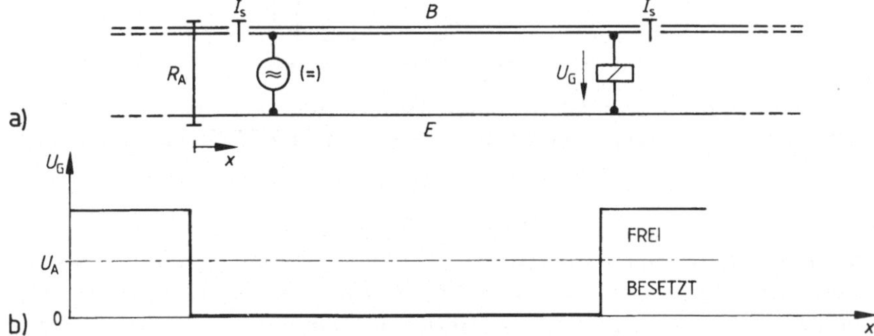

Bild **2**.19 Ruhestromprinzip beim Gleisstromkreis mit Isolierstößen und einschieniger Isolierung (a) sowie Beeinflussungskurve $U_G = f(x)$ (b): keine Gleisspannung im BESETZT-Zustand und bei Ausfällen

B Blockschiene, isolierte Schiene, E Erdschiene, Is Isolierstoß, Trennstoß, R_A Achswiderstand, U_G Gleisspannung, U_A Ansprechspannung, x Ort der Achse

Achse bei vernachlässigbarem Achswiderstand ($R_A = 0$) den Generator kurz, somit liegt keine Spannung mehr am Gleisrelais und es fällt ab (energieloser Zustand). Bei Vernachlässigen der zwischen Anziehen und Abfallen des Relais auftretenden Hysterese zeigt das Gleisrelais an, ob die durch die Beeinflussungskurve $U_G = f(x)$ gegebene, am Ende des zu überwachenden Gleisabschnittes auftretende Gleisspannung größer oder kleiner als die als Schwellwertspannung wirkende Ansprechspannung U_A ist. Durch Anwenden des Ruhestromprinzips wird erreicht, daß sich alle Ausfälle im Gleisstromkreis unmittelbar aus der Nutzfunktion heraus sofort zur sicheren Seite hin auswirken, da beispielsweise am Gleisrelais sowohl bei Ausfall des Generators als auch bei Schienenbruch sowie bei Kurzschluß der Schienen durch eine Achse keine Gleisspannung U_G mehr auftritt, also der BESETZT-Zustand gemeldet wird. Damit kommt es zwar zu einer Betriebsstörung, aber nicht zu einem gefährlichen Zustand. Aus der BESETZT-Meldung ist jedoch nicht zu erkennen, ob der Gleisabschnitt tatsächlich besetzt ist oder ob eine Betriebsstörung vorliegt.

Selbsterregter Sender. Auch bei anderen Ausführungsformen des Gleisstromkreises wird die Fail-safe-Technik nach dem Ruhestromprinzip eingesetzt, um bei Ausfällen im System unmittelbar aus der Nutzfunktion heraus verzögerungsfrei in den sicheren Zustand überzugehen. So kann beispielsweise zur Überwachung kurzer Gleisabschnitte ein isolierstoßloser Gleisstromkreis Teil eines selbsterregten Senders sein, bei dem entweder das Gleis selbst als Rückkopplungsleitung wirkt und bei einem 30 m langen Gleisabschnitt mit der Frequenz 16 kHz schwingt (Bild 2.20) oder bei dem der zu überwachende isolierstoßlose

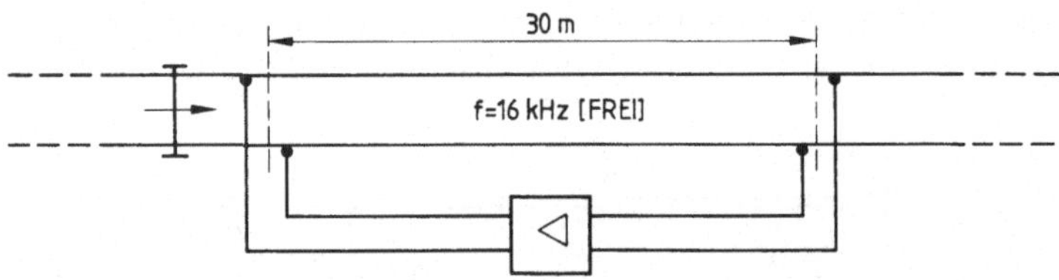

Bild **2.20** Ruhestromprinzip beim Gleisstromkreis als selbsterregter Sender mit Gleis als Rückkopplungsleitung: Keine Schwingungen im BESETZT-Zustand und bei Ausfällen

Gleisabschnitt zum Aufbau einer Rückkopplungsschaltung in zwei kapazitiv gekoppelte Spulen aufgeteilt wird (Bild **2**.21). Diese vorwiegend zur Überwachung kurzer Abschnitte von etwa 9 m Länge vor Weichen eingesetzte, mit Frequenzen um 25 kHz schwingende Ausführungsform wird auch als Weichensperrkreis bezeichnet. Bei beiden Anordnungen wird die zur Selbsterregung erforderliche Rückkopplungsbedingung im FREI-Zustand erfüllt, so daß das Gleisrelais erregt wird (energiereicher Zustand). Beim Einlaufen einer Achse reißen die Schwingungen ab, die Spannung am Gleisrelais wird Null, das Relais fällt ab und meldet damit den BESETZT-Zustand. Da jeder Ausfall im System

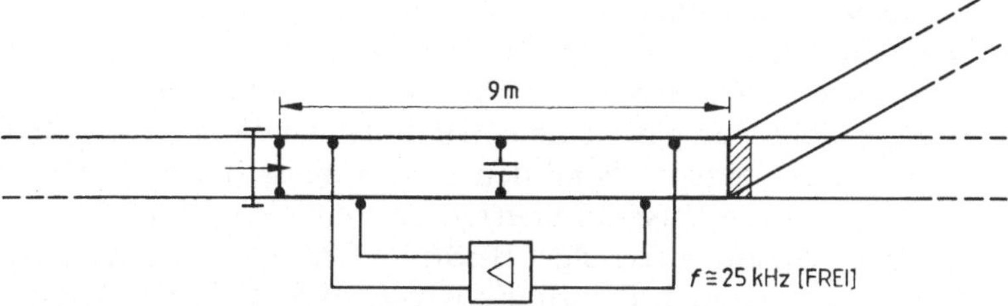

Bild **2**.21 Ruhestromprinzip beim Gleisstromkreis als selbsterregter Sender mit Rückkopplungsschaltung durch Gleisaufteilung in zwei kapazitiv gekoppelte Spulen: Keine Schwingungen im BESETZT-Zustand und bei Ausfällen

die Schwingungsanfachung unmöglich macht, liegt die BESETZT-Meldung als sicherer Zustand auch bei Betriebsstörungen vor. Das Ruhestromprinzip ist auch Kennzeichen eines impulsgetasteten Gleisstromkreises mit Rückkopplung zwischen Eingangs- und Ausgangsseite (Bild **2**.22), bei dem ein an einem Ende ausgesandter Impuls (*1*) am anderen Ende empfangen, verzögert und verstärkt als Impuls (*2*) reflektiert wird und am ursprünglichen Ausgangspunkt erneut aktiv reflektiert wird, so daß im FREI-Zustand bei gegenseitiger Überprüfung der ausgesandten und empfangenen Impulse durch Selbsterregung des Gleisstromkreissystems bei Vernachlässigung der Impuls-Laufzeit im Gleisabschnitt die durch die Verzögerungsglieder T bestimmte Pulswiederholfrequenz $1/(T_1 + T_2)$ auftritt. Sowohl im BESETZT-Zustand bei Einlaufen einer Achse als auch bei Ausfällen im System setzen die Schwingungen aus.

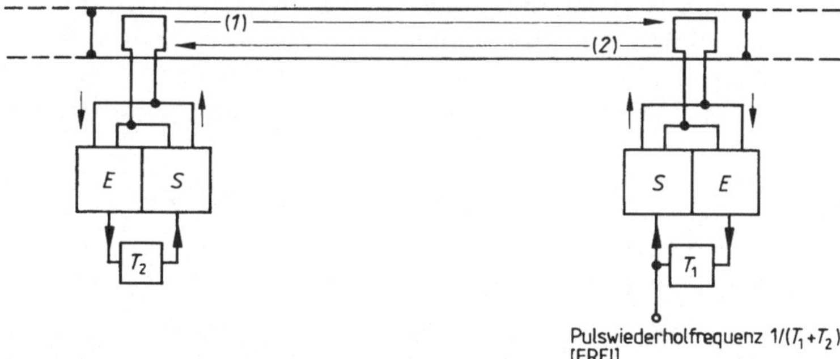

Bild **2**.22 Ruhestromprinzip beim impulsgetasteten Gleisstromkreis mit Rückkopplung zwischen Eingangs- und Ausgangsseite: Keine Schwingungen im BESETZT-Zustand und bei Ausfällen

S Impuls-Senderverstärker und Begrenzer, E Impuls-Empfänger, T Verzögerungsglied

Bei den bisher beschriebenen Anordnungen kann bei der Auswertung der Anzeige nicht zwischen dem Betriebszustand BESETZT und einem Ausfall im System unterschieden werden. Es kann daher aus der BESETZT-Meldung nicht

erkannt werden, ob tatsächlich eine Achse in den Abschnitt eingelaufen ist, d. h.,
ob eine Zugfahrt stattgefunden hat, so daß dann beispielsweise im Bahnhofsbe-
reich Fahrstraßen aufgelöst werden können, oder ob ein Systemausfall vorlag,
aus dem dann aber auf gar keinen Fall Folgehandlungen abgeleitet werden
dürfen, sondern der entsprechend den Forderungen der Fail-safe-Technik das
System in den sicheren Zustand überführen muß. Erfordert das Sicherungssy-
stem eine Unterscheidung zwischen BESETZT-Meldung einerseits und Ausfall
andererseits, dann ist auch der Betriebszustand BESETZT durch eine aktive
Anzeige kenntlich zu machen, wie dies in den bisher beschriebenen Anordnungen nur für den FREI-Zustand der Fall ist. Das Ruhestromprinzip gilt unverändert, da beim Gleisstromkreis die am Abschnittsende auftretende Gleisspannung
nicht nur ein Kriterium für den FREI-Zustand des Gleisabschnitts ist, sondern
gleichzeitig Kontrollkriterium ist für die ordnungsgemäße Arbeitsweise des
Gleisstromkreises; das Fehlen der Gleisspannung führt innerhalb des Gleisfreimeldesystems zur Ausfalloffenbarung und damit zur AUSFALL-Meldung, nicht
aber zur BESETZT-Meldung. Um den BESETZT-Zustand aktiv anzuzeigen, ist
es erforderlich, eine von der Spannung im FREI-Zustand abweichende Spannung direkt aus dem System heraus oder durch eine Nachverarbeitungsschaltung
(s. Röhrengleisrelais Abschn. 2.3.1.1.2) zu erzeugen.

Induktiver Gleisstromkreis. Ein Ausführungsbeispiel für die aktive Erzeugung
direkt aus dem System heraus ist der in Bild **2**.23 a dargestellte, auf die
Eisenmassen des Chassis ansprechende induktive Gleisstromkreis für extrem
kurze (fast punktförmige) Gleisabschnitte, bei dem das Ansprechkriterium aus
der Kopplungsfaktoränderung zweier nebeneinander angeordneter, als Sende-
und Empfangsspule wirkenden Spulen S und E abgeleitet wird. Die am Ausgang
der Empfangsspule E ohne Beeinflussung durch ein Chassis auftretende Spannung U_{E1} ändert sich, wie im Zeigerdiagramm Bild **2**.23 b angegeben, beim
Überrollen durch ein Chassis nach Betrag und Phase und geht somit als Kriterium

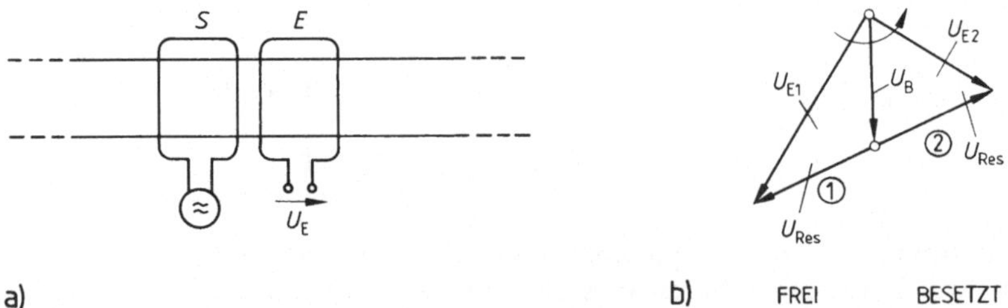

Bild **2**.23   Induktiver Gleisstromkreis für extrem kurze (fast punktförmige) Gleisab-
             schnitte (a) und Zeigerdiagramm der Änderung der Ausgangsspannung U_E
             bei Überrollen durch ein Fahrzeug (b)
             S Sendespule, E Empfangsspule, U_{E1} Ausgangsspannung im FREI-Zustand,
             U_{E2} Ausgangsspannung im BESETZT-Zustand, U_B Bezugsspannung, U_{Res}
             resultierende Spannung

für die BESETZT-Meldung in den Zeiger U_{E2} über. Wird die Empfangsspule E konstruktiv so ausgeführt, daß weder mit einem Windungsschluß noch mit einem Drahtbruch zu rechnen ist, dann ist nach dem Ruhestromprinzip das die FREI-Meldung kennzeichnende Vorhandensein der Empfangsspannung U_{E1} gleichzeitig ein Kriterium dafür, daß kein Systemausfall vorliegt. Beim Auftreten eines Ausfalles wird $U_{E1} = 0$ und, mittels einer im Bild nicht angegebenen Nachverarbeitungsschaltung wird hierdurch, also unmittelbar aus der Nutzfunktion heraus, die Anordnung in den sicheren Systemzustand überführt. Gegenüber den früher beschriebenen Systemen ist somit das Nullwerden der im Ruhezustand (FREI-Zustand) auftretenden Ausgangsspannung ausschließlich das Kriterium für den Ausfall, nicht mehr aber gleichzeitig für den BESETZT-Zustand, der jetzt aktiv durch eine gegenüber der Ausgangsspannung U_{E1} im FREI-Zustand nach Betrag und Phase geänderte Ausgangsspannung U_{E2} angegeben wird. Eine besonders einfache Unterscheidung zwischen den Ausgangsspannungen U_{E1} und U_{E2} ergibt sich durch Addition einer in der Phase zwischen U_{E1} und U_{E2} liegenden Bezugsspannung U_B, so daß die resultierende Spannung U_{Res} gebildet wird, die entweder im FREI-Zustand die Phasenlage 1 oder im BESETZT-Zustand die Phasenlage 2 hat. Die in Bild **2**.23b eingezeichnete Bezugsspannung U_B wurde für die vorgegebene Anordnung nach Betrag und Phase so justiert, daß die resultierende Spannung U_{Res} zwischen FREI- und BESETZT-Zustand als Anzeigekriterium um 180° in der Phase springt.

Fahrsperre

Ein weiteres Beispiel für die Anwendung des Ruhestromprinzips ist die vorwiegend bei Stadtschnellbahnen zur Überwachung des Triebfahrzeugführers eingesetzte Fahrsperre, die von einem im Gleis liegenden Permanentmagneten aus punktförmig als aktive Einwirkstelle die Zwangsbremse eines darüberfahrenden Fahrzeugs auslöst, falls nicht im Gefahrenfall der Triebfahrzeugführer die Betriebsbremsung einleitet. Die Auslösung auf dem Fahrzeug kommt dadurch zustande, daß auf dem Fahrzeug durch den magnetischen Fluß des Permanentmagneten im Gleis ein magnetisches Relais anspricht und das Bremsventil, also die Hauptluftleitung, öffnet. Bei dieser Anordnung wirkt somit der im Gleis liegende Permanentmagnet als Generator des Systems. Da der (nur durch starke Stöße auf den Magneten zerstörbare) Magnetismus eine unverlierbare naturgegebene Eigenschaft des Permanentmagneten ist, ist bei der Sicherheitsbetrachtung ein Ausfall des magnetischen Flusses, also der Erregung, nicht zu unterstellen. Es läßt sich daher mit dem magnetischen Fluß das Ruhestromprinzip verwirklichen, wenn die Anordnung so aufgebaut wird, daß dem Wirken des magnetischen Flusses der sichere Systemzustand zugeordnet wird, d. h. im Fall der Fahrsperre der HALT-Befehl. Der bei dieser Anordnung als gefährlich anzusehende FAHRT-Befehl erfordert ein Eingreifen in das System, bei dem die Auswirkung des Permanentmagneten durch Kompensation des magnetischen Flusses mittels einer auf dem Permanentmagneten befindlichen Löschwicklung verhindert wird. Bild **2**.24 zeigt die prinzipielle Anordnung des Gleismagneten

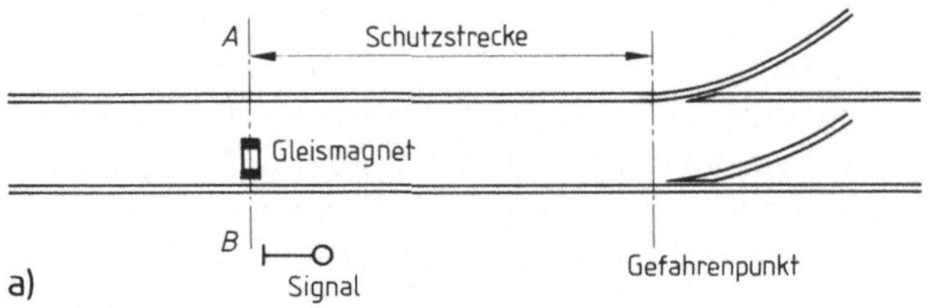

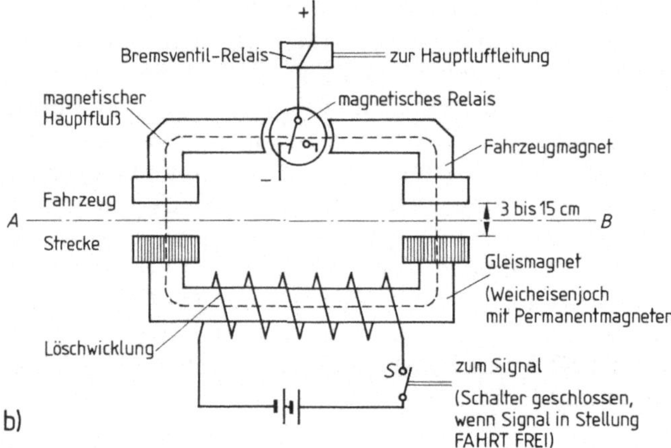

Bild 2.24
Anordnung des Gleismagneten der Fahrsperre zwischen den Schienen (a) und Zusammenwirken zwischen Gleis- und Fahrzeugmagnet (b)

S Schalter zum Einschalten der Löschwicklung

zwischen den Schienen im Schutzstrecken-Abstand vor einem beispielsweise durch die Weiche gegebenen Gefahrenpunkt sowie das Zusammenwirken zwischen Gleis- und Fahrzeugmagnet für den HALT-Befehl bei nicht erregter Löschwicklung (Schalter S geöffnet). Durch Schließen des Schalters S wird die Fahrsperre unwirksam geschaltet, es liegt der FAHRT-Befehl vor.

INDUSI

Die Fail-safe-Technik nach dem Ruhestromprinzip wird auch für das Fahrzeuggerät der bei Fernfahrbahnen zur Überwachung des Triebfahrzeugführers üblichen INDUSI (Induktive Zugsicherung; Zugbeeinflussung) eingesetzt, die von einem neben dem Gleis liegenden Schwingkreis aus punktförmig als passive Einwirkstelle die Zwangsbremse in dem darüberfahrenden Zug auslöst, falls nicht im Gefahrenfall der Triebfahrzeugführer die Betriebsbremsung einleitet. Die Auslösung der Zwangsbremse auf dem Fahrzeug kommt dadurch zustande, daß in dem in Resonanz erregten Reihenschwingkreis auf dem Fahrzeug der in ihm fließende Strom durch Kopplung mit dem neben dem Gleis liegenden, auf die gleiche Resonanzfrequenz abgestimmten Schwingkreis infolge Energieentzug abnimmt und dadurch ein im unbeeinflußten Zustand angezogenes Relais abfällt, das durch Öffnen des Bremsventils den HALT-Zustand erzwingt. Jeder

Ausfall innerhalb des Reihenschwingkreises des Triebfahrzeugs führt ebenfalls zum Abfall des Bremsrelais, so daß dem Ruhestromprinzip entsprechend unmittelbar aus der Nutzfunktion heraus der Haltzustand eingenommen wird. Zum Übertragen des im System gefährlichen FAHRT-Befehls wird das Ansprechen der Zwangsbremse verhindert durch Kurzschließen des neben dem Gleis liegenden Schwingkreises mittels des Schalters S, so daß nicht mehr dem Primärkreis Energie entzogen werden kann, also keine Rückwirkung mehr vorhanden ist. Bei der Standard-Ausführung der INDUSI befinden sich auf dem Triebfahrzeug 3 auf unterschiedliche Resonanzfrequenzen (2000 Hz, 1000 Hz, 500 Hz) abgestimmte Primärkreise, so daß je nach Abstimmung der Schwingkreise neben dem Gleis auch 3 verschiedene Einwirkpunkte zu unterscheiden sind. Bild **2**.25 zeigt die prinzipielle Anordnung des wegen des Eisenkerns in der Spule auch als Gleismagnet bezeichneten Schwingkreises an der Außenseite des Gleises im Schutzstrecken-Abstand vor einem beispielsweise durch die Weiche gegebenen Gefahrenpunkt sowie die Verkopplung mit dem Primärkreis auf dem Fahrzeug, dessen Strom i_F bei geöffnetem Schalter S durch den im Sekundärkreis erregten Strom i_G abnimmt und dadurch die Zwangsbremse auslöst. Durch Schließen des Schalters S kann der Sekundärkreis nicht mehr in Resonanz gehen, so daß der Strom i_F im Primärkreis konstant bleibt, also der FAHRT-Befehl vorliegt.

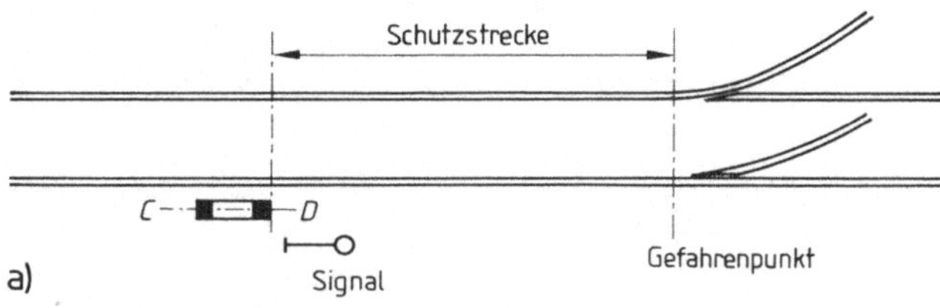

Bild 2.25
INDUSI-Anordnung mit Schwingkreis (Gleismagnet) neben dem Gleis (a) und Schnitt $C-D$ **für das Zusammenwirken von Primärkreis auf dem Fahrzeug (Fahrzeugmagnet) und Sekundärkreis neben dem Gleis (b)**

i_F Strom im Primärkreis auf dem Fahrzeug, i_G Strom im Sekundärkreis an der Strecke, S Schalter zum Kurzschließen des Sekundärkreises

Prinzipschaltung für eine Frequenz:

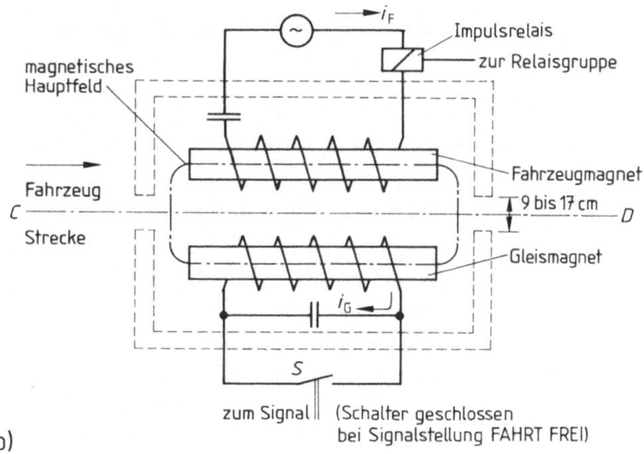

Die auf dem Triebfahrzeug vorhandenen, nach dem Ruhestromprinzip mit unterschiedlichen Frequenzen arbeitenden Primärkreise der INDUSI können zusätzlich aperiodisch als Generator in einem System zur Geschwindigkeitsüberwachung wirken, indem sie praktisch ohne Rückwirkung eine Spannung in eine neben dem Gleis angeordnete Spule induzieren und damit den Ablauf einer Zeitschaltung anstoßen. Die sichere Auswertung dieses zur Geschwindigkeitsüberwachung ausgewerteten Zeitablaufs wird wiederum durch Einsatz der Fail-safe-Technik nach dem Ruhestromprinzip erreicht. Wie Bild **2**.26 zeigt, wird am Ende einer 10 m langen Meßstrecke der in der Ruhestellung wirksame, also die Zwangsbremse auslösende INDUSI-Gleismagnet *GM* durch Schließen des Schalters *S* über ein von einem aperiodischen Gleisempfänger *GE* 1 angestoßenes Zeitglied *Z* nur dann unwirksam gestaltet, wenn der Zug zum Durchfahren der Meßstrecke eine durch die größte zulässige Geschwindigkeit v_{zul} bestimmte Mindestfahrzeit t_{zul} überschreitet, die Geschwindigkeit v also unterhalb der zulässigen Höchstgeschwindigkeit v_{zul} liegt. Nach dem Ruhestromprinzip liegt bei geöffnetem Schalter *S* der ungefährliche HALT-Zustand so lange vor, bis durch aktiven Eingriff in die Anordnung, d. h. durch Schließen des Schalters *S* der im System gefährlichere FAHRT-Befehl erzeugt wird. Hat das Fahrzeug mit dem Fahrzeugmagneten den Gleismagneten *GM* wieder verlassen, muß dieser in die Ruhestellung zurückgehen, wird also wieder „scharf" geschaltet. Dieses

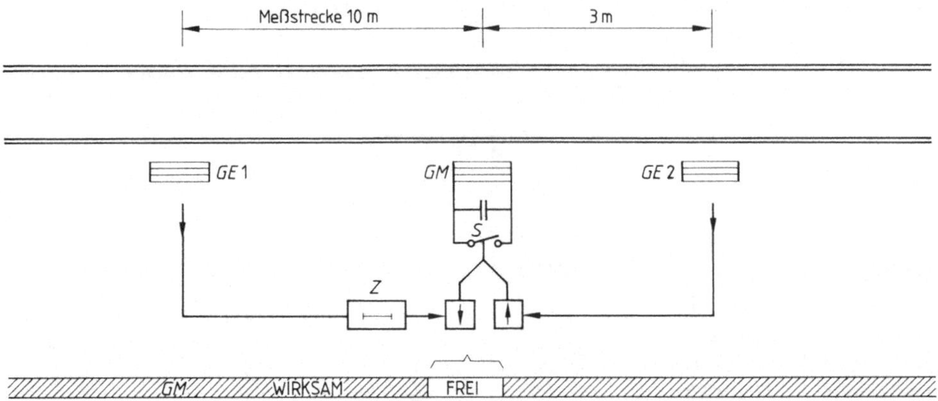

Bild **2**.26 Geschwindigkeitsüberwachung mit INDUSI

     GE 1   Gleisempfänger, aperiodisch, zum Anstoß des Zeitglieds *Z* (Ausgleichsvorgang durch Kondensatorumladung)

     Z   Zeitglied, gibt *GM* frei, wenn für Meßstrecke $t_v \geqq t_{zul}$, d. h. $v \leqq v_{zul}$ (Schließen des *GM*-Schalters *S*)

     GM   Gleismagnet für f 2000 Hz, in Ruhestellung = Grundstellung wirksam durch geöffneten Schalter *S*

     GE 2   Gleisempfänger, aperiodisch, zum Rücksetzen (Öffnen) des *GM*-Schalters *S* in die Ruhestellung (*GM* wirksam) (Ersatz durch weiteres Zeitglied problematisch für $v \rightarrow 0$)

Zurückgehen in die Ruhestellung, also das Öffnen des Schalters S, kann durch ein weiteres Zeitglied gesteuert werden, wird aber in den meisten Fällen über einen zusätzlichen, in 3 m Abstand vom Gleismagneten GM angebrachten, wiederum aperiodisch arbeitenden Gleisempfänger $GE\,2$ gesteuert. Da die zur Steuerung des Schalters S eingesetzten Gleisempfänger $GE\,1$ $GE\,2$ aperiodisch und nicht in Resonanz arbeiten, entziehen sie den abgestimmten Primärkreisen auf dem Fahrzeug so wenig Energie, daß der Primärstrom beim Überfahren von $GE\,1$ und $GE\,2$ praktisch konstant bleibt, also die Zwangsbremse auf dem Fahrzeug nicht ausgelöst wird.

2.3.1.1.2 Sicherheitsschaltungen. Grundgedanke der Sicherheitsschaltung ist es, nicht allein die Funktion der Schaltung zu betrachten, also eine Funktionsschaltung zu entwerfen, sondern sowohl die durch äußere Einflüsse bedingten Systemeigenschaften zu berücksichtigen als auch mit anzunehmenden Ausfällen zu rechnen, die das System dann aber immer aus der Nutzfunktion heraus unmittelbar in den sicheren Zustand überführen müssen.

Berücksichtigung äußerer Einflüsse

Zur Berücksichtigung der durch äußere Einflüsse bedingten Systemeigenschaften soll beispielsweise die Witterungsabhängigkeit von Gleisstromkreisen betrachtet werden, bei denen das Gleis als elektrische Leitung zwischen einer Einspeisestelle und einer Ausspeisestelle betrieben wird. Die Amplitude der am Ende des zu überwachenden Abschnitts im FREI-Zustand auftretenden Gleisspannung ändert sich daher sehr stark bei witterungsbedingten Schwankungen des Bettungswiderstands R_B bzw. seines Kehrwerts, des Bettungsleitwerts G_B zwischen $G_B = 0{,}1$ S/km bei trockenem Gleis und etwa $G_B = 1$ S/km bei nassem Gleis. Bei länger andauernden Frostperioden verringert sich der Bettungsleitwert auf $G_B = 0{,}01$ S/km; bei den Neubaustrecken der Deutschen Bundesbahn ist durch Ausbildung des Schotterbetts sichergestellt, daß der Höchstwert $G_B = 0{,}4$ S/km nicht überschritten wird. Beim Einsatz von Gleisstromkreisen ist daher sicherzustellen, daß im FREI-Zustand auch bei schlechtester Bettung die Amplitude der Gleisspannung noch so groß ist, daß das Gleisrelais sicher anspricht. Dieser Kleinstwert der Gleisspannung im FREI-Zustand ist unbedingt zu beachten, zumal die Gleisspannung im BESETZT-Zustand beim Einlaufen der Achse selten den Idealwert Null annimmt, sondern eine Restspannung übrig bleibt, einerseits bedingt durch den endlichen Wert des Achswiderstands $(R_A \neq 0)$, vor allem bedingt durch Auftreten eines Übergangswiderstands $R_{\text{Ü}}$ zwischen Rad und Schiene, verursacht durch witterungsbedingte Korrosion und Verschmutzung der Schienenoberfläche.

Es muß daher die Amplitude der im BESETZT-Zustand noch auftretenden Gleisspannung so weit unterhalb des ungünstigsten Wertes im FREI-Zustand liegen, daß bei gegebener Schwellenspannung U_S eine sichere Unterscheidung durch das Gleisrelais möglich ist, also ein ausreichend großer Arbeitsbereich zur Unterscheidung des FREI- und BESETZT-Zustandes vorliegt.

Einschienig isolierter Gleisstromkreis. Bild **2**.27 zeigt am Beispiel der Beeinflussungskurve $U_G = f(x)$ eines einschienig isolierten Gleisstromkreises die prinzipiellen Grenzen des Arbeitsbereiches AB; ein sicheres Ansprechen des Gleisrelais Gl ist nur gewährleistet, wenn im FREI-Zustand bei den witterungsbedingten Schwankungen der Bettungsableitung G_B für die kleinste Gleisspannung $U_G > U_S$ gilt und für die größte Gleisspannung im BESETZT-Zustand $U_G < U_S$ gilt. Die Erfüllung dieser Forderung ist nur durch Begrenzung der maximalen Länge des Gleisstromkreises möglich.

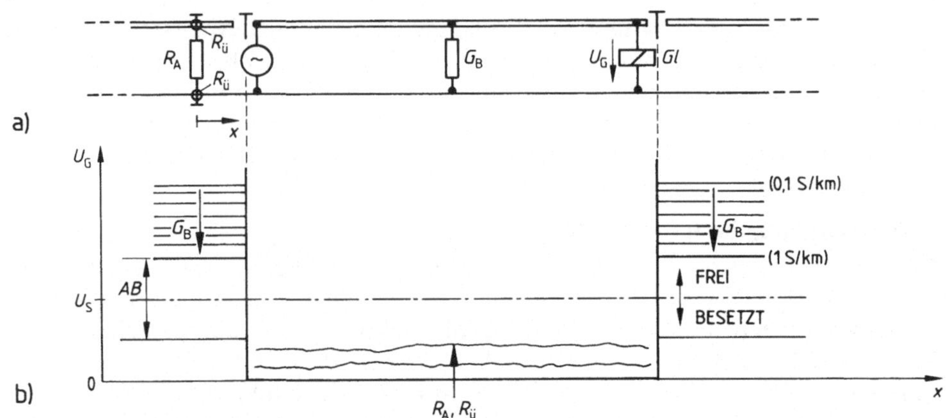

Bild **2**.27   Einschienig isolierter Gleisstromkreis (a) und Beeinflussungskurve $U_G = f(x)$ (b)

    AB Arbeitsbereich, R_A Achswiderstand, $R_ü$ Übergangswiderstand zwischen Rad und Schiene, G_B kilometrische Bettungsableitung (Bettungsbelag), U_G Gleisspannung am Gleisrelais, x Ort der Achse, Gl Gleisrelais, U_S Schwellenspannung

Mit speziellen, nicht mehr vom Arbeitsbereich AB abhängigen Auswerteschaltungen, bei denen das Meßsignal gebildet wird durch periodisches Zu- und Abschalten eines parallel zum Empfänger liegenden Widerstands oder bei denen das Ein- und Ausfahrtkriterium aus der Änderung dU_G/dt bzw. aus einem Frequenzsprung abgeleitet werden [117], kann die maximale Länge des Gleisstromkreises wesentlich vergrößert werden.

Doppelgleisstromkreis. Zur Berücksichtigung der Witterungsabhängigkeit der Amplitude der Gleisspannung kann der Gleisstromkreis als Doppelgleisstromkreis schaltungsmäßig so aufgebaut werden, daß durch Kompensation des Einflusses des Bettungswiderstandes der Arbeitsbereich vergrößert und damit die Ansprechsicherheit des Gleisrelais vergrößert wird. Wie Bild **2**.28 zeigt, werden dazu die beiden Kreise A und B so eingespeist, daß einerseits der

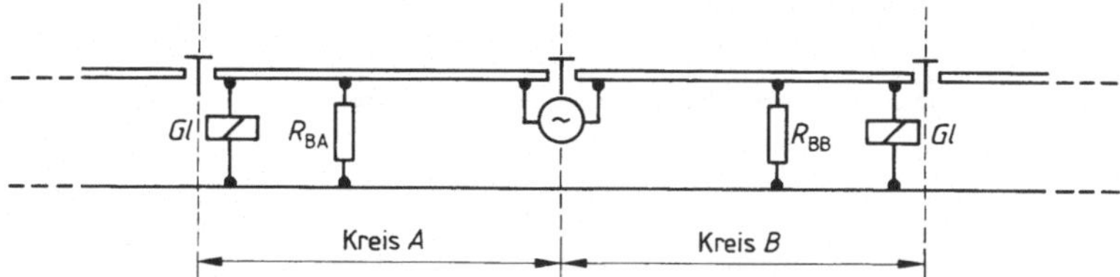

Bild **2**.28 Einschienig isolierter Doppelgleisstromkreis zur Kompensation des Einflusses des Bettungswiderstands $R_\mathrm{G} = 1/G_\mathrm{B}$

R_BA Bettungswiderstand im Kreis A, R_BB Bettungswiderstand im Kreis B, *Gl* Gleisrelais

Bettungswiderstand R_BA als Vorwiderstand vor Kreis B liegt, andererseits der Bettungswiderstand R_BB als Vorwiderstand vor Kreis A liegt. Durch diese Kompensationsschaltung wird erreicht, daß die Spannung am Gleisrelais auch bei großen Schwankungen des Bettungswiderstands annähernd konstant bleibt, da beispielsweise im Kreis B bei durch länger andauernde Trockenheit zunehmendem Bettungswiderstand R_BB zwar die Dämpfung des Kreises B kleiner wird, jedoch gleichzeitig auch die über den ebenfalls zunehmenden, als Vorwiderstand für den Kreis B wirkenden Bettungswiderstand R_BA des Kreises A die für den Kreis B maßgebende Einspeisespannung verringert wird. Umgekehrt wird bei durch Feuchtigkeit abnehmenden Bettungswiderstand die Dämpfung des zu überwachenden Gleisabschnitts vergrößert, gleichzeitig aber auch die Einspeisespannung dieses Gleisabschnitts vergrößert, da bei der vorliegenden Schaltung der hierfür maßgebende Vorwiderstand abnimmt. Die für die beiden Kreise A und B im FREI-Zustand auftretende Gleisspannung ist annähernd konstant, also witterungsunabhängig.

Isolierstoßloser Gleisstromkreis. Die Witterungsabhängigkeit der im FREI-Zustand auftretenden Gleisspannung muß auch bei meist im Frequenzbereich um 10 kHz arbeitenden isolierstoßlosen Gleisstromkreisen so klein wie möglich gehalten werden. Im Gegensatz zu den Gleisstromkreisen mit Isolierstößen ist beim isolierstoßlosen Gleisstromkreis nicht eine spezielle Schaltung vorzusehen, sondern es ist zur Erfüllung der Sicherheitsforderung die Betriebsart des Gleisstromkreises durch Übergang vom Betrieb in Leerlaufnähe in den Betrieb in Kurzschlußnähe zu ändern. Diese Forderung ist erfüllt, wenn beim Gleisstromkreis sowohl der Speisewiderstand Z_I als auch der Abschlußwiderstand Z_E klein sind gegenüber dem Wellenwiderstand Z_L des als elektrische Leitung wirkenden Gleises [118], [119]. Wie aus den Beeinflussungskurven $U_\mathrm{G} = \mathrm{f}(x)$ in Bild **2**.29 zu erkennen ist, hat die witterungsbedingte Änderung bei Betrieb in Kurzschlußnähe nur noch einen vernachlässigbar kleinen Einfluß auf die Amplitude der im FREI-Zustand auftretenden Gleisspannung U_G. Außerdem vergrößert sich bei Betrieb in Kurzschlußnähe, mitbedingt durch das Arbeiten mit höheren Frequenzen, die Flankensteilheit beträchtlich. Beide Effekte können in

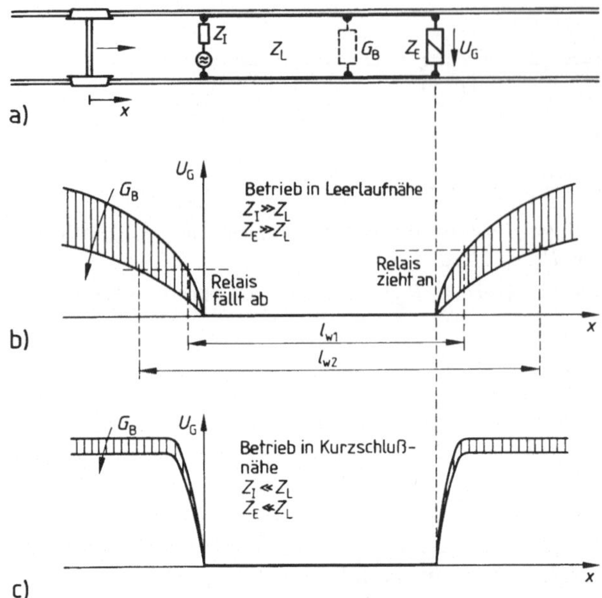

Bild **2**.29
Isolierstoßloser Gleisstromkreis. Prinzipieller Aufbau
(a) und Beeinflussungskurve
$U_G = f(x)$ bei Betrieb in Leerlaufnähe (b) und in Kurz-
schlußnähe (c)

l_w Wirklänge, Z_E Abschlußwiderstand, Z_I Speisewiderstand, Z_L Wellenwiderstand
des Gleises, U_G Gleisspannung, G_B Bettungsleitwert,
x Ort der Achse

erster Näherung dadurch erklärt werden, daß der Betrieb in Kurzschlußnähe
elektrisch einer Vorbelastung des Gleisstromkreises entspricht, so daß sich
parallel wirkende Änderungen des Bettungsleitwertes nicht mehr auswirken
können. Die Theorie des isolierstoßlosen Gleisstromkreises ist in [120] zu finden;
eine vorteilhafte Ausführung mit induktiver Auskopplung wird in [121] angegeben.

Unmittelbare Überführung in den sicheren Zustand

Während die in den Bildern **2**.28 und **2**.29 dargestellten Änderungen zeigen, wie
durch entsprechende Schaltungen äußere Einflüsse weitgehend unwirksam
gemacht werden können, sollen nun Sicherheitsschaltungen der Fail-safe-Technik betrachtet werden, die bei einem anzunehmenden Ausfall das System
unmittelbar in den sicheren Zustand überführen. Ausfälle können sowohl an
Konstruktionselementen des Systems als auch an Bauelementen der für die
Auswertung erforderlichen Schaltung auftreten. Aufgabe des Entwicklers von
Sicherheitsschaltungen ist es, stets an mögliche Ausfälle zu denken, sie vollständig zu erfassen, ihre Auswirkungen zu untersuchen und bei denkbarem Entstehen von Gefahren im System durch Konstruktion des Sicherungssystems selbst
und durch Aufbau der zugehörigen Auswerteschaltung für einen signaltechnisch
sicheren direkten Gefahrenausschluß zu sorgen.

Ausfälle an Konstruktionselementen. Als Beispiel für anzunehmende Ausfälle
an Konstruktionselementen des Systems selbst soll zunächst das durch viele
Zugfahrten ausgelöste Überwalzen von Isolierstößen bei Gleisstromkreisen
betrachtet werden, durch das bei Gleisstromkreisen mit Isolierstößen zwei

nebeneinander angeordnete, getrennt zur Überwachung auf FREI- und BESETZT-Zustand eingesetzte Gleisabschnitte leitend miteinander verbunden werden. Der gefährliche Zustand tritt dann dadurch auf, daß am Gleisrelais des ersten Abschnitts auch im BESETZT-Zustand, ausgelöst durch die hier jetzt wirksam werdende Einspeisung des benachbarten zweiten Abschnitts, eine Gleisspannung anliegt, so daß für den ersten Gleisabschnitt, falls eine Achse nicht bereits über dem Empfänger selbst steht, der FREI-Zustand gemeldet wird, obwohl dieser besetzt ist. Zur Erfüllung der Forderung nach signaltechnisch sicherem direkten Gefahrenausschluß muß daher die einwandfreie Arbeitsweise der Isolierstöße eines Gleisstromkreises laufend überwacht werden, und bei einem Ausfall ist als sicherer Zustand verzögerungsfrei der BESETZT-Zustand anzuzeigen. Der hierzu erforderliche Aufwand ist, wie die beiden folgenden Beispiele zeigen, stark abhängig von dem jeweiligen Aufbau des Gleisstromkreises.

Isolierstoßüberwachung mit phasenverschobenem Code. Durch Isolierstoßüberwachung mit phasenverschobenem Code ist beim einschienig isolierten Gleisstromkreis mit durchgehender Erdschiene sowohl eine Ausfalloffenbarung als auch eine Ausfallauswirkung zur sicheren Seite hin zu erreichen. Es wird hierbei, wie Bild **2**.30 zeigt, nicht mehr allein die von der Speisespannung U_S am Ende des Gleisstromkreises hervorgerufene Gleisspannung U_G am Gleisrelais gemessen, sondern der Gleisstromkreis GK, enthält zusätzlich eine Überwachungsschaltung $\ddot{U}S$, bei der durch Tastung, also Codierung, zeitlich nacheinander die ⅔ der Tastperiode T anliegende Gleisspannung U_G mit einer ⅓ der Tastperiode T anliegenden Bezugsspannung U_B verglichen wird. Das Gleisrelais Gl zeigt nur dann den FREI-Zustand an, wenn an der vorgeschalteten Überwachungsschaltung $\ddot{U}S$ entweder die Gleisspannung U_G oder die Bezugsspannung U_B liegt. Ist durch eine in den Gleisstromkreis eingelaufene Achse die Gleisspannung U_G praktisch Null, tritt also in einer Tastperiode an der Überwachungsschaltung $\ddot{U}S$ nur die Bezugsspannung U_B auf, meldet das Gleisrelais den BESETZT-Zustand. Die Isolierstoßüberwachung kommt nun dadurch zustande, daß benachbarte Gleisabschnitte GK_a, GK_b, GK_c durch Anschluß an getrennte Speise- und Auswertesysteme a, b, c in der Tastung mit jeweils der Einspeisespannung U_{Sa}, U_{Sb}, U_{Bc} für ⅔ der Tastperiode und der Bezugsspannung U_{Ba}, U_{Bb}, U_{Bc} in ⅓ der Tastperiode gegeneinander in der Phase um je 120°, also zeitlich um je ⅓ der Tastperiode verschoben sind. Tritt nun durch Überwalzen des Isolierstoßes ein Ausfall auf, dann liegen an der Überwachungsschaltung $\ddot{U}S$, von benachbarten Abschnitten geliefert, Gleis- U_G und Bezugsspannung U_B gleichzeitig an, ein Kriterium, das vom Gleisrelais ebenfalls als BESETZT-Zustand ausgegeben wird. Der Ausfall wirkt sich somit zur sicheren Seite hin aus, jedoch ist in der Anzeige nicht zu erkennen, ob eine Zugfahrt stattfand oder ob ein Ausfall auftrat. Mit der Überwachungsschaltung $\ddot{U}S$ werden auch weitere Ausfälle ausgewertet, bei denen auch wieder der BESETZT-Zustand gemeldet wird, beispielsweise beim Ausfall der Bezugsspannung U_B oder nach zusätzlichem Ausfall der Speisespannung U_S.

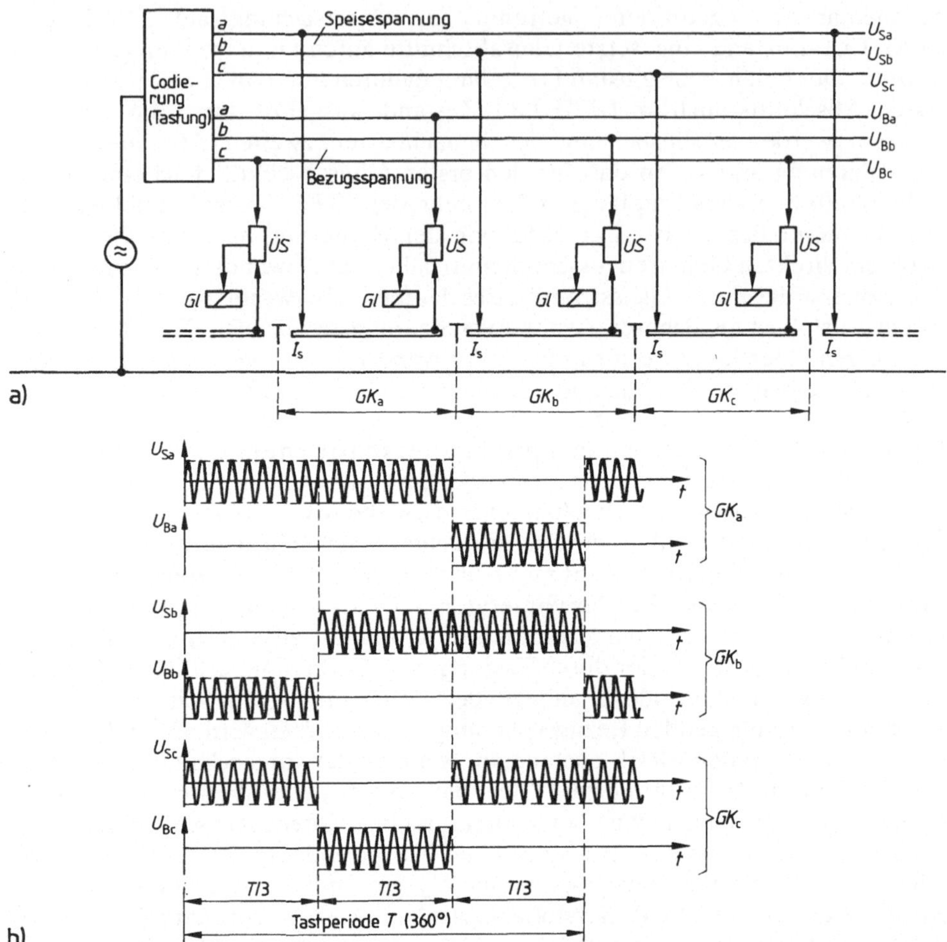

Bild **2**.30 Isolierstoßüberwachung aufeinanderfolgender Gleisstromkreise mit phasenverschobenem Code

   a) Anordnung aufeinanderfolgender Gleisstromkreise GK_a, GK_b GK_c mit
      Anschluß an getrennte Speise- und Auswertesysteme a, b, c
   b) Codierung durch wechselweise Tastung von Speisespannung U_S und
      Bezugsspannung U_B mit zeitlicher Verschiebung von Abschnitt zu
      Abschnitt um $T/3$

   T Tastperiode, $ÜS$ Überwachungsschaltung von Gleisspannung am Ende des
   Gleisstromkreises und Bezugsspannung, Gl Gleisrelais, U_G Gleisspannung,
   I_S Isolierstoß

Die zur Ausfallüberwachung eingesetzte ENTWEDER/ODER-Auswertung ist
somit eine Lösung zum signaltechnisch sicheren direkten Gefahrenausschluß bei
Ausfällen an Konstruktionselementen des Systems selbst, so daß niemals der

Gefahrenzustand auftreten kann. Sie kann jedoch im vorliegenden Beispiel auch ohne Ausfall des Isolierstoßes zu einer BESETZT-Meldung und damit zu einer „sicheren" Betriebsstörung führen, wenn die in der Tastpause vorhandene Lücke im zeitlichen Verlauf der Gleisspannung durch Störspannungen ausgefüllt wird, die insbesondere durch Oberschwingungen im Triebrückstrom hervorgerufen werden können. Da die in der Tastphase auftretenden Störspannungen das gleichzeitige Auftreten von Gleisspannung U_G und Bezugsspannung U_B vortäuschen, wird von der Überwachungsschaltung $\ddot{U}S$ die BESETZT-Meldung ausgelöst. In derartigen Fällen ist eine andersartige Isolierstoßüberwachung vorzusehen.

Isolierstoßüberwachung mit Diagonalverbindern. Betriebsstörungen der geschilderten Art werden weitgehend vermieden durch Isolierstoßüberwachung mit Diagonalverbindern. Hierbei tritt an die Stelle der Überwachungsschaltung eine Änderung im Aufbau des einschienig isolierten Gleisstromkreises. Wie Bild 2.31 zeigt, wird außer der Blockschiene B auch die Erdschiene E entsprechend der jeweiligen Länge l des Gleisstromkreises aufgetrennt, ferner wird von Abschnitt zu Abschnitt die räumliche Lage beider zueinander vertauscht und an den Abschnittsgrenzen werden die Erdschienen durch einen Diagonalverbinder D wieder zu einer elektrisch durchgehenden Rückleitung für den Triebrückstrom zusammengeschaltet. Gegenüber der Isolierstoßüberwa-

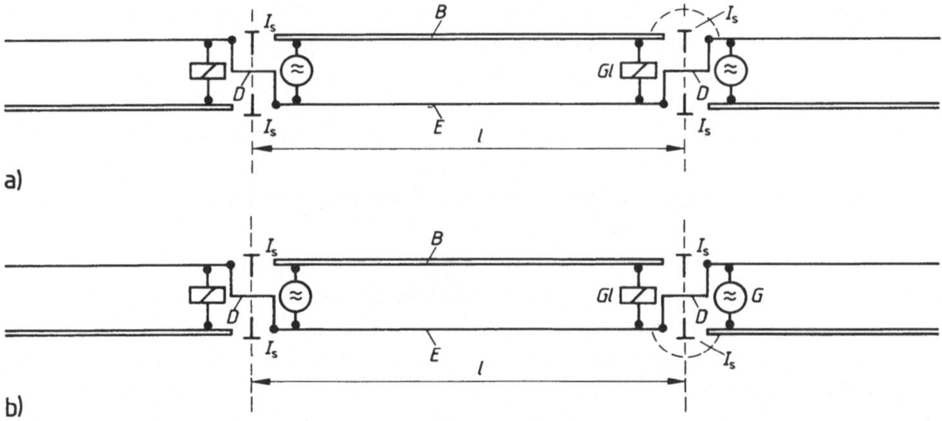

Bild 2.31 Isolierstoßüberwachung aufeinanderfolgender Gleisstromkreise mit Diagonalverbindern

a) Überwalzen des Isolierstoßes führt unmittelbar zum Kurzschluß des Gleisrelais Gl und damit zur BESETZT-Meldung

b) Überwalzen des Isolierstoßes führt unmittelbar zum Kurzschluß des Generators G und damit zum Abfall des Gleisrelais und zur BESETZT-Meldung

B Blockschiene, E Erdschiene, D Diagonalverbinder, G Generator, Gl Gleisrelais, I_s Isolierstoß, Kurzschluß durch Überwalzen eines Isolierstoßes gestrichelt eingezeichnet

chung mit phasenverschobenem Code ist zwar die Anzahl der Isolierstöße zu verdoppeln, jedoch löst, da bei diesem Aufbau an jedem intakten Isolierstoß aufeinander folgender Gleisstromkreisabschnitte eine Spannung liegt, ein Kurzschluß beim Überwalzen eines Isolierstoßes unmittelbar die BESETZT-Meldung aus, denn es wird dabei, wie gestrichelt eingezeichnet, entweder nach Bild **2**.31a das eigene Gleisstromrelais *Gl* oder nach Bild **2**.31b der Generator *G* des Nachbarabschnittes kurzgeschlossen.

Signalrelais. Ausfälle an Konstruktionselementen sind nicht anzunehmen, wenn denkbare Schwachstellen durch konstruktive Maßnahmen beseitigt werden. Als Beispiel hierfür soll der Aufbau des Signalrelais kurz beschrieben werden [106], [122]. Bei in Fail-safe-Schaltungen eingesetzten Relais muß beispielsweise bei Ausfällen und Anwendung des Ruhestromprinzips das Öffnen der Kontakte sichergestellt sein, es ist also zu überwachen, ob das Relais tatsächlich abfällt, wenn es abfallen soll. Das Verschweißen eines Kontaktes muß sich bemerkbar machen, ohne daß es dabei zu einer Betriebsgefährdung kommt. Bevor bestimmte Stromkreise geschlossen werden, müssen andere Stromkreise auf jeden Fall geöffnet sein. Die beim normalen Fernmelderelais mit freier Beweglichkeit der Kontaktfedern nicht mögliche Abfallüberwachung wird beim Signalrelais dadurch erreicht, daß durch starre mechanische Kopplung der vom Anker zwangsgeführten Kontakte Öffner und Schließer nicht gleichzeitig geöffnet bzw. geschlossen sein können. Verschweißt einer der Kontakte, kann der Anker nicht mehr den ganzen Hubweg zurücklegen und wird auf halbem Weg festgehalten, so daß infolge der konstruktiven Maßnahme als Offenbarungszeichen für den Ausfall der Ruhekontakt geöffnet, der Arbeitskontakt aber noch nicht geschlossen ist. Das Signalrelais ist nun so in die Schaltung einzubauen, daß im System bei Eintritt dieses Ausfalls der sichere Zustand eingenommen wird, also beispielsweise ein Haltbefehl gegeben wird. Der zwangsläufige Parallellauf der Kontakte ermöglicht es, mit Hilfe eines Kontaktes die Lage des Ankers und damit die Lage der anderen Kontakte festzustellen.

Eine weitere konstruktive Maßnahme zur Sicherstellung des Öffnens der Kontakte ist die Verdopplung und gleichzeitige Reihenschaltung der Kontakte; ist dann der eine Kontakt verschweißt, öffnet noch der andere Kontakt, so daß die geforderte Unterbrechung eines an die Reihenschaltung der beiden Kontakte angeschlossenen Stromkreises sicher erreicht wird.

Zum Erreichen einer zuverlässigen Kontaktgabe beim Schließen der Kontakte haben diese bei Signalrelais sich kreuzende zylindrische Flächen, die sich aufeinander reiben und dadurch selbst reinigen.

Ist einwandfreies Schließen besonders wichtig, müssen − wie bei Fernmelderelais − die Kontakte verdoppelt und parallelgeschaltet werden, da dann bei Ausfall des einen Kontaktes noch der andere Kontakt schließt.

Stützrelais. In Sicherheitsschaltungen muß auch bei Stromausfall die unmittelbar vorher vorhandene Stellung der Kontakte erhalten bleiben, ist also sicher zu speichern. Um einen Kontaktwechsel bei Stromunterbrechung auszuschließen,

werden zwei Signalrelais zu einem Stützrelais zusammengefaßt. Durch Stütz-
bleche, die mit den Relais am Kern starr verbunden sind, werden beide Signalrelais gegenseitig mechanisch verriegelt, so daß der abgefallene Anker des einen
Relais jeweils den abgefallenen Anker des anderen Relais abstützt.

Fail-safe-Kondensator. Ein weiteres Beispiel für die Berücksichtigung von
Ausfällen durch konstruktive Maßnahmen ist der Fail-safe-Kondensator. Da bei
einem Kondensator sowohl mit einem Kurzschluß im Kondensator selbst als auch
mit einer Unterbrechung der Anschlußleitung zu rechnen ist, sind zwei Ausfälle
als gleichwahrscheinlich anzunehmen. Während im Kurzschlußfall die am Kondensator liegende Spannung zusammenbricht, der Ausfall sich also offenbart,
und dadurch sofort der in einem Steuerungssystem sichere Haltzustand ausgelöst
werden kann, ist der Ausfall durch Unterbrechung der Anschlußleitung in den
meisten Fällen nicht erkennbar. So besteht beispielsweise beim Aufbau von
Resonanzkreisen entsprechend der Funktionsschaltung in Bild **2**.32a bei Unterbrechung der Anschlußleitung durch Ausfall des Resonanzkreises die Gefahr,
daß am Ausgang der Schaltungen eine Spannung U_A beliebiger Frequenz auftritt,
die bei einwandfreier Arbeitsweise des Resonanzkreises unterdrückt wird, da
dann nur die durch die Resonanzfrequenz gegebene Spannung auftritt. Um zu
erreichen, daß auch bei dem Ausfall durch Unterbrechung der Anschlußleitung
wie im Kurzschlußfall keine Ausgangsspannung U_A auftritt, wird zur Resonanz-
abstimmung ein Fail-safe-Kondensator nach Bild **2**.32b eingesetzt, dessen Kon-
struktionsmerkmal es ist, daß jede Kondensatorplatte zwei Anschlüsse hat. Jede
Unterbrechung einer Anschlußleitung führt unmittelbar zum Verschwinden der
am Kondensator liegenden Spannung, so daß sich, wie beim Kurzschluß des
Kondensators, der Ausfall offenbart und in einem Steuerungssystem sofort der
sichere Haltzustand ausgelöst werden kann.

Bild **2**.32

Resonanzkreis mit norma-
lem   Kondensator   als
Funktionsschaltung   (a)
und als Sicherheitsschal-
tung   mit   Fail-safe-Kondensator (b)

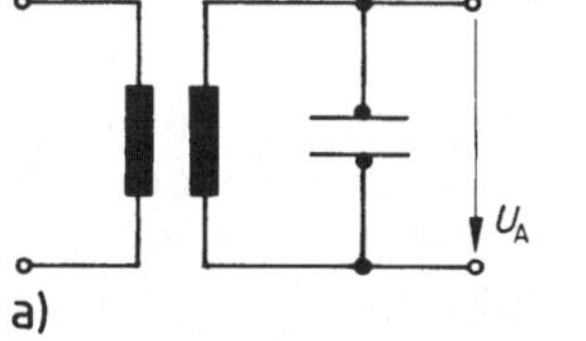

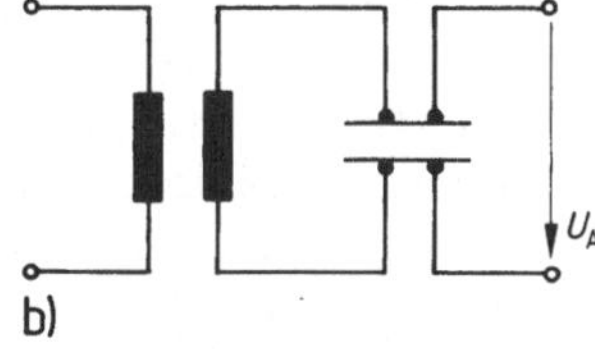

Ausfälle an Bauelementen. Während nur an wenigen Konstruktionselementen
des Systems selbst gefährliche Ausfälle anzunehmen sind, sind dagegen je nach
Schaltungsaufbau bei fast allen Bauelementen der für die Auswertung erforderlichen Schaltung gefährliche Ausfälle zu unterstellen. Die dabei geforderte
Auswirkung zur sicheren Seite hin ist nur durch eine Umwandlung der Funktionsschaltung in eine meist aufwendigere Sicherheitsschaltung zu erreichen. An einer
Reihe von Beispielen soll gezeigt werden, wie die anzunehmenden Ausfälle an
Bauelementen durch Anwendung der Fail-safe-Technik mit unmittelbarer Über-
führung der Schaltung aus der Nutzfunktion heraus beherrscht werden können.

Da der Entwurf dieser Sicherheitsschaltung von dem für das jeweils betrachtete Bauelement anzunehmenden, zu gefährlichen Auswirkungen führenden Ausfall ausgeht, kann in der Wirkung der Sicherheitsschaltung in vielen Fällen nur dieser Ausfall allein berücksichtigt werden. Es ist daher zunächst der am häufigsten zu gefährlichen Auswirkungen führende Ausfall festzustellen; alle anderen denkbaren Ausfälle müssen als so unwahrscheinlich angenommen werden können, daß sie nicht zu berücksichtigen sind.

Fail-safe-Filter. Zum Aufbau eines Filters werden Kondensatoren und Spulen miteinander kombiniert. Während in Sicherheitsschaltungen Ausfälle von Kondensatoren durch den Einsatz von Fail-safe-Kondensatoren zu beherrschen sind, muß mit dem Ausfall von Spulen stets gerechnet werden. Da ein Windungsschluß in der Spule als Ausfall durch konstruktive Maßnahmen praktisch verhindert werden kann, ist nur noch die Windungsunterbrechung in der Spule durch Drahtbruch oder unsaubere Lötstelle als wahrscheinlichster Ausfall anzunehmen. Die Schaltung des Fail-safe-Filters ist dann so aufzubauen, daß bei Windungsunterbrechung am Ausgang der Schaltung keine unerwünschte, also falsche Frequenz auftritt und daß der durch die Windungsunterbrechung hervorgerufene Ausfall durch ein Nullsignal erkennbar ist.

Bild **2**.33 zeigt unter der Annahme eines Drahtbruchs in der Spule L_2 die Gegenüberstellung einer üblichen Funktionsschaltung (Bild **2**.33a) und eines Fail-safe-Filters in T-Schaltung als signaltechnisch sichere Schaltung (Bild **2**.33b). Während, wie der Übergang in der Übertragungskurve von der ausgezogenen zur gestrichelt dargestellten Kurve zeigt, bei der einfachen Funktionsschaltung der Ausfall der Spule L_2 durch Drahtbruch im Querzweig zu einer Verschiebung der Mittenfrequenz der Resonanzkurve von f_1 zu f_2 führt, so daß eine fehlerhafte Ausgangsinformation auftritt, die, ohne daß der gefährliche Ausfall zu erkennen ist, zur Erregung eines falschen Kanals (Δf_2 statt Δf_1) führen kann, geht bei der Sicherheitsschaltung die Ausgangsinformation des Filters durch den Ausfall der Spule L_2 im Querzweig unmittelbar auf Null zurück, d. h. es tritt keine falsche Frequenz f_2 bzw. der falsche Kanal Δf_2 auf, und der Ausfall offenbart sich. Diese Wirkung der gegenüber der Funktionsschaltung aufwendigeren Sicherheitsschaltung kommt dadurch zustande, daß im Querzweig anstelle der Spule L_2 ein streuungs- und verlustfreier Transformator eingebaut ist, dessen Primär- und Sekundärinduktivität je den Wert L_2 haben, so daß im Querzweig die Gegeninduktivität $M = \sqrt{L_2 \cdot L_2} = L_2$ wirksam wird und damit das elektrische Verhalten der Sicherheitsschaltung mit dem der Funktionschaltung übereinstimmt.

Fail-safe-Ausgabeverstärker. Aufgabe vieler mit Halbleitern aufgebauter Steuerungssysteme ist es, am Ausgang der Schaltung ein Relais anzusteuern. Da hierzu eine gewisse Leistung erforderlich ist, muß am Ausgang des Steuerungssystems ein mit einem Transistor arbeitender Ausgabeverstärker vorgesehen werden, der das vom Steuerungssystem gelieferte Wechselstromsignal sicher in das zum Ansprechen des Relais erforderliche Gleichstromsignal umwandelt. Um

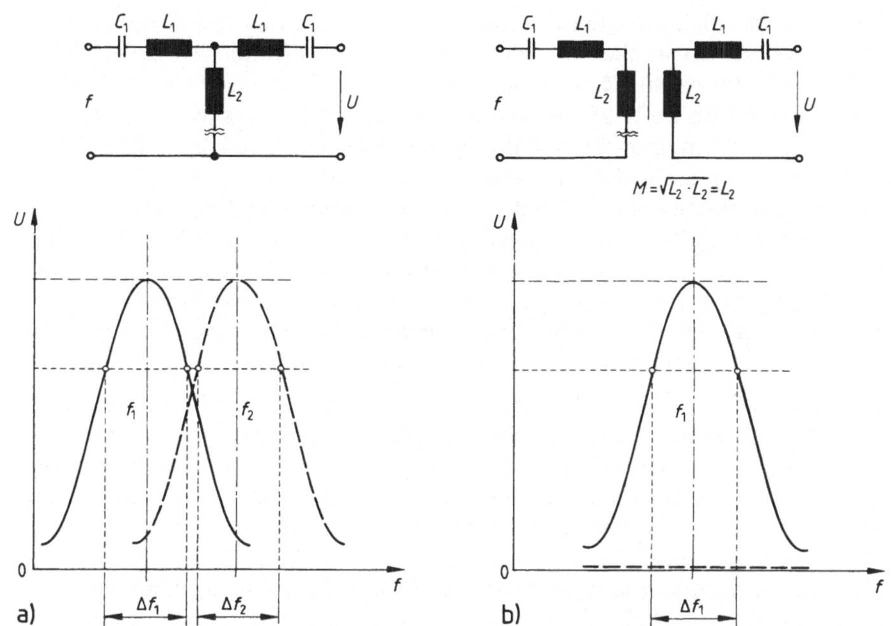

Bild 2.33 Funktionsschaltung (a) und signaltechnisch sichere Schaltung (b) eines Filters in T-Schaltung bei Annahme einer Windungsunterbrechung in der Spule L_2.

C_1, L_1 Kondensator und Spule im Längszweig

L_2 Spule im Querzweig bzw. Primär- und Sekundärspule eines streuungs- und verlustfreien Transformators mit der Gegeninduktivität $M = \sqrt{L_2 \cdot L_2} = L_2$

$U=\mathrm{f}(f)$ Filterkurve, Ausgangsspannung U des Filters bei Änderung der Frequenz f am Filtereingang

——— Resonanzkurve für Filter ohne Ausfall der Querinduktivität L_2

– – – Ausgangsspannung für Filter bei Ausfall der Querinduktivität L_2

f_1, Δf_1 richtige Werte für Filterfrequenz und Kanal f_2, Δf_2 falsche Werte für Filterfrequenz und Kanal

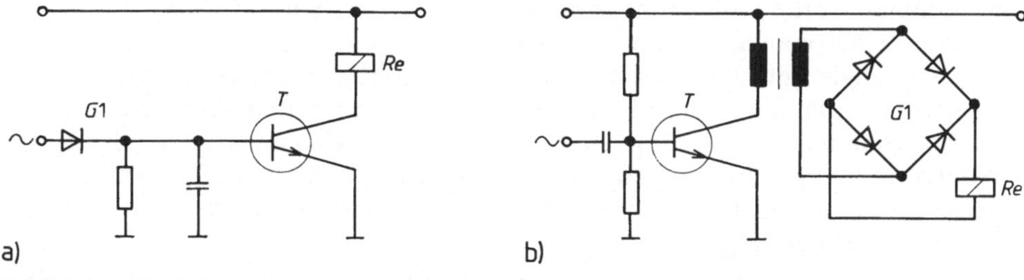

Bild 2.34 Funktionsschaltung a) und Fail-safe-Schaltung b) eines Ausgabeverstärkers mit Transistor, *Gl* Gleichrichtung, *T* Transistor, *Re* Relais

zu verhindern, daß als gefährlicher Ausfall der Durchschlag des Transistors zu einem ungewollten Ansprechen des im Ausgangskreis befindlichen Relais führt, muß an die Stelle der in Bild **2.**34a angegebenen Funktionsschaltung [123] die in Bild **2.**34b dargestellte Fail-safe-Schaltung treten, bei der das Wechselstromsignal nicht mehr am Eingang der Schaltung, also vor dem Transistor T, sondern erst auf der Ausgangsseite des Transistors T in das das Relais Re ansteuernde Gleichstromsignal umgewandelt wird. Durch Verlagern der Gleichrichtung Gl vom Eingang der Schaltung auf den Ausgang der Schaltung wird erreicht, daß beim Fail-safe-Ausgabeverstärker bei Durchschlag des Transistors T kein ungewolltes Ansprechen des Relais Re möglich ist, sondern die Signal-Ausgabe gesperrt wird und sich der gefährliche Ausfall offenbart. Damit erfüllt der Ausgabeverstärker die Bedingungen der Fail-safe-Technik.

Logisafe als einkanaliges Sicherheitssystem [124], [125]. In dem von AEG entwickelten einkanaligen Sicherheitssystem zur logischen Verarbeitung digitaler Signale wird nach dem Fail-safe-Prinzip der EIN-Befehl dem energiereichen 1-Signal, der AUS-Befehl dem energiearmen 0-Signal zugeordnet. Beim Auftreten von Fehlern wird der Aus-Zustand herbeigeführt; es tritt kein falsches 1-Signal auf. Da herkömmliche Logik-Bausteine in der Regel diese Forderungen nicht erfüllen, sondern hier je nach Ausfallart 0-Signal oder 1-Signal möglich ist, arbeitet das zuerst entwickelte, mit diskreten Bauelementen in Dickschichttechnik und Grundmoduln kompakt aufgebaute LOGISAFE-System nach einem dynamischen Schaltungsprinzip mit Wechselstromsignalen, die in jeder Stufe neu erzeugt werden.

Jeder aus für die einzelnen Funktionen immer wiederkehrenden Grundschaltungen aufgebaute Modul enthält einen Oszillator, der nur dann schwingt, wenn am Schwingtransistor die geforderten logischen Bedingungen erfüllt sind: Betriebsspannung liegt an, Arbeitspunkt richtig eingestellt, Rückkopplungsbedingung erfüllt. Die Eingangssignale der LOGISAFE-Schaltung sind durch Übertrager galvanisch getrennt, das Ausgangssignal wird nach galvanischer Trennung einem Leistungsverstärker entnommen.

Bild **2.**35a zeigt das Schaltungsprinzip der LOGISAFE-Bausteine, und am Beispiel eines UND-Moduls gibt Bild **2.**35b eine Schaltung zur Fail-safe-Verknüpfung der Eingangssignale e_1 und e_2. Nach Pegelanpassung und Potentialtrennung werden die Eingangssignale über mit Fail-safe-Kondensatoren aufgebaute Resonanzkreise gefiltert und gleichgerichtet. Beim Anliegen beider Eingangssignale sind somit die Betriebsspannungen des im Modul angeordneten Oszillators vorhanden, der bei richtiger Arbeitspunkteinstellung und Erfüllung der Rückkopplungsbedingung eine Ausgangswechselspannung abgibt. Nach Potentialtrennung und Leistungsverstärkung tritt diese Wechselspannung als Ausgangswechselspannung a auf und gibt damit das 1-Signal als Kriterium für die UND-Verknüpfung.

Der Ausgabe-Baustein des LOGISAFE-Sicherheitssystems kann auch als selbständiger Modul aufgebaut werden. Bild **2.**36 zeigt die Schaltung eines Fail-safe-

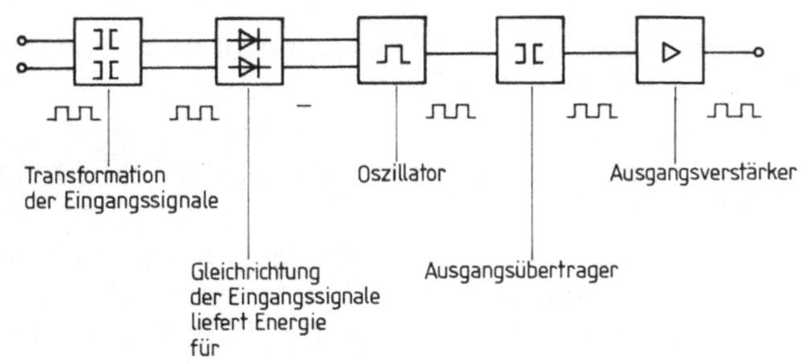

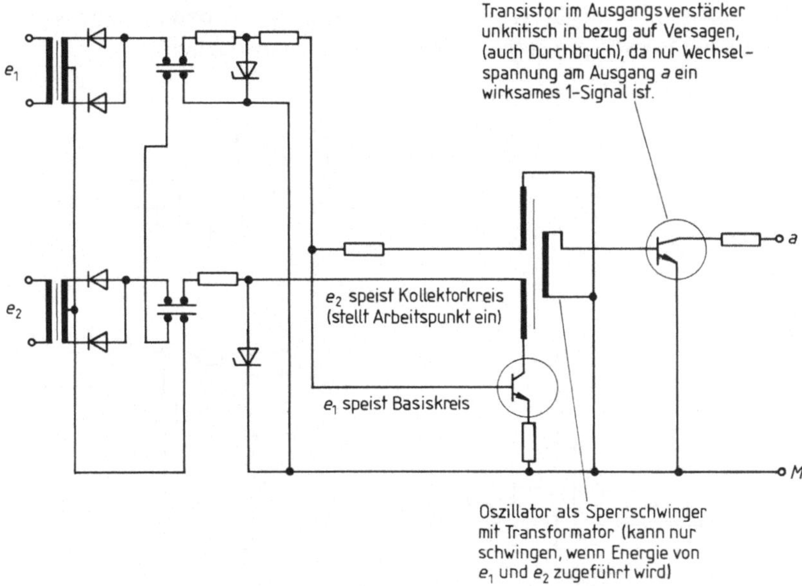

Bild **2**.35   Schaltungsprinzip der LOGISAFE-Bausteine (a) und Schaltungsbeispiel eines
UND-Moduls (b) bei Aufbau in Wechselstromtechnik

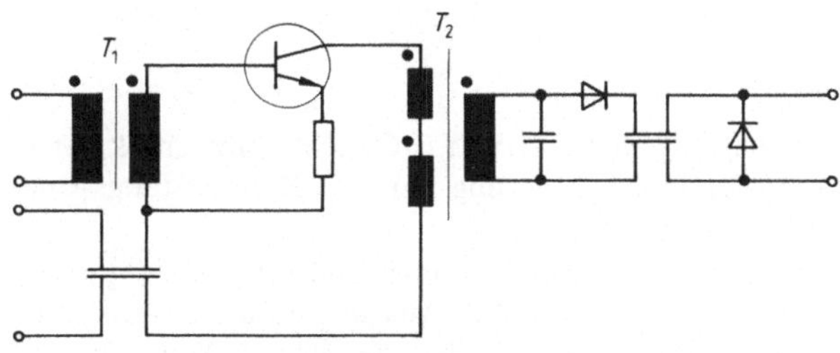

Bild **2**.36   Fail-safe-LOGISAFE-Ausgabe-Modul in Wechselstromtechnik

LOGISAFE-Ausgabe-Moduls mit den Transformatoren T_1 und T_2 zur Potentialtrennung und Fail-safe-Kondensatoren.

Weitere Verarbeitungsbausteine des LOGISAFE-Sicherheitssystems sind UND-Schaltung mit negierendem Eingang, ODER-Modul, NICHT-Modul, NICHT-Glied sowie Speicher und Zeitglieder.

Die bei LOGISAFE zunächst angewandte Wechselstromtechnik wurde inzwischen weitgehend durch die mit einfachen Bauelementen ohne Übertrager zu verwirklichende Gleichstromtechnik ersetzt [126]. Das einkanalige Fail-safe-Prinzip wurde beibehalten, jedoch liegen an den Ein- und Ausgängen der logischen Verknüpfungen ausschließlich Gleichstromsignale. Für die Verknüpfungselemente U steht, wie Bild 2.37a am Beispiel einer UND-Schaltung zeigt, nur die Gleichstromenergie des statischen Eingangs e_1 bzw. e_2 zur Verfügung; eine zusätzliche Versorgungsspannung ist nicht erforderlich.

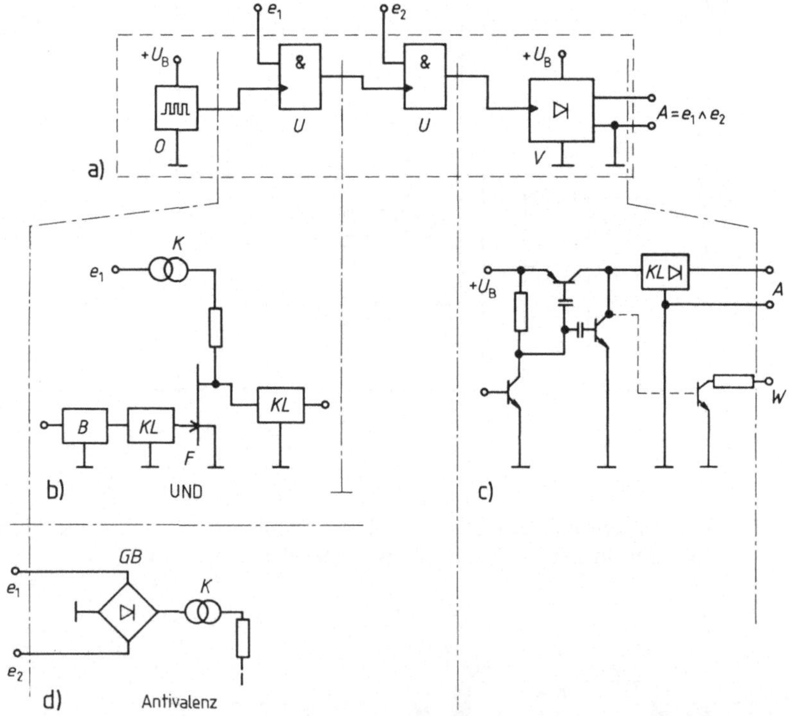

Bild 2.37 Fail-safe-UND-Schaltung in LOGISAFE-Gleichstromtechnik. Struktur der Verknüpfung (a), der UND-Schaltung (b), der Kleinleistungs-Endstufe (c) und Antivalenz-Schaltung (d)

O Oszillator für Hilfstakt, V Kleinleistungs-Endstufe, $e_1 + e_2$ statische Eingänge (Gleichstromsignal), A statischer Ausgang (Gleichstromsignal), U Verknüpfungselement, B Begrenzer, KL Kettenleiter, K Konstantstromquelle, F Sperrschicht-FET, W zusätzlicher Wechselstromausgang, GB Graetz-Brücke

Die interne, von einem Hilfstakt gesteuerte dynamische Arbeitsweise ist ohne Bedeutung für den Anwender, jedoch Voraussetzung für das Fail-safe-Verhalten des Systems. Der auf jeder Steckplatte durch einen eigenen Oszillator O erzeugte Hilfstakt stellt das interne dynamische Eingangssignal dar, das nur dann mit ausreichender Amplitude an den dynamischen Ausgang des Verknüpfungsbauelements U gelangt, wenn das als Betriebsspannung wirkende statische Gleichstrom-1-Signal anliegt. Zur Auskopplung und Weiterverarbeitung wird das dynamische Signal der Verknüpfungsschaltung U in einer fail-safe arbeitenden Kleinleistungs-Endstufe V in ein am Ausgang A auftretendes Gleichstromsignal umgearbeitet.

Mit der LOGISAFE-Gleichstromtechnik werden ebenfalls Schaltungsmodule für die UND-, die Antivalenz- und die ODER-Verknüpfung aufgebaut. Als Ausführungsbeispiel soll die in Bild **2**.37a dargestellte interne Struktur für die Fail-safe-UND-Verknüpfung näher betrachtet werden. Bild **2**.37b zeigt die Struktur der in Bild **2**.37a zweifach enthaltenen UND-Schaltung U, in der ein Sperrschicht-FET F über einen Drainwiderstand vom anliegenden Gleichstromsignal e_1 bzw. e_2 mit der Betriebsspannung versorgt wird, so daß das am Gate liegende, vom Hilfsoszillator O stammende dynamische Signal nach Durchlaufen des Begrenzers B und eines Kettenleiters KL durchgeschaltet werden kann und nach Durchlaufen eines weiteren Kettenleiters KL als dynamisches Ausgangssignal des Verknüpfungselementes U auftritt. Die eingezeichneten Kettenleiter KL bestehen im wesentlichen aus Kondensatoren und Dioden. Die Konstantstromquelle K im statischen Eingang macht den Versorgungsstrom des FET unabhängig von der Amplitude der statischen Eingangs-1-Spannung. In Bild **2**.37c ist die Struktur der aus Treiberstufen, Parallel/Serien-Zerhacker und einem Kettenleiter KL mit Gleichrichtung bestehende Kleinleistungs-Endstufe dargestellt, die als transformatorlose Auskoppelschaltung mit einem fanout=10 arbeitet. Der zusätzliche Wechselstromausgang W bildet die Schnittstelle zur älteren LOGISAFE-Wechselstromtechnik.

Die Antivalenzschaltung besteht aus den gleichen Elementen wie das UND, jedoch ist, wie Bild **2**.37d zeigt, dem statischen Eingang der UND-Schaltung die Graetz-Brücke GB mit den beiden Anschlüssen e_1 und e_2 vorgeschaltet.

Aktive Anzeige des sicheren Zustands. Alle bisher betrachteten Sicherheitsschaltungen gehen bei Ausfällen im System unmittelbar durch Einnehmen des energiearmen Zustands in den für den Betriebsablauf sicheren Zustand über. Sie erfüllen damit die Forderung der Fail-safe-Technik, ohne jedoch erkennen zu lassen, ob der Übergang in den sicheren Zustand verursacht wurde durch einen Ausfall innerhalb des Systems selbst oder ob der sichere Zustand aus dem Ablauf des Betriebsgeschehens heraus gefordert wurde. Eine Unterscheidung der Ursachen ist dann nicht erforderlich, wenn die Forderung der Fail-safe-Technik erfüllt ist, daß der sichere Zustand nicht wieder verlassen wird. Liegt jedoch diese Voraussetzung nicht vor, geht beispielsweise nach einem Ausfall in einem Gleisstromkreis die diesen Ausfall anzeigende BESETZT-Meldung wieder nach

Beseitigung der Störung in eine FREI-Meldung über und täuscht damit eine Zugfahrt vor, dann muß die Sicherheitsschaltung so aufgebaut werden, daß aus der Anzeige zur Forderung nach Einnahme des sicheren Zustands zu erkennen ist, ob sie durch einen Ausfall innerhalb des Systems oder aus dem Betriebsgeschehen heraus ausgelöst wurde. Um diese Unterscheidung zu erreichen, wird wie bisher das System zur Auswertung eines Ausfalls in den energiearmen Zustand überführt, jedoch muß die aus dem Betriebsablauf beim Besetzen des Gleisstromkreises kommende Forderung nach Einnahme des sicheren Zustands genauso zu einer aktiven Anzeige führen, wie bisher der nichtbesetzte Gleisstromkreis zu einer anderen aktiven Anzeige führte, d. h. in beiden Betriebsfällen liegt in bezug auf die Anzeige ein energiereicher Zustand vor.

Die Forderung nach einer Sicherheitsschaltung mit aktiver Anzeige ergibt sich beispielsweise bei der Auswertung der Gleisspannung eines Gleisstromkreises, wenn aus der BESETZT-Meldung Folgehandlungen abgeleitet werden müssen, etwa in großen Bahnhöfen die Auflösung von Teilfahrstraßen nach der Zugfahrt. Hat entsprechend der BESETZT-Meldung die Zugfahrt wirklich stattgefunden, dann darf die Fahrstraße aufgelöst werden; ist dagegen die BESETZT-Meldung durch einen Ausfall im System verursacht, kann die Auflösung der Fahrstraße zu einem gefährlichen Zustand führen. Durch aktive Anzeige der aus dem Betriebsablauf kommenden BESETZT-Meldung kann zwischen dieser und einem als Störung angezeigten Ausfall im System unterschieden werden, so daß auch in diesem Falle alle Sicherheitsforderungen von der Sicherheitsschaltung selbst erfüllt werden; die Kombination mit einem weiteren Sicherheitssystem, heute beispielsweise als isolierte Schiene ausgeführt, ist nicht mehr erforderlich.

Als Beispiel für eine Sicherheitsschaltung zur Auswertung der Gleisspannung eines Gleisstromkreises mit aktiver Anzeige des FREI- und BESETZT-Zustands soll die Arbeitsweise des Röhrengleisrelais der SEL betrachtet werden. Zur Unterscheidung beider Zustände muß dabei zunächst mittels einer Schwellwertlogik festgestellt werden, ob ein vorgegebener Wert der Gleisspannung über- oder unterschritten wird. Dieser für die Anzeige entscheidende Schwellwert der Gleisspannung wird durch eine Bezugsspannung U_B festgelegt, deren Amplitude mit der jeweiligen Gleisspannung U_G verglichen wird. Die Amplitude der gegenüber der Gleisspannung um 180° in der Phase verschobenen Bezugsspannung U_B muß zwischen dem kleinsten Wert der Gleisspannung im FREI-Zustand und dem höchsten Wert der Gleisspannung im BESETZT-Zustand, also innerhalb des Arbeitsbereichs AB in Bild 2.27 liegen. Zum Vergleich der Amplituden von Gleis- und Bezugsspannung wird in der Schwellwertlogik durch eine Reihenschaltung die Summe der beiden um 180° in der Phasenlage gegeneinander verschobenen Spannungen gebildet, so daß in der Phasenlage der Summenspannung U_Σ der jeweilige Zustand des Gleisstromkreises erkennbar ist: für $U_G > U_B$, also im FREI-Zustand, stimmt die Phasenlage der Summenspannung U_Σ mit der Phasenlage der Gleisspannung U_G überein, für $U_G < U_B$, also im BESETZT-Zustand, tritt ein Phasenunterschied von 180° zwischen Summenspannung U_Σ und Gleisspannung U_G auf. Der in Bild **2**.38 im Zeiger- und Liniendiagramm dargestellte Phasensprung der Summenschaltung U_Σ ist somit das Kennzeichen für den Übergang des Gleisstromkreises vom FREI- zum BESETZT-Zustand.

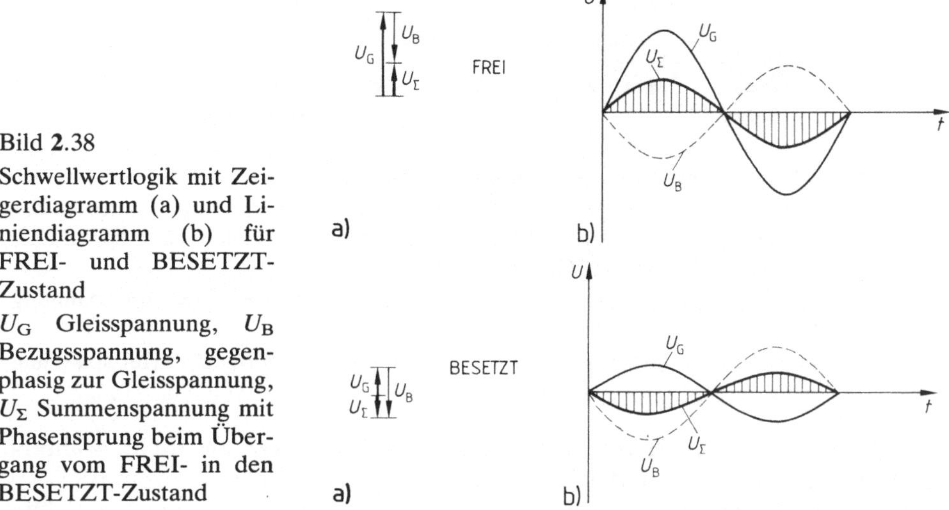

Bild **2**.38

Schwellwertlogik mit Zeigerdiagramm (a) und Liniendiagramm (b) für FREI- und BESETZT-Zustand

U_G Gleisspannung, U_B Bezugsspannung, gegenphasig zur Gleisspannung, U_Σ Summenspannung mit Phasensprung beim Übergang vom FREI- in den BESETZT-Zustand

Aufgabe der Nachverarbeitungsschaltung ist es nun, sowohl das Auftreten der Gleichphasigkeit von U_G und U_Σ (FREI-Zustand) als auch das Auftreten der Gegenphasigkeit von U_G und U_Σ (BESETZT-Zustand) aktiv anzuzeigen und damit vom Auftreten des Ausfalls zu unterscheiden. Beim hierzu für die Auswertung der Gleisspannung des Gleisstromkreises eingesetzten Zweilagen-Röhrengleisrelais arbeitet eine Triode, bei der in erster Näherung ein Anodenstrom nur dann fließt, wenn gleichzeitig Gitterspannung U_G und Anodenspannung positiv sind, als elektronischer Schalter in einer UND-Verknüpfung. Die aktive Anzeige beider Zustände wird, wie Bild **2**.39 zeigt, durch getrennte Gleichrichtung der positiven und negativen Halbwelle der Anodenwechselspannung erreicht. Über die Klemmen $a-b$ wird die nach galvanischer Trennung durch den Übertrager *Ü1* auch an den Klemmen $c-d$ liegende Gleisspannung U_G zugeführt. Über die Klemmen *1−2* und den Übertrager *Ü2* wird die zwischen den Klemmen *6−7* auftretende Bezugsspannung U_B zugeführt und mit 180° Phasenverschiebung mit der Gleisspannung U_G in Reihe geschaltet, so daß zwischen den Klemmen $G-K$ der als Schalter arbeitenden Triode die in ihrem Verlauf in Bild **2**.38 angegebene Summenspannung U_Σ liegt. Die getrennte aktive Anzeige des FREI- und BESETZT-Zustandes ergibt sich dadurch, daß der Anode A über getrennte Kanäle zwei um 180° in der Phase verschobene, von den Klemmen *3−4* einerseits und von den Klemmen *4−5* andererseits abgenommene Wechselspannungen zugeführt werden. Dadurch wird erreicht, daß bei der positiven Halbwelle der Summenspannung U_Σ und entsprechend positiver, über den Gleichrich-

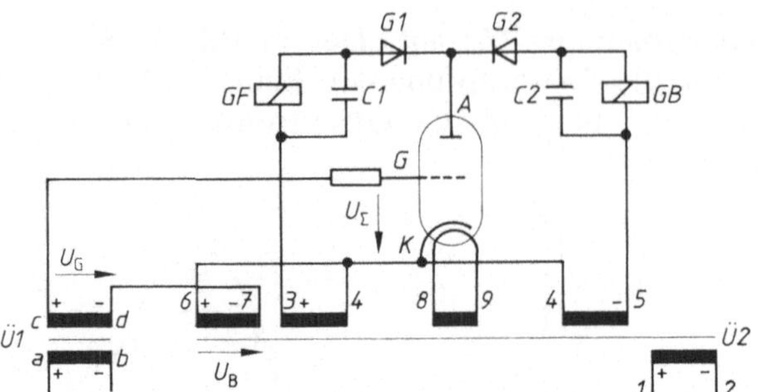

Bild 2.39   Schaltung des Zweilagen-Röhrengleisrelais

A Anode, *G* Gitter, *K* Kathode, *C1*, *C2* Verzögerungs-Kondensatoren, *G1*, *G2* Sperr-Dioden, *Ü1*, *Ü2* Übertrager, *GF* FREI-Relais, *GB* BESETZT-Relais, *a−b* bzw. *c−d* Gleisspannung (U_G)

1−2 Primärklemmen für Bezugsspannung und Anodenwechselspannung, *3−4*,

4−5 Anodenwechselspannung, *6−7* Bezugsspannung U_B, *8−9* Heizspannung,

G−K Summenspannung U_Σ

ter *G1* gelieferter Anodenspannung das FREI-Relais *GF* anspricht, während nach einem Phasensprung der Summenspannung nach Übergang vom FREI- in den BESETZT-Zustand entsprechend der dann vorliegenden positiven, über den Gleichrichter *G2* gelieferten Anodenspannung das *GB*-Relais anspricht. Um während der negativen Halbwelle der zugeführten Anodenwechselspannung ein Abfallen des jeweils angezogenen Relais zu vermeiden, sind *GF*- und *GB*-Relais durch die parallel geschalteten Kondensatoren *C1* und *C2* abfallverzögert.

Im störungsfreien Betriebszustand ist immer nur entweder das FREI-Relais *GF* oder das BESETZT-Relais *GB* angezogen. Bei Ausfällen können entweder beide Relais abfallen, beispielsweise bei Fehlen der Netzspannung oder bei zu geringer Verstärkung der Röhre, oder beide Relais ziehen an, beispielsweise bei Kurzschluß in der Röhre oder im Gleichrichter sowie beim Auftreten von Störspannungen, die eine Phasenverschiebung zwischen Gleis- und Bezugsspannung hervorrufen.

Die Gleisfreimeldung mit aktiver Anzeige des FREI- und BESETZT-Zustandes läßt sich verallgemeinert in digitaler Form darstellen. Wie das in Bild **2**.40 angegebene Funktionsschema [127] zeigt, wird in zweikanaliger Ausführung zunächst in der Schwellwertlogik sowohl aus Addition von Gleisspannung U_G und gegenphasiger Bezugsspannung U_B die Summenspannung U_Σ gebildet als auch die Bezugsspannung U_B selbst ausgegeben. Nach Gleichrichtung in beiden Kanälen können die positiven Halbwellen von Summen- und Bezugsspannung in ihrer zeitlichen Zuordnung zueinander bewertet werden. Während die Phasenlage der Bezugsspannung U_B festliegt, hängt die Phasenlage der Summenspannung U_Σ vom jeweiligen Betriebszustand des Gleisstromkreises ab. Wird dem Auftreten der positiven Halbwelle der beiden Spannungen der Wert 1 zugeord-

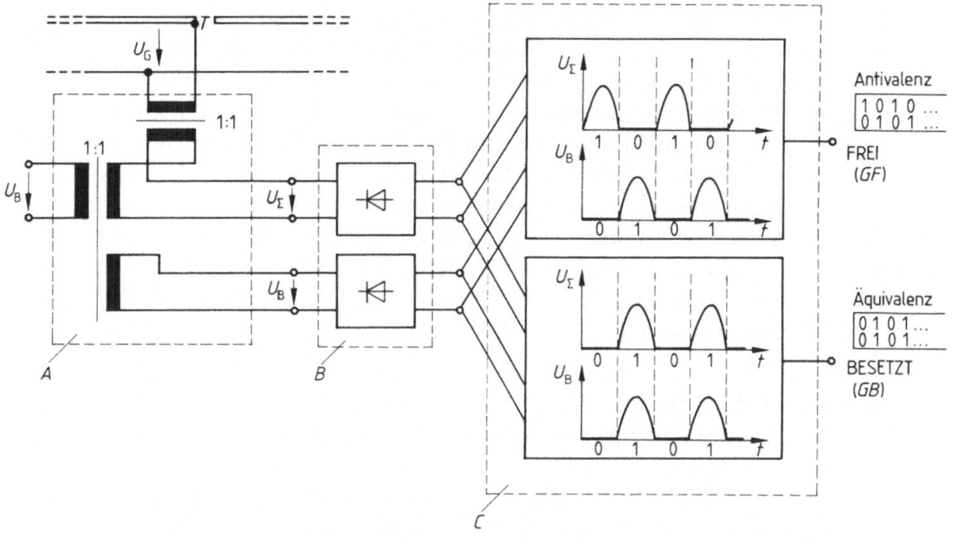

Bild **2**.40   Allgemeines zweikanaliges Funktionsschema einer Gleisfreimeldung mit aktiver Anzeige des FREI- und BESETZT-Zustandes
A Schwellwertlogik mit Summenspannung U_Σ und Bezugsspannung U_B, *B* Gleichrichtung, *C* Prüfung auf Antivalenz (FREI) und Äquivalenz (BESETZT)

net und wird die übrige Zeit durch den Wert 0 gekennzeichnet, dann ist die Antivalenz in beiden Kanälen das Kriterium für den FREI-Zustand, die Äquivalenz beider Kanäle das Kriterium für den BESETZT-Zustand. Auswerteschaltungen zur Prüfung von Antivalenz und Äquivalenz digitaler Signale lassen sich mit dynamisch arbeitenden Schalttransistoren fail-safe aufbauen.

Während im störungsfreien Fall nur entweder der FREI- oder der BESETZT-Zustand angezeigt werden kann, werden bei Ausfällen bei Kurzschlüssen oder Unterbrechung beide Kanäle aktiv, oder beim Fortbleiben der Netzspannung werden beide Kanäle inaktiv.

Zuordnungsprinzip in Sicherheitsschaltungen. Da bei den in Sicherheitsschaltungen enthaltenen Bauelementen die Wahrscheinlichkeit für anzunehmende Ausfälle sehr unterschiedlich ist, muß beim Aufbau des Sicherungssystems darauf geachtet werden, daß der mit der größten Wahrscheinlichkeit auftretende Ausfall auf keinen Fall im System selbst einen gefährlichen Zustand hervorruft.

Zunächst einmal muß für alle im System enthaltenen Bauelemente der mit der größten Wahrscheinlichkeit auftretende Ausfall angegeben und seine Auswirkung auf das Sicherheitssystem untersucht werden. Gegenüber der Funktionsschaltung ist dann nach dem Zuordnungsprinzip zum Geschehen im System selbst die Sicherheitsschaltung so aufzubauen, daß im System der anzunehmende

Ausfall allenfalls eine Betriebsstörung, keinesfalls aber einen gefährlichen Zustand verursacht. Als mit großer Wahrscheinlichkeit auftretende Ausfälle sind beispielsweise, wie schon gezeigt, bei Widerständen und Spulen Windungsunterbrechungen, bei Kondensatoren Kurzschlüsse anzunehmen. Bei Kontakten, für die jetzt das Zuordnungsprinzip beschrieben werden soll, wird angenommen, daß das richtige Öffnen wahrscheinlicher ist als das richtige Schließen, das durch Verschmutzung und Oxydation beeinträchtigt werden kann. Kontakte sind daher nach dem Zuordnungsprinzip in Sicherheitsschaltungen so anzuordnen, daß das System niemals durch Schließen eines Kontaktes in den sicheren Zustand überführt werden muß, sondern daß es bereits bei geöffnetem Kontakt stets den sicheren Zustand einnimmt.

Fahrsperre, INDUSI. Beispiel hierzu sind bereits in den Bildern 2.24 für die Fahrsperre und 2.25 für die INDUSI zu finden; in beiden Fällen führt der geöffnete Schalter zur Zwangsbremsung und damit zum sicheren Zustand. Durch das Schließen des Schalters wird die Einwirkstelle unwirksam, so daß dann der für das System „gefährliche" FAHRT-Befehl vorliegt. Kommt es durch Verschmutzung oder Oxydation nicht zum Schließen des Kontaktes, tritt also der wahrscheinlichste Ausfall auf, dann kommt es zwar durch die dabei ausgelöste Zwangsbremsung zu einer Betriebsstörung, nicht jedoch zu einem gefährlichen Zustand. Das Zuordnungsprinzip wäre nicht erfüllt, wenn beispielsweise bei der INDUSI (Bild 2.25) der Schalter S nicht parallel zum Schwingkreis, sondern im Schwingkreis des Gleismagneten läge, da dann zum Wirksamwerden der INDUSI der Kontakt S geschlossen werden müßte und ein Versagen die erforderliche Zwangsbremsung verhindern und einen gefährlichen Zustand im System hervorrufen würde.

Weichensteuerung. Als weiteres Beispiel zur Bedeutung des Zuordnungsprinzips soll die Sicherheitsschaltung einer Weichensteuerung für Straßenbahnen betrachtet werden. Bei dieser in Bild 2.41a dargestellten Anordnung wird ein Oszillator mit räumlich aufgeteiltem Reihenschwingkreis eingesetzt. Die Induktivität L des Schwingkreises ist zusammen mit den übrigen Oszillator-Bauelementen ortsfest neben der Strecke angeordnet und die zugehörige Kapazität C befindet sich auf dem Fahrzeug, verbunden mit der Induktivität L über die Schienen des Gleises und über den Fahrdraht. Der im Reihenschwingkreis des Oszillators auftretende Verlustwiderstand R_V (Bild 2.41b) ist im wesentlichen gegeben durch den Übergangswiderstand zwischen Rad und Schiene und dem Übergangswiderstand bei der Stromabnahme vom Fahrdraht. Durch Verstellen der Kapazität des Kondensators C auf dem Fahrzeug kann entsprechend Bild 2.41c die an der Strecke gemessene Oszillatoramplitude U_{OSZ} geändert werden, wobei als auszuwertende Amplitude je nach dem C-Wert auf dem Fahrzeug an der Strecke zwei Spannungen auftreten, denen die Begriffe „Vollresonanz" (Kapazität C_V) und „Halbresonanz" (C_H) zugeordnet werden und die als Befehl für die Weichenstellungen „Geradeaus" und „Abbiegen" ausgewertet werden. Nach dem Zuordnungsprinzip in Sicherheitsschaltungen ist nun festzulegen, ob

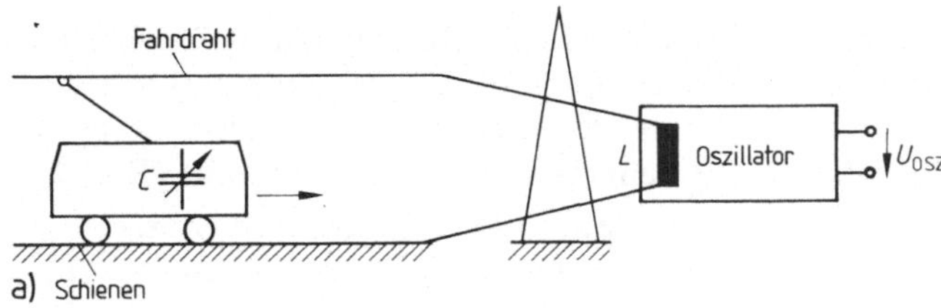

Bild 2.41

Zur Darstellung des Zu-
ordnungsprinzips in Si-
cherheitsschaltungen bei
einer Weichensteuerung
für Straßenbahnen

a) Anordnung der Wei-
   chensteuerung
b) Ersatzschaltbild
   des Oszillator-Reihen-
   schwingkreises
c) von Fahrzeug-Konden-
   sator C abhängige Os-
   zillatorspannung U_{osz}
   als Befehl
d) Weichenanordnung für
   Richtung und Gegen-
   richtung mit Gefahren-
   punkt für Fahrt in Richtung des Doppelpfeils

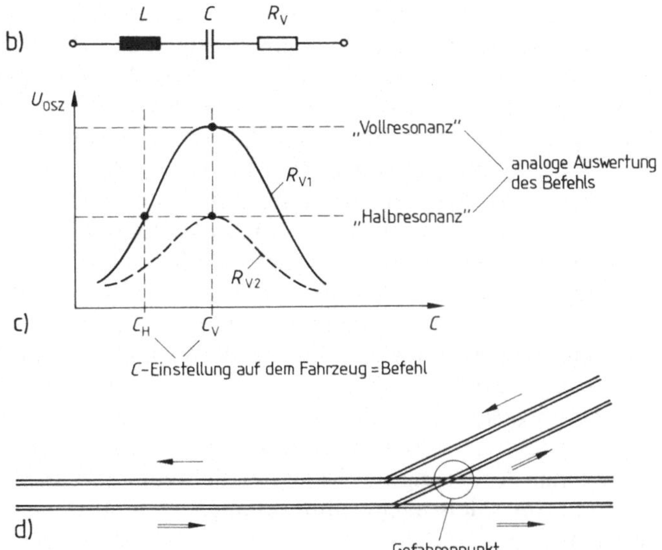

für die in Bild **2.**41d dargestellte Weichenanordnung für Richtung und Gegenrichtung bei Fahrt in Richtung des Doppelpfeils auf die Weichenspitze zu der
Befehl „Geradeaus" der Kapazität C_V, also der „Vollresonanz", oder der
Kapazität C_H, also der „Halbresonanz", zuzuordnen ist. Ausschlaggebend für
diese Entscheidung ist wieder die Forderung der Sicherheitsschaltung, daß bei
Ausfall im System kein gefährlicher Zustand auftreten darf. Da bei der angegebenen Steuerung der jeweilige Befehl von der Amplitude der Resonanzkurve eines
sehr niederohmigen Reihenschwingkreises abhängt, muß als sehr wahrschein-
licher Ausfall damit gerechnet werden, daß infolge einer Verschmutzung der
Schienen, also bereits bei geringer Erhöhung des Verlustwiderstands R_V um etwa
$1\,\Omega$, die in Bild **2.**41c dargestellte Resonanzkurve von dem für R_{V1} durch die
ausgezogene Linie angegebenen Verlauf in die für R_{V2} geltende gestrichelte
Kurve übergeht. Dies bedeutet aber, daß der durch die Kapazität C_V eingestellte
Befehl „Vollresonanz" infolge der Verschmutzung der Schienen in den Befehl
„Halbresonanz" übergeht. Da mit einer Verschmutzung der Schienen immer zu
rechnen ist, ist zur Vermeidung des gefährlichen Zustands daher die Kapazität
C_V, also die „Vollresonanz" dem Abbiegen zuzuordnen, damit beim durch die
Verschmutzung ausgelösten Übergang in die „Halbresonanz" zwar der betrieb-

lich falsche „Geradeaus"-Befehl und damit eine Betriebsstörung vorliegt, jedoch durch eine Bahn der Gegenrichtung keine gefährliche Flankenfahrt möglich ist, die bei Zuordnung der „Vollresonanz" zum „Geradeaus"-Befehl durch Verschmutzung der Schienen am Gefahrenpunkt (Bild **2.**41d) auftreten kann.

Transpondersysteme. Das Zuordnungsprinzip findet nicht nur Anwendung bei der Verhinderung der Auswirkung anzunehmender Ausfälle, sondern wird auch meist in Transpondersystemen zur Sicherung der punktförmigen Informationsübertragung zwischen Strecke und Zug eingesetzt. Hierbei ist sicherzustellen, daß die Information auch am richtigen Streckenpunkt übertragen wird und nicht an einer beliebigen Stelle der Strecke von einer elektromagnetischen Störung vorgetäuscht wird. Dem an der Strecke befindlichen Transponder oder Meldepunkt ist daher ein Kontrollpunkt als zusätzliche Ortskennung des richtigen Übertragungspunktes zuzuordnen. Bild **2.**42 zeigt ein Ausführungsbeispiel zur Sicherung der Informationsübertragung durch zusätzliche Ortskennung. Durch räumliche Anordnung der beiden Übertragungssysteme für Ortskennung und Informationsaustausch hintereinander sowohl auf dem Fahrzeug als auch an der Strecke wird im Fahrzeug durch eine UND-Verknüpfung sichergestellt, daß die zu übertragende Information nur bei gleichzeitigem Ansprechen beider Systeme ausgegeben wird. Um den Aufwand für die zusätzliche Ortskennung an der Strecke möglichst gering zu halten, wird hier in vielen Fällen das INDUSI-Prinzip eingesetzt, so daß der Ortspunkt an der Strecke nur aus einem Schwingkreis besteht. Das Zuordnungsprinzip ist auch erfüllt, wenn bei entsprechend räumlicher Änderung der Lage der Fahrzeugantennen Kontrollpunkt und Meldepunkt im Gleis nicht hintereinander, sondern nebeneinander angeordnet werden.

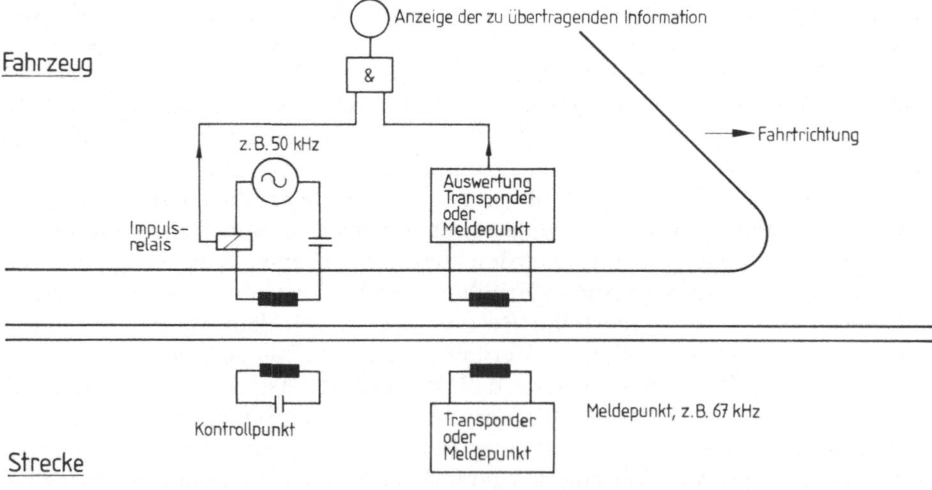

Bild **2.**42 Ausführungsbeispiel zur Sicherung der Informationsübertragung durch zusätzliche Ortskennung nach INDUSI-Prinzip

Sicherungsmethoden gegen Störspannungen

Bei Sicherheitsschaltungen sind nicht nur Ausfälle an Bauelementen für das Verhalten der Schaltung von Bedeutung, sondern es ist darüber hinaus auch der Einfluß von ggf. auftretenden Störspannungen zu berücksichtigen. Auch bei Fremdspannungseinfall darf die Sicherheitsschaltung niemals in den gefährlichen Zustand übergehen. Es sollen daher nach einer Aufzählung der anzunehmenden Arten der Störung Schaltungsmaßnahmen angegeben werden, die auch beim Auftreten von Störspannungen unmittelbar eine sichere Auswertung der Nutzfunktion ermöglichen.

Arten der Störung. Das Auftreten von Störspannungen bzw. Störströmen läßt sich auf die verschiedensten Ursachen zurückführen, die im einzelnen von Fall zu Fall zu untersuchen sind. Die weiteren prinzipiellen Betrachtungen der Sicherungsmethoden gegen Störspannungen werden (aus Umfangsgründen) beschränkt auf die Übertragung der Störspannungen über Leitungen oder durch induktive bzw. kapazitive Kopplung. Die Übertragung durch Strahlung wird ausgeschlossen, da sich in Funksystemen infolge von Interferenzen durch Mehrwegeausbreitung und infolge von Abschattungen durch Berge und Tunnel zusätzliche andersgeartete Störerscheinungen ergeben, gegen die nicht in jedem Fall Sicherungsmaßnahmen getroffen werden können.

Ohne hier im einzelnen auf die spezielle Ursache für das Auftreten von Störspannungen einzugehen, lassen sich grundsätzlich drei verschiedene Arten der Störung erkennen. Zunächst einmal können Störfrequenzen einzeln auftreten, bedingt beispielsweise bei Gleisstromkreisen durch die unterschiedliche Frequenz des Nachbarabschnitts oder auch durch Oszillatoren innerhalb einer Nachverarbeitungsschaltung. Sodann kann eine Vielzahl von Frequenzen als Störspektrum auftreten, bedingt beispielsweise durch Oberschwingungen im Triebbrückstrom, die entweder hervorgerufen werden durch die Thyristor-Anschnittssteuerung der Triebfahrzeuge, bei symmetrischem Schaltungsaufbau als ganzzahlige, vorwiegend ungeradzahlige Oberschwingungen, die aber auch mit fast gleichförmiger Amplitudenverteilung von geradzahligen und ungeradzahligen Oberschwingungen bei Einsatz von thyristorgesteuerten Drehstrom-Lokomotiven auftreten. Darüber hinaus werden, insbesondere beim Schalten der Transformatoren auf dem Triebfahrzeug, kontinuierliche, praktisch alle Frequenzen enthaltene Störspektren erzeugt, die allerdings nur von endlicher Dauer sind. Störungen, bei denen die Störerscheinung begrenzt wird auf die Dauer der auftretenden Störspannung, werden als Bündelstörungen bezeichnet. In den meisten Fällen ist eine Nachrichtenübertragung während dieser Zeit nicht möglich, und es ist dann von Fall zu Fall zu untersuchen, ob und mit welchem Aufwand bei der Sicherheitsschaltung Maßnahmen getroffen werden können, den Einfluß der Bündelstörungen zu unterdrücken.

Schaltungsmaßnahmen. Je nach der Art der Störung ist der bei der Sicherheitsschaltung erforderliche Aufwand sehr unterschiedlich. Am Beispiel einiger grundsätzlicher Möglichkeiten soll gezeigt werden, welche Schaltungsmaßnahmen bei Sicherheitsschaltungen zum unmittelbaren Erkennen der Nutzfunktion angewandt werden.

Bezugsspannung. Beim Auftreten einer Störfrequenz ist sicherzustellen, daß von der Sicherheitsschaltung ausschließlich die Nutzfrequenz ausgewertet wird und Störfrequenzen keinen Einfluß auf den Ausgangsbefehl der Nachverarbeitungsschaltung haben. Für die beispielsweise leicht überschaubare Arbeitsweise eines Gleisstromkreises ist diese Forderung erfüllt, wenn das den FREI- und BESETZT-Zustand auswertende Gleisrelais ausschließlich Amplitude, Frequenz und Phasenlage der am Eingang des Gleisstromkreises eingespeisten Spannung auswertet. Die einfachste Schaltungsmaßnahme zur Unterdrückung von Störspannungen in Sicherheitsschaltungen besteht darin, die Nutzspannung durch den Vergleich mit einer Bezugsspannung zu identifizieren. Hierzu wird beim Gleisstromkreis dem Gleisrelais zusätzlich zur Gleisspannung eine vom Speisegenerator entnommene Bezugsspannung zugeführt und die Auswertung im Gleisrelais nur bei Übereinstimmung von Frequenz und Phasenlage beider Spannungen vorgenommen. Bild 2.43 zeigt am Beispiel des einschienig isolierten Gleisstromkreises die dem Gleisrelais GR zur eindeutigen Identifizierung der Gleisspannung U_G zusätzlich vom speisenden Generator G aus zugeführte Bezugsspannung U_B. Die Prüfung von Gleisspannung und Bezugsspannung innerhalb des Gleisrelais selbst in bezug auf richtige Frequenz und richtige Phasenlage wird je nach Aufbau des Gleisrelais auf unterschiedliche Weise vorgenommen. Beim Röhrengleisrelais wird, wie bereits in den Bildern 2.38 und 2.39 dargestellt, aus Gleisspannung U_G und Bezugsspannung U_B eine Summenspannung U_Σ gebildet, die nur bei richtiger Frequenz und richtiger Phasenlage beider Spannungen den in Bild 2.38 angegebenen Verlauf hat und nur dann über die als Schalter arbeitende Triode (Bild 2.39) das FREI-Relais GF bzw. das BESETZT-Relais GB erregen kann. Beim Motorrelais, das in der Arbeitsweise einem Asynchronmotor entspricht, wird die Ruhelage des Ankers im nichterregten energiearmen Zustand sowohl bei Systemausfall als auch beim Einlaufen einer Achse in den Gleisstromkreis, der BESETZT-Meldung zugeordnet, und erst nach Bewegung des Ankers durch Auftreten eines Drehmoments M_d wird der energiereiche, der FREI-Meldung zugeordnete Zustand erreicht. Das zur FREI-Meldung erforderliche Drehmoment tritt entsprechend der Beziehung $M_d = I_1 I_2 \sin \phi$ nur dann auf, wenn das Motorrelais gleichzeitig von der den

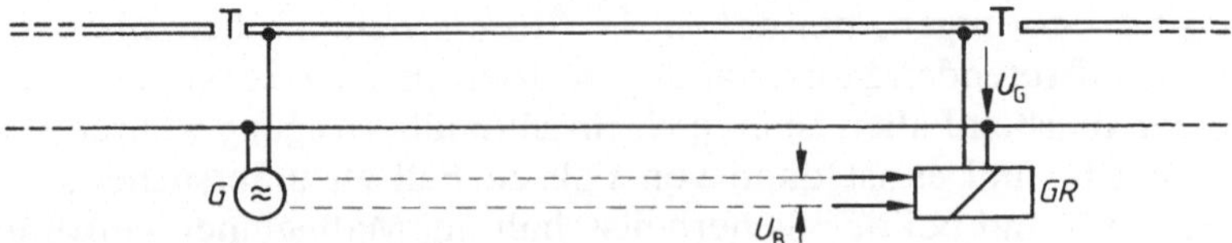

Bild 2.43 Vom speisenden Generator G entnommene Bezugsspannung U_B zur eindeutigen Identifizierung der Gleisspannung U_G durch das Gleisrelais GR beim Auftreten einzelner Störfrequenzen am Beispiel eines einschienig isolierten Gleisstromkreises

Strom I_1 verursachenden Gleisspannung U_G und von der den Strom I_2 hervorrufenden Bezugsspannung U_B erregt wird und wenn zum Erreichen eines maximalen Drehmoments $\sin \phi = 1$ ist, also die Phasenverschiebung zwischen Gleisspannung U_G und Bezugsspannung U_B, den Wert $\phi = 90°$ erreicht. Auch beim Motorrelais wird also die Betriebsspannung des Gleisstromkreises mittels der Bezugsspannung identifiziert.

Modulation, Codierung. Um auf die zusätzlich zuzuführende Bezugsspannung verzichten zu können und um beim Auftreten mehrerer Störfrequenzen und Bündelstörungen das Nutzsignal unmittelbar identifizieren zu können, werden Verfahren der Modulation und der Codierung eingesetzt. Diese Schaltungsmaßnahmen ermöglichen es, dem eingespeisten Nutzsignal eine solche Form zu geben, daß es auch nach Beeinflussung durch Störfrequenzen sicher zu erkennen und auszuwerten ist. Beim Arbeiten mit Amplitudenmodulation wird die Amplitude einer Trägerschwingung TF entsprechend dem niederfrequenten Verlauf der Nutzschwingung NF geändert, so daß entsprechend dem Auftreten der beiden Frequenzen TF und NF sowohl eine Filterung im Trägerfrequenzbereich als auch eine Filterung im Niederfrequenzbereich möglich ist. Bild **2**.44 zeigt als Beispiel das Blockschaltbild eines amplitudenmodulierten Gleisstromkreises mit der doppelten Filterung der zur Ortung auszuwertenden Gleisspannung vor Anschluß an das Gleisrelais GR. Entscheidend für die sichere Identifizierung der Gleisspannung ist die richtige Frequenzwahl von Trägerfrequenz und Niederfrequenz, die einerseits beide weit genug entfernt liegen müssen von Grund- und Oberschwingungen des Triebstromes, von Frequenzen zur Übertragung von Führerstandssignalen sowie von Frequenzen des öffentlichen Fernsprechnetzes und die andererseits Nicht-Harmonische sein müssen, sowohl in bezug auf die Trägerfrequenz als auch in bezug auf die Niederfrequenz.

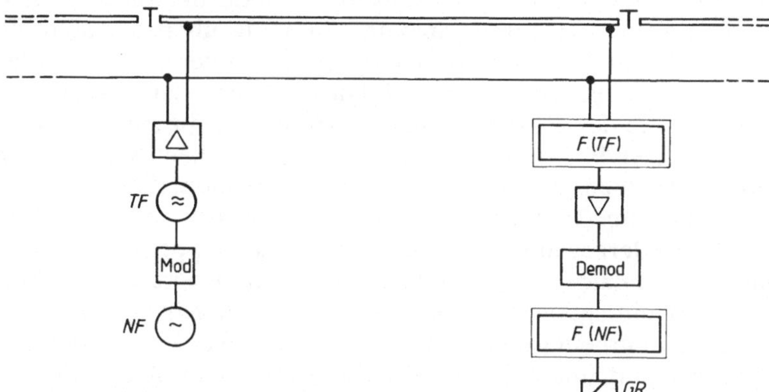

Bild **2**.44 Blockschaltbild eines amplitudenmodulierten Gleisstromkreises
NF Niederfrequenzgenerator, *Mod* Modulationsstufe, *TF* Trägerfrequenzgenerator, *Demod* Demodulationsstufe, *F*(*TF*) Trägerfrequenzfilter, *F*(*NF*) Niederfrequenzfilter

Die nachfolgende Tabelle gibt einige diese Bedingungen erfüllende Frequenz-
werte f_NF des Niederfrequenzgenerators und f_TF des Trägerfrequenzgenerators an:

f_Tf (kHz)	f_NF (Hz)
0,96	28
1,3	35
2,3	68
3,0	85
3,9	110
4,8	140

Der Vollständigkeit halber sei erwähnt, daß beim Gleisstromkreis die Amplitudenmodulation der Trägerfrequenz nicht immer nur zur Sicherung der Ortung
herangezogen wird, sondern zusätzlich zum gesicherten Übertragen von
Geschwindigkeitsbefehlen an den Zug eingesetzt wird. Bei der Stadtbahn in
Hongkong mit automatischem Fahrbetrieb zwischen 2 Stationen ist beispielsweise die Niederfrequenz 38,6 Hz dem Geschwindigkeitsbefehl 80 km/h zugeordnet, und entsprechend gelten 27,5 Hz = 60 km/h sowie 23,3 Hz = 40 km/h. Um
Änderungen des Geschwindigkeitsbefehls sicher zu erfassen, beträgt die Trägerfrequenz 1953 Hz bzw. 1365 Hz, je nachdem, ob in dem jeweilig befahrenen
Abschnitt Höchst- und Zielgeschwindigkeit übereinstimmen oder ob die Zielgeschwindigkeit eine Stufe unter der Höchstgeschwindigkeit liegt. Es wird zur
Sicherung der Befehlsübertragung also nicht nur der allein durch die Niederfrequenz gegebene Befehl übertragen, sondern darüber hinaus zusätzlich durch
Ändern der Trägerfrequenz darauf hingewiesen, daß der bisher im System
bestehende Zustand nicht mehr gilt und geändert werden muß.

Eine weitere Möglichkeit zur Sicherung gegen Störspannungen der zur Ortung
oder zur Nachrichtenübertragung auszuwertenden Information ergibt sich durch
Phasentastung der Trägerschwingung eines zu übertragenden digitalen
Signals, bei der die modulierte Schwingung sowohl bei der positiven als auch bei
der negativen, ausschließlich bei den Nulldurchgängen der Trägerschwingung
auftretenden Flanke des digitalen Signals einen Phasensprung von 180° hat, so
daß die auszuwertende Information durch den zeitlichen Abstand der 180°-
Phasensprünge gegeben ist. Sie läßt sich in einer Demodulationsstufe nur durch
Hinzufügen eines im Takt der Trägerschwingung sich ändernden digitalen
Bezugssignals wiedergewinnen, so daß durch die doppelte Synchronisation
sowohl auf der Modulator- als auch auf der Demodulatorseite auch bei überlager-
ter Störspannung eine gesicherte Auswertung der Nutzschwingung allein gegeben ist. Außerdem arbeitet die Phasentastung nach dem Ruhestromprinzip, da
die Trägerschwingung ununterbrochen vorhanden sein muß, also dem energiereichen Zustand entspricht. Bild **2**.45 zeigt die Signalformen bei der gegen
Störspannungen gesicherten Informationsübertragung durch Phasentastung.

Als Modulationsverfahren zur Sicherung gegen Störungen hat in den letzten
Jahren die Frequenztastung, auch FSK genannt, große Bedeutung erlangt,

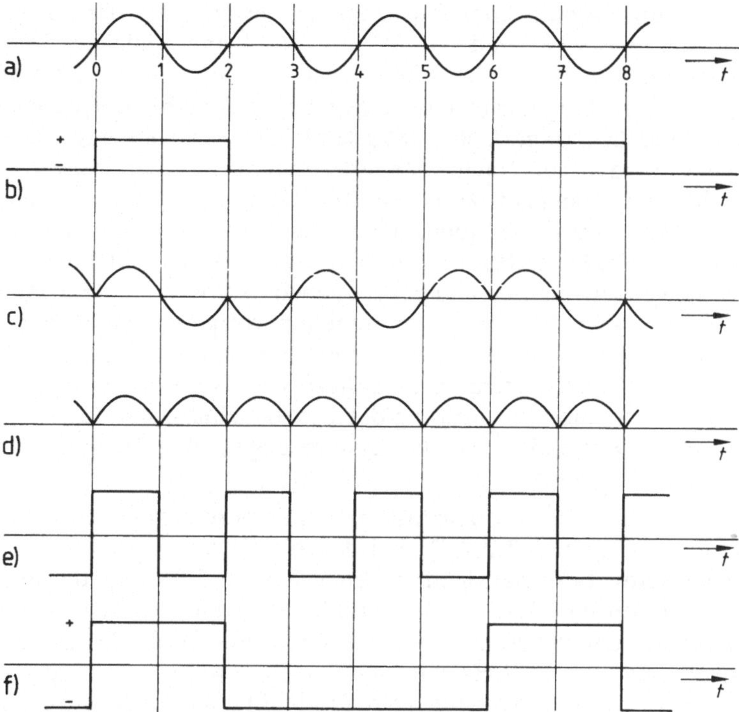

Bild **2**.45   Signalformen bei der gegen Störspannungen gesicherten Informationsübertragung durch Phasentastung

  a) Trägerschwingung
  b) zu übertragendes digitales Signal (Information)
  c) Moduliertes Signal
  e) digitales Bezugssignal Takt der Trägerschwingung zur Demodulation
  f) zurückgewonnenes digitales Signal (Nachrichtenübertragung)

bei der die Frequenz einer kontinuierlich vorhandenen und damit die Bedingungen des Ruhestromprinzips erfüllende Trägerschwingung in Takt eines zu schützenden niederfrequenten Signals sprunghaft zwischen zwei Werten geändert, also getastet wird. Die Abweichung der Frequenz gegenüber der Frequenz der Trägerschwingung ohne Tastung wird Frequenzhub genannt. Auf der Empfangsseite wird das Ausgangssignal nur dann ausgegeben, wenn bei der Auswertung nicht nur die Frequenz der Trägerschwingung, sondern auch die Tastfrequenz und der Frequenzhub den Sollwerten entspricht. Die Frequenztastung wird in Eisenbahnsicherungssystemen sowohl bei der Nachrichtenübertragung als auch bei der Ortung eingesetzt. Beispielsweise werden in Frankreich auf den TGV-Strecken (TGV = **T**rès **g**rande **v**itesse) zur Ortung bei Geschwindigkeiten bis zu 270 km/h und neuerdings 300 km/h 2100 m lange isolierstoßlos zweischienige Gleisstromkreise mit einer Trägerschwingung um 2000 Hz betrieben, die mit unterschiedlicher Tastfrequenz jeweils mit dem Frequenzhub ± 10 Hz getastet wird. Da an den TGV-Strecken keine ortsfesten Signale mehr vorhanden sind, wird über das Gleis auch ein durch die Tastfrequenz der frequenzgetasteten Trägerschwingung gegebener Geschwindigkeitsbefehl auf den Führerstand übertragen; den insgesamt 18 Geschwindigkeisbefehlen der TGV-Strecke werden zur Nachrichtenübertragung in einer weiteren Modulationsstufe 18 Tastfrequenzen zwischen 10,3 Hz und 29,0 Hz in Stufen von je 1,1 Hz zugeordnet, die die Frequenz der Tastung der Trägerschwingung mit dem Frequenzhub ± 10 Hz festlegen. Zur Identifizierung des Ortungssignals muß somit die Trägerschwingung einen Frequenzhub von ± 10 Hz haben; diese Bedingung muß auch bei der Nachrichtenübertragung erfüllt sein, bei der zusätzlich die Tastfrequenz des ± 10 Hz-Frequenzhubs der Trägerschwingung auszuwerten ist. Durch getrenntes Ausfiltern von Trägerfrequenz und Tastfrequenz sowie durch eine Überprüfung des Frequenzhubs und durch eine UND-Verknüpfung im Empfänger ist das System gegen eine Beeinflussung durch Störspannungen gesichert.

In Deutschland wird die Frequenztastung bei der Linienzugbeeinflussung LZB eingesetzt (s. Abschnitt 2.3.2.2.1), bei der zur Ortung und Nachrichtenübertragung gegenseitig Informationen zwischen Zug und Strecke durch induktive Kopplung über den im Gleis verlegten Linienleiter ausgetauscht werden [128]. Die dafür für die Übertragung von der Strecke zum Triebfahrzeug eingesetzte Trägerschwingung von 36 kHz wird mit einem Frequenzhub von ± 600 Hz getaktet; die für die Übertragung vom Triebfahrzeug zur Strecke eingesetzte Trägerschwingung von 56 kHz wird mit einem Frequenzhub von ± 200 Hz getaktet. Im Unterschied zur TGV-Strecke wird zur Nachrichtenübertragung durch die zugehörige Modulationsschaltung nicht die Tastfrequenz des Frequenzhubs der FSK geändert, sondern der Frequenzhub der Trägerschwingung wird nach einem Code-Telegramm moduliert.

Bei der allein oder zusätzlich zu Modulationsverfahren eingesetzten Codierung wird dem zu schützenden Nutzsignal ein zeitlicher Verlauf gegeben, der das Nutzsignal von möglichen anzunehmenden Störsignalen unterscheidet und auf der Empfangsseite erkannt wird. So kann beispielsweise bereits, wie in Bild 2.46 aus dem Verlauf der Speisespannung U_0 eines Impuls-Gleisstromkreises zu erkennen ist, dem auszuwertenden Nutzsignal durch unsymmetrische Zeit und Amplitudenverhältnisse, durch positive und negative Impulse oder durch Doppelimpulse ein zeitlicher Verlauf gegeben werden, der in den zu erwartenden Störsignalen nicht anzunehmen ist. Das gestörte Nutzsignal ist beispielsweise dann noch eindeutig zu identifizieren, wenn bei der Auswertung positive und negative Amplitude der Impulse getrennt gemessen werden und wenn Dauer und zeitlicher Abstand der Impulse bzw. Impulsfolgen bestimmt und alle Meßergebnisse auf Übereinstimmung mit den vorgegebenen Werten verglichen werden.

Sehr viel verschiedene Formen der Codierung ergeben sich in Kombination mit Modulationsverfahren, wie bereits am Beispiel des LZB-Telegramms durch

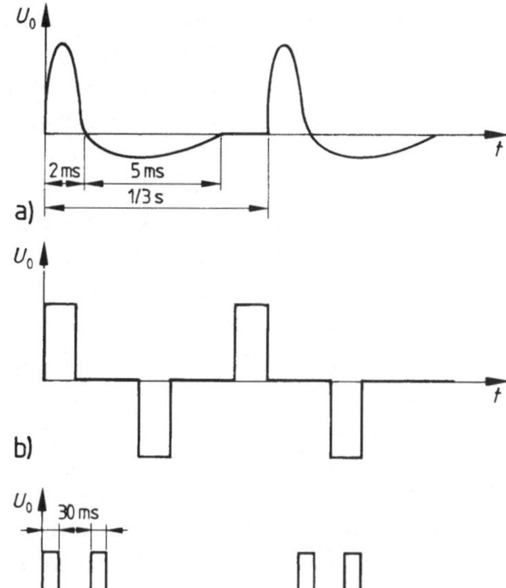

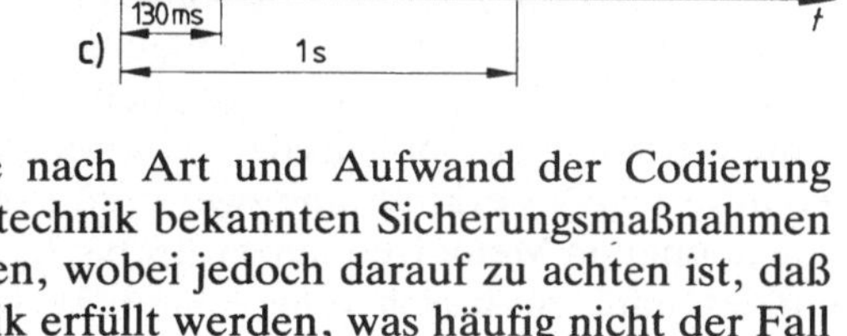

Bild **2**.46
Verlauf der Speisespannung U_0 beim Impuls-Gleisstromkreis
a) unsymmetrische Zeit- und Amplitudenverhältnisse
b) positive und negative Impulse
c) Doppelimpulse

Frequenztastung erwähnt wurde. Je nach Art und Aufwand der Codierung können hier die aus der Nachrichtentechnik bekannten Sicherungsmaßnahmen gegen Störungen übernommen werden, wobei jedoch darauf zu achten ist, daß die Forderungen der Fail-safe-Technik erfüllt werden, was häufig nicht der Fall ist. Es sind dann zusätzliche Schaltungsmaßnahmen erforderlich, um die Auswirkung gefährlicher Ausfälle zu unterdrücken.

Bei vielen Codierverfahren ist zur Auswertung eine bei Ausfällen verlorengehende Synchronisation zwischen Sende- und Empfangsseite erforderlich, die nach Beendigung der Störung erneut hergestellt werden muß, so daß bei der meistens eingesetzten Blocksynchronisation, bei der die Synchronisationsinformation an festen Positionen mit größerem Abstand in den Datenstrom eingebracht ist, die Informationsübertragung zunächst noch unterbrochen bleibt. Zur Verkürzung dieser Ausfallzeit und damit zur Verringerung von Datenverlusten lassen sich selbstsynchronisierende Codes einsetzen, die auch als Kommafreie Codes bezeichnet werden und besonders für Übertragungen durch Funk sinnvoll sind [129]. Hier ist die Synchronisation indirekt in den Codewerten enthalten und damit kontinuierlich im Datenstrom verteilt. Selbstsynchronisierende Codes werden beim BART-System in San Francisco angewandt.

Umsetzung Wechselstrom/Gleichstrom. Treten im Störspektrum nur Wechselkomponenten und keine Gleichkomponente auf, dann kann zur Sicherung gegen Störspannungen der kritische Teil der Sicherheitsschaltung mit Gleichspannung betrieben werden, während nach der Schnittstelle in der Peripherie nach wie vor Wechselstromsignale möglich sind. Diese Umsetzung Wechselstrom/Gleichstrom wird als Schaltungsmaßnahme in der Schweiz bei Gleisstromkreisen angewandt, die mit Gleichstrom arbeiten, um die Ortung immun zu machen gegen im Triebrückstrom enthaltene Störkomponenten und bei denen auf der Einspeiseseite ein Gleichrichter für die zugeführte Wechselspannung und auf der Ausspeiseseite ein Wechselrichter angeordnet ist, der aus der am Ende des Gleisstromkreises liegenden Gleisspannung die dem Gleisrelais zuzuführende Wechselspannung erzeugt.

Summe-Differenz-Auswertung. Am Beispiel einer Fail-safe-Nachrichtenübertragung von n Meldefrequenzen $f = f_1$ bis f_n mit Fail-safe-Erkennung eines durch einzelne Störfrequenzen oder durch Bündelstörungen hervorgerufenen Übertragungsfehlers soll abschließend als Schaltungsmaßnahme zur Sicherung gegen Störspannungen die Summe-Differenz-Auswertung betrachtet werden. Sendeseitig werden die n Meldefrequenzen f_1 bis f_n in einem Ringmodulator einer Trägerfrequenz F aufmoduliert, so daß im Frequenzspektrum am Ausgang der Modulatorstufe für die Nachrichtenübertragung nur noch die beiden Seitenfrequzenzen $F-f$ und $F+f$ auftreten und die Trägerfrequenz F völlig unterdrückt wird. Am Empfangsort werden Summe und Differenz der ankommenden Seitenfrequenzen gebildet und somit entsprechend $(F-f) + (F+f) = 2F$ die doppelte Frequenz der Trägerschwingung neu gewonnen und außerdem entsprechend $(F-f) - (F+f) = 2f$ die doppelte Meldefrequenz erzeugt. Die Nachrichtenübertragung ist bei Einsatz von n Meldefrequenzen f_1 bis f_n dann fehlerfrei, wenn als UND-Verknüpfung zwei Voraussetzungen gleichzeitig erfüllt sind: Von den doppelten Meldefrequenzen $2f_1$ bis $2f_n$ darf nur eine einzige erzeugt werden, und es muß zusätzlich eine Spannung mit der doppelten Frequenz $2F$ der Trägerschwingung vorhanden sein. Tritt eine einzelne Störfrequenz f_s auf, dann sind beide Voraussetzungen nicht erfüllt, da die Summenbildung $f_s + f_s = 2f_s$ nicht zur doppelten Trägerfrequenz $2F$ führt und die Differenzbildung $f_s - f_s = 0$ keine doppelte Meldefrequenz $2f$ ergibt. Eine Auswertung der übertragenen Information ist daher nicht möglich, die Störspannung wirkt sich zur sicheren Seite hin aus. Kriterium für das Vorhandensein von Bündelstörungen ist das gleichzeitige Auftreten aller doppelten Meldefrequenzen $2f_1$ bis $2f_n$.

2.3.1.2 Signaltechnisch sicherer indirekter Gefahrenausschluß

Ist der Ausfall nicht mehr aus dem Verhalten des Systems selbst heraus zu entdecken, so ist das Fail-safe-Verhalten der Anordnung durch weitere zusätzliche Schaltungsmaßnahmen sicherzustellen, die zum indirekten Gefahrenausschluß führen. Während beim signaltechnisch sicheren direkten Gefahrenausschluß das System beim Ausfall unmittelbar in den sicheren Zustand übergeht (s. Bild **2**.17), wird entsprechend Bild **2**.47 beim indirekten Gefahrenausschluß der sichere Zustand erst nach Ablauf der Ausfalloffenbarungszeit erreicht. Es wird dabei nicht angenommen, daß innerhalb der Ausfalloffenbarungszeit ein weiterer Ausfall auftritt. Nach der Abschaltung muß wiederum das System im sicheren Zustand verbleiben.

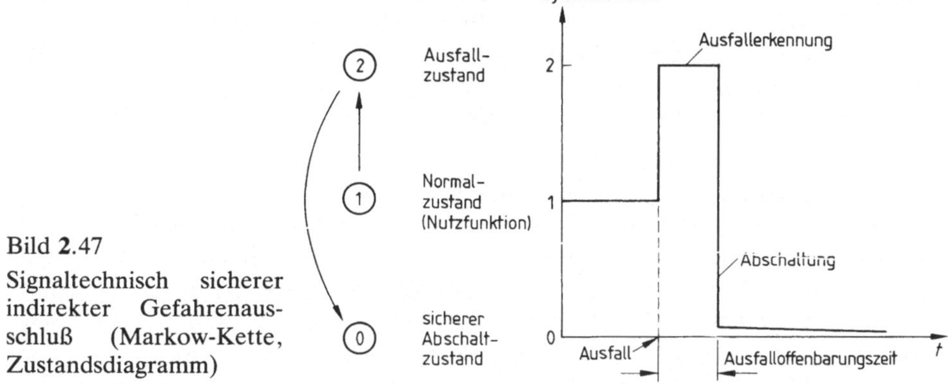

Bild 2.47

Signaltechnisch sicherer indirekter Gefahrenausschluß (Markow-Kette, Zustandsdiagramm)

Der signaltechnisch sichere indirekte Gefahrenausschluß läßt sich auf unterschiedliche Weise verwirklichen. Entweder wird das nicht sicher aufzubauende einkanalige Steuerungssystem durch eine überlagerte oder zeitmultiplexe **Fail-safe-Überwachung** der Nutzfunktion gesichert oder das in sich nicht sichere Steuerungssystem wird gedoppelt, also zweikanalig aufgebaut, und der indirekte Gefahrenausschluß wird durch einen **Fail-safe-Vergleicher** der parallelen Nutzfunktionen des zweikanaligen Steuerungssystems erreicht. Beide Sicherungsmöglichkeiten werden in der Praxis eingesetzt, wenn es sich bei umfangreicheren Steuerungssystemen herausstellt, daß ein direkter Gefahrenausschluß nicht erreichbar ist. Dies ist in der Praxis beim Einsatz von Systemen der Mikroelektronik [130], [131] fast immer der Fall. Es ist dabei zu fordern, daß die bisher erreichte Zuverlässigkeit der Signaltechnik [132] mindestens erhalten bleibt. Systeme der Mikroelektronik werden beispielsweise angewandt zum Aufbau elektronischer Stellwerke [133], [134] und zur Automation von Verkehrssystemen [135].

2.3.1.2.1 Einkanalig mit Fail-safe-Überwachung der Nutzfunktion. Das Schaltungsprinzip zur Fail-safe-Überwachung eines einkanaligen selbst nicht sicheren Steuerungssystems ist in Bild 2.48 dargestellt. Erkennt die mit mehreren Punkten des Steuerungssystems verbundene Überwachungsschaltung das

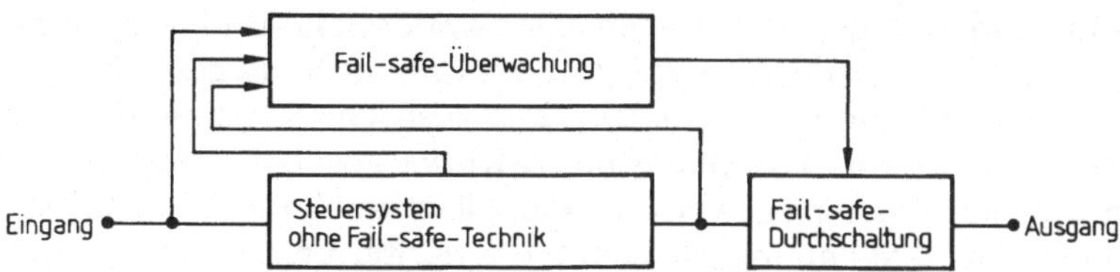

Bild 2.48 Signaltechnisch sicherer indirekter Gefahrenausschluß eines einkanaligen nicht sicheren Steuerungssystems mit Fail-safe-Überwachung

richtige Arbeiten des Steuerungssystems, dann kann das Ausgangssignal des Steuerungssystems über eine Fail-safe-Durchschaltung weitergegeben werden. Überwachungs- und Durchschaltung können auch mit dem Steuerungssystem kombiniert werden und führen dann bei zeitmultiplexem Betrieb zu einer dynamischen Überwachung des Systems.

Überlagerte Überwachung

Aufgabe der überlagerten Überwachung ist es, einen im System selbst nicht direkt erkennbaren Ausfall zu erfassen und das System in den sicheren Zustand zu überführen, der dann nicht wieder verlassen werden darf. Je nach Aufgabe und Aufbau des nicht sicheren Steuerungssystems ist der Aufwand für die Fail-safe-Überwachung unterschiedlich groß, wie an einigen Beispielen gezeigt werden soll.

Fail-Safe-Sender. Aufgabe der Überwachungsschaltung eines Fail-safe-Senders ist es, sowohl den vollkommenen Ausfall als auch insbesondere die ungewollte Frequenzänderung zu erkennen. Es ist also die erzeugte Frequenz zu messen, mit einer Bezugsfrequenz zu vergleichen und nur bei Übereinstimmung beider an den Ausgang weiterzugeben. Eine einfache Ausführungsform ergibt sich durch Einsatz zweier mit der Frequenzdifferenz Δf betriebener Quarzoszillatoren, die von einer beide Oszillatoren umschließenden Koppelspule umgeben werden, mit der die als Trägerfrequenz des Fail-safe-Senders auftretende Frequenzdifferenz Δf ausgekoppelt wird.

Spurkranzzähler. Beim magnetischen Schienenkontakt mit Richtungskriterium infolge einer Feldverzerrung durch den Spurkranz des Rades (Bild **2.49**) sind im nichtbeeinflußten Zustand Erreger- und Empfangsspule infolge des symmetrischen Verlaufs des magnetischen Feldes entkoppelt, so daß die Empfangsspannung $U_E = 0$ ist [116]. Die Anordnung arbeitet also nicht nach dem Ruhestromprinzip. Erst beim Einlaufen eines Rades wird infolge der auftretenden Feldverzerrung die Entkopplung zwischen Erreger- und Empfangsspule aufgehoben, so daß eine vom Ort x der Achse abhängige, durch den Verlauf der Δ-Kurve beschriebene Empfangsspannung $U_E\,(x)$ vorliegt, deren Phasenlage $\varphi_E\,(x)$ vom Ort x des Rades derart abhängt, daß, bedingt durch die Richtung der Feldverzerrung je nach Lage des Rades links oder rechts von der Symmetrieachse der Anordnung, aus der als Phasensprung erkenntlichen Phasenwinkeländerung $\mathrm{d}\,\varphi_E/\mathrm{d}x$ das Richtungskriterium gegeben ist. Durch eine nach dem Ruhestromprinzip betriebene Überwachungsschaltung muß ständig die Funktionsbereitschaft des Schienenkontaktes, also das Vorhandensein des magnetischen Feldes, festgestellt werden. Durch Anbringen einer weiteren im Bild nicht dargestellten Empfangsspule, die mit der Erregerspule verkoppelt ist, liegt an ihrem Ausgang beim Einlaufen eines Rades der in Bild **2.49** gestrichelt dargestellte Verlauf der Σ-Spannung $U_E\,(x)$ vor. Die durch die Δ-Kurve gegebene richtungsabhängige Zählung wird nur dann ausgewertet, wenn gleichzeitig die Σ-Spannung auftritt. Das Fehlen der Σ-Spannung ist somit das Kriterium für einen Ausfall des Systems. Die Flankensteilheit der Kurven $\mathrm{d}U_E/\mathrm{d}t$ ist der Geschwindigkeit v proportional.

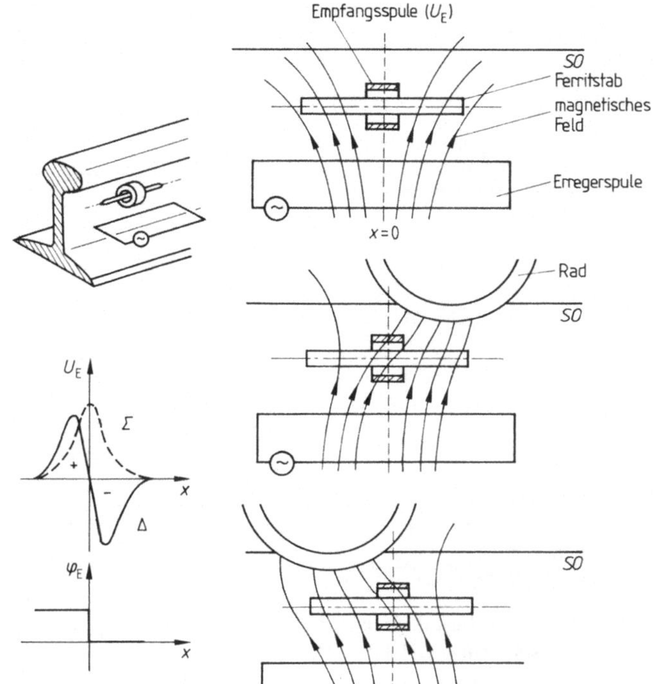

Bild **2**.49

Magnetischer Schienenkontakt mit Richtungskriterium infolge einer Feldverzerrung durch den Spurkranz des Rades

Achszählkreis. Als weiteres Beispiel wird die datenflußabhängige Überwachung der Auswerteschaltung des Achszählkreises betrachtet [115]. Die Achszählkreise melden mit Sicherheitsverantwortung den FREI- oder BESETZT-Zustand eines Gleisabschnittes. Elektronische Schienenkontakte am Anfang und am Ende des zu überwachenden Gleisabschnittes registrieren im Zusammenwirken mit einer Richtungsweiche die Anzahl der in den Gleisabschnitt hinein- und hinauslaufenden Achsen, so daß ein Auswertegerät bei Übereinstimmung beider Zahlen die FREI-Meldung abgeben kann. Da die vom Verlauf der Zugfahrt abhängigen Einzähl- und Auszählvorgänge völlig unabhängig voneinander sind, also statistisch verteilt auftreten, ist vor dem Zählvergleich ein Zwischenspeicher vorzusehen, dessen jeweiliger Inhalt mittels einer getakteten Abfrage dem Vergleicherzähler zugeführt wird. Sowohl beim Erfassen der Anzahl der Achsen als auch beim Zwischenspeichern und beim Zählvergleich sind Schaltungen mit Sicherheitsverantwortung einzusetzen.

Bereits in Abschnitt 2.3.1.1 wurde in Bild **2**.18 gezeigt, daß der als Zählpunkt eines Achszählkreises eingesetzte elektronische Schienenkontakt durch Aufbau in einkanaliger Fail-safe-Technik und Arbeiten nach dem Ruhestromprinzip zum signaltechnisch sicheren direkten Gefahrenausschluß führt. Nicht fail-safe dagegen ist die einkanalige Auswerteschaltung, bei der erst durch eine überlagerte Überwachung der signaltechnisch sichere indirekte Gefahrenausschluß erreicht

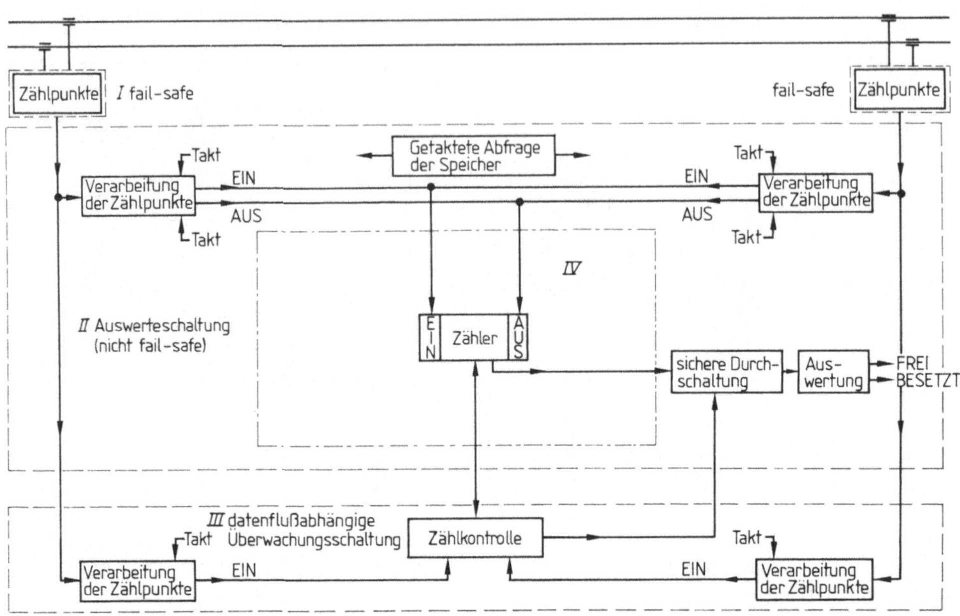

Bild **2.**50   Sicherheitskonzept mit datenflußabhängiger Überwachung der Auswerteschaltung (SEL)

I = Zählpunkte, *II* = Auswerteschaltung, *III* = datenflußabhängige Überwachungsschaltung, *IV* = Zähler

wird. Das durch Zusammenwirken von Funktionsschaltung und Überwachungsschaltung sich ergebende Fail-safe-Verhalten läßt sich aus dem in Bild **2.**50
dargestellten Sicherheitskonzept erkennen, in dem die für die Sicherungsmethoden maßgebenden Gruppen durch Zusammenfassen in gestrichelt eingezeichneten Kästchen besonders gekennzeichnet sind. Gruppe *I* erfüllt voll die Bedingungen der Fail-safe-Technik, Gruppe *II* arbeitet nicht fail-safe und erfordert daher
den Einsatz einer der Gruppe *III* zuzuordnenden Überwachungsschaltung, die
bei dieser Anordnung d a t e n f l u ß a b h ä n g i g betrieben wird. In dieser Überwachungsschaltung werden nur die von den elektronischen Schienenkontakten
gelieferten Zählimpulse der einlaufenden Achsen gespeichert und durch eine
getaktete Abfrage dieser Speicher wird über eine Zählkontrolle geprüft, ob der
Zähler die von dem durchlaufenden Rad ausgelösten, dem Zähler über die
Auswerteschaltung zugeführten Zählimpulse richtig verarbeitet hat. Ist dies der
Fall, dann wird über eine in der Auswerteschaltung angeordnete sichere Durchschaltung die Auswertung des Zählerstandes FREI/BESETZT freigegeben.
Durch die datenflußabhängige Überwachung der Auswerteschaltung wird jeder
Ausfall im System erkannt und das System in den sicheren Zustand überführt.
Ausfälle in den Betriebspausen zwischen zwei Zugfahrten werden nicht erkannt,
führen aber auch nicht zu einem gefährlichen Zustand, sondern wirken sich erst
bei der nächsten Zugfahrt aus, bei der sie sich als Betriebsstörung bemerkbar

machen; Beispiel hierfür ist ein Ausfall des in der Auswerteschaltung enthaltenen, durch das strichpunktiert eingezeichnete Kästchen *IV* gekennzeichneten Zählers.

Aktive Ortung. Die der Nutzfunktion überlagerte Fail-safe-Überwachung ermöglicht auch die aktive Ortung in Gleisfreimeldesystemen, bei denen das Fahrzeug nicht durch den Raddurchlauf mittels eines elektronischen Schienenkontakts oder durch den Achskurzschluß im Gleisstromkreis erfaßt wird, sondern bei der, wie Bild **2**.51 zeigt, zur Ortung ein Sender *S* auf dem Fahrzeug *Fz* in längs der Strecke kontinuierlich angeordneten Spulen *Sp* eine Empfangsspannung U_E induziert, so daß der Ort des Fahrzeuges durch die Lage derjenigen Spule *Sp* gegeben ist, die gerade eine Empfangsspannung U_E liefert, in Bild **2**.51 beispielsweise Spule *2*. Durch parallele (oder zeitmultiplexe) Verbindung der Spulenausgänge mit einer Zentrale *Z* ist dort der jeweilige Ort des Fahrzeugs bekannt und kann, dem Ruhestromprinzip entsprechend, laufend verfolgt werden, so daß sowohl eine Richtungsumkehr als auch der Ausfall eines Senders durch plötzliches Verschwinden der Empfangsspannung U_E erfaßt werden. Nach der ersten Erfassung des Fahrzeugs sind somit auch bei der aktiven Ortung die Sicherheitsanforderungen erfüllt. Fällt dagegen der Sender auf dem Fahrzeug bereits vor der Einfahrt in den zu überwachenden Abschnitt aus, dann muß diese durch eine mit passiver Ortung arbeitende, den Bereich mehrerer Spulen *Sp* überdeckende Fail-safe-Überwachung *Ü* erfaßt werden, die jeweils punktförmig

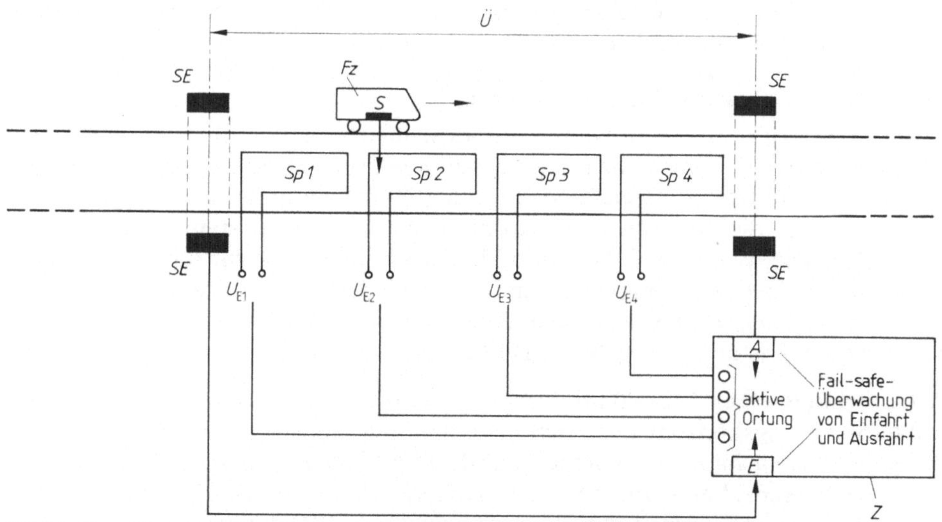

Bild **2**.51 Gleisfreimeldung durch aktive Ortung mit Fail-safe-Überwachung
Fz Fahrzeug, *S* Sender auf dem Fahrzeug, *Sp* Spule im Gleis, U_E Empfangsspannung, *Ü* Fail-safe-Überwachung (Überwachungsabschnitt), *Z* Zentrale zur Auswertung der Ortung (Prinzip), *SE* Sensoren zur passiven Erfassung von Einfahrt und Ausfahrt in den Fail-safe-Überwachungsabschnitt

Einfahrt *E* und Ausfahrt *A* feststellt und damit mittels einer in Bild **2**.51 nicht dargestellten Auswerteschaltung die sichere BESETZT- oder FREI-Meldung des Überwachungsabschnitts *Ü* ermöglicht. Als passive Sensoren *SE* zum Erfassen der Ein- und Ausfahrt in den Überwachungsabschnitt sind beispielsweise sowohl Lichtschranken und Ultraschallschranken als auch elektronische Schienenkontakte und kurze Gleisstromkreise geeignet.

Die bei der aktiven Ortung überlagerte Fail-safe-Überwachung arbeitet jedoch nur dann einwandfrei, wenn bei der Zugfahrt sichergestellt ist, daß es innerhalb des Überwachungsabschnittes nicht zu einer ungewollten Zugtrennung kommen kann, bei der ein Zugteil im Überwachungsabschnitt stehen bleibt und dann dieser (bei Ausfall des Senders auf dem Fahrzeug) auf keinen Fall FREI gemeldet werden darf. Weitere Voraussetzung für das sichere Arbeiten eines Gleisfreimeldesystems ist somit eine Zugschlußüberwachung. Sie läßt sich am einfachsten im Zugverband selbst mittels einer alle Fahrzeuge durchlaufenden, auf Durchgang zu überprüfenden Leitung verwirklichen, bei deren Unterbrechung der HALT-Befehl ausgegeben wird. Eine weitere Möglichkeit zur Zugschlußüberwachung ist das Anbringen eines Zugschlußsenders, dessen ausgesandte Frequenz sowohl bei der Einfahrt in den Überwachungsabschnitt als auch innerhalb des Überwachungsabschnitts und bei der Ausfahrt aus dem Überwachungsabschnitt nachzuweisen ist, um bei der Durchfahrt des Zugverbands die ungewollte Zugtrennung ausschließen zu können. Prinzipiell ist auch von der Strecke aus eine Zuglängenmessung denkbar mit einem Vergleich der Zuglängen bei der Einfahrt und bei der Ausfahrt in den Überwachungsabschnitt, jedoch sind hierzu wesentlich aufwendigere Auswerteschaltungen erforderlich.

Zeitmultiplexe dynamische Überwachung

Eine datenflußunabhängige, also auch in den Betriebspausen wirksame Überwachungsschaltung erfordert eine laufende Prüfung der richtigen Verarbeitung der Nutzfunktion; erreicht wird sie durch eine zeitmultiplexe, dynamische Überwachung, die bei vielen elektronischen Sicherungssystemen angewandt wird [115]. Die dynamische laufende Überwachung entspricht funktionell dem Ruhestromprinzip, allerdings mit dem Unterschied, daß das System beim Ausfall nicht unmittelbar, sondern erst nach einer endlichen Ausfalloffenbarungszeit in den sicheren Zustand übergeht (s. Bild **2**.47).

Zählerprüfung eines Achszählkreises. Um beispielsweise das in Bild **2**.50 dargestellte Sicherungskonzept der Auswerteschaltung eines Achszählkreises durch laufende Überwachung der Funktion des dort im Kästchen *IV* angeordneten Zählers zu verbessern, kann eine zeitmultiplexe Zählerprüfung des Achszählkreises vorgesehen werden, bei der ein Ausfall im Zähler selbst auch zwischen zwei Zugfahrten erkannt wird und eventuell ohne Betriebsbehinderung vor der nächsten Zugfahrt behoben werden kann.

Wie die in Gruppe *IV* zur zeitmultiplexen Zählerprüfung in Bild **2**.52 dargestellte Ergänzung zeigt, hat sich an der Arbeitsweise des Achszählkreises nichts

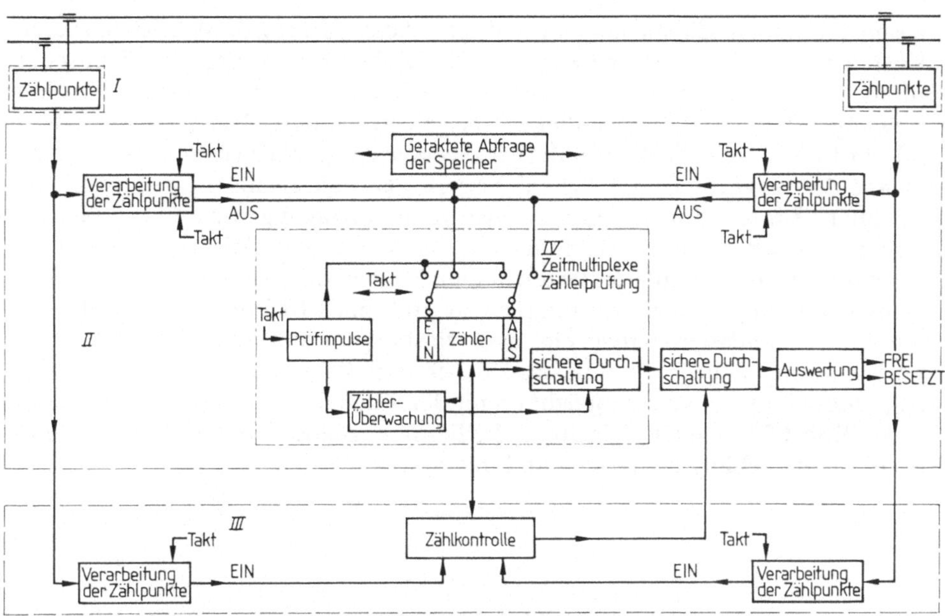

Bild **2**.52   Sicherheitskonzept mit datenflußabhängiger Überwachung der Auswerteschaltung und zusätzlicher zeitmultiplexer Zählerüberwachung (Siemens)

I = Zählpunkte, *II* = Auswerteschaltung, *III* = datenflußabhängige Überwachungsschaltung, *IV* = Zähler mit zeitmultiplexer Überwachung

geändert, jedoch werden zeitlich zwischen die Nutzimpulse EIN und AUS die
von einem zusätzlichen Generator erzeugten Prüfimpulse eingefügt, so daß der
Zähler laufend arbeitet und eine Koinzidenzkontrolle am Ausgang eine datenflußunabhängige Fehlererkennung für den Zähler ermöglicht. Die von den Prüf-
impulsen gesteuerte Zählerüberwachung löst innerhalb der Gruppe *IV* als Kennzeichen für die sichere Arbeitsweise des Zählers ebenfalls eine sichere Durchschaltung aus. Die datenflußabhängigen Nutzimpulse erreichen den Zähler in
den Pausen zwischen den Nutzimpulsen.

Linienzugbeeinflussung LZB. Das durch zeitmultiplexe dynamische Überwachung erreichbare Fail-safe-Verhalten elektronischer Sicherungsschaltungen ist
die Voraussetzung für die Entwicklung moderner Steuerungssysteme. Als wichti-
ges Beispiel soll hier die Linienzugbeeinflussung LZB betrachtet werden,
bei der die dynamische Überwachung Bestandteil des Systems ist. Aufgabe der
LZB ist es, durch kontinuierliche gegenseitige Nachrichtenübertragung zwischen Zug und Strecke in jedem Augenblick die Sicherheitsforderungen des Systems zu erfüllen und damit betrieblich entscheidend zur Verbesserung der Fahrdynamik beizutragen [136], [137], [138],
[139], [140], [141]. So ermöglicht es die LZB beispielsweise, Züge einander im
geschwindigkeitsabhängigen Bremswegabstand folgen zu lassen, so daß zwischen

langsam fahrenden Zügen nur ein geringer Abstand erforderlich ist, dadurch
Rückstau vermieden wird und somit die Betriebsführung sehr viel elastischer
wird als bei der Gleisfreimeldung mit Abschnitten konstanter, auf maximalem
Bremsweg bei Höchstgeschwindigkeit ausgelegter Länge. Nach Lagershausen
[136] wird die durch die kontinuierliche gegenseitige Nachrichtenübertragung
zwischen Zug und Strecke mögliche Fahrweise als „Fahren auf Elektrische Sicht"
bezeichnet. Zur kontinuierlichen Nachrichtenübertragung wird eine induktive
Kopplung zwischen dem Triebfahrzeug und einer im Gleis verlegten nicht
abgeschirmten, als Linienleiter bezeichneten Doppelleitung eingesetzt. Der dem
Zug über den Linienleiter kontinuierlich zuzuführende Befehl wird entweder auf
einem Führerstandssignal angezeigt oder direkt einer automatischen Fahr- und
Bremssteuerung eingegeben. Die das LZB-System kennzeichnende gegenseitige
Nachrichtenübertragung ermöglicht damit den Fortfall ortsfester Signale an der
Strecke. Bild 2.53 zeigt das Prinzip der LZB-Linienzugbeeinflussung mit zeitmul-
tiplexer Überwachung als Bestandteil des Systems.

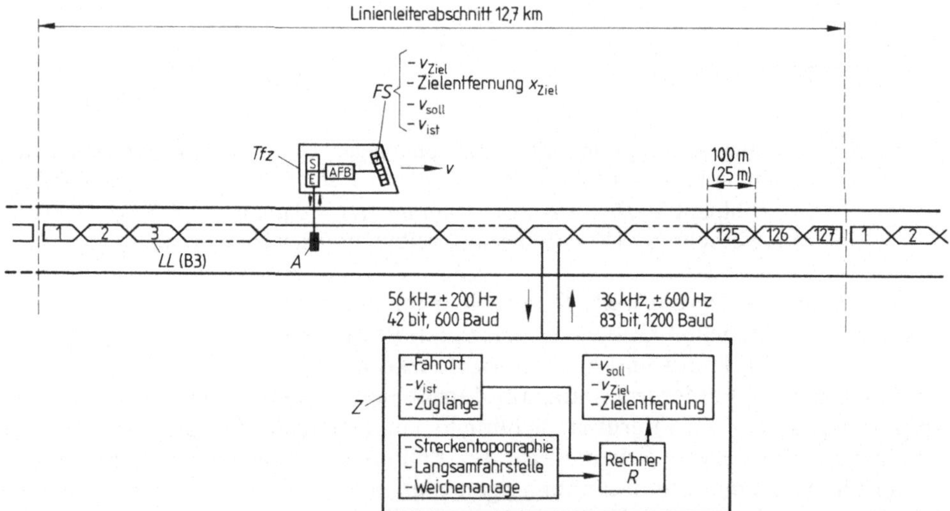

Bild 2.53   LZB-Linienzugbeeinflussung mit zeitmultiplexer dynamischer Überwachung
als Bestandteil des Systems
LL Linienleiter in B3-Verlegung im Gleis, *Tfz* Triebfahrzeug mit Sender *S*,
Empfänger *E* und automatischer Fahr- und Bremssteuerung *AFB*, Führerstandssignalisierung *FS*, Antenne *A*, Geschwindigkeit *v* im Linienleiterabschnitt, Streckenzentrale *Z* mit Rechner *R*

Kernstück der LZB ist der im Gleis verlegte Linienleiter *LL* (Verlegungsart
B3 nach ORE mit Leiter in Gleismitte und Leiter im Schienenfuß) zur induktiven
kontinuierlichen gegenseitigen Nachrichtenübertragung bis zu Geschwindigkeiten von $v = 300$ km/h zwischen einem über die Antenne *A* angekoppelten
Triebfahrzeug *Tfz* und einer Streckenzentrale *Z*. Zur Ortung des Triebfahrzeugs

Tfz werden bei der Linienleiterübertragung als Kreuzstellen ausgeführte, durch Unterbrechung der Nachrichtenübertragung und durch einen Phasensprung gekennzeichnete markante Punkte eingeführt, so daß durch Zählen der überfahrenen Kreuzstellen der jeweilige Ort gegeben ist. Das LZB-System arbeitet ortsselektiv, d. h. der Ort des Triebfahrzeugs ist gleichzeitig Adresse des Triebfahrzeugs [137]. Bei Fernbahnen beträgt der Kreuzstellenabstand 100 m, bei Nahverkehrsbahnen 25 m; 127 Teilabschnitte bilden einen Linienleiterabschnitt. Mittels Radumdrehungszähler wird der 100-m-Abschnitt zusätzlich in 8 Unterabschnitte zu je 12,5 m Länge unterteilt. Meldung und Befehl werden mit Telegrammen und FSK-Modulation übertragen: Vom Triebfahrzeug *Tfz* zur Zentrale Z 42 bit bei 600 Baud mit der Frequenz 56 kHz $\pm$ 200 Hz und von der Zentrale Z zum Triebfahrzeug *Tfz* 83 bit bei 1200 Baud mit der Frequenz 36 kHz $\pm$ 600 Hz. Auf dem Triebfahrzeug befinden sich Sender S und Empfänger E sowie die automatische Fahr- und Bremssteuerung *AFB* und die Führerstandssignalisierung mit Anzeige der Sollgeschwindigkeit v_{soll}, der Istgeschwindigkeit v_{ist}, der Zielgeschwindigkeit v_{Ziel} und der Zielentfernung x_{Ziel} bis zum Abschnittsende oder bis zu einem Gefahrenpunkt. In der Streckenzentrale wird mit dem Rechner R einerseits aus den vom Triebfahrzeug als Meldung gelieferten Werten v_{ist}, Fahrort und Zuglänge und andererseits aus den abgespeicherten Werten der Streckentopographie der Langsamfahrstellen und der Weichenlage der an das Triebfahrzeug zu übertragende Befehl ermittelt, bestehend aus v_{soll}, v_{Ziel} und Zielentfernung x_{Ziel} [138]. Wie später gezeigt wird (s. Abschnitt 2.3.2), kann hier angenommen werden, daß die Sicherheit des Prozeßrechners mit freier Programmierung und mehrfacher Parallelverarbeitung gewährleistet ist. Für $v_{\text{ist}} > v_{\text{soll}}$ wird auf dem Triebfahrzeug die Zwangsbremse ausgelöst.

Zur zeitmultiplexen dynamischen Überwachung des LZB-Systems werden die Telegramme mehrmals innerhalb der Durchfahrt durch einen 100 m langen Teilabschnitt zwischen Triebfahrzeug und Zentrale ausgetauscht, und es ist ein Telegrammzyklus von maximal 1 s vorgesehen. Die dynamische Überwachung übernimmt damit die Rolle der zyklischen Prüfung und somit einen Teil der Funktion des Ruhestromprinzips in bezug auf die Ausfallerkennung, führt jedoch die LZB erst nach Ablauf der Ausfalloffenbarungszeit (s. Bild **2**.47) in den sicheren Abschaltzustand. Damit im Betrieb der LZB nicht jede kurzzeitige Störung der Nachrichtenübertragung, beispielsweise der Ausfall eines einzigen Telegramms, die Zwangsbremse auslöst und damit zu einer Betriebsstörung führt, wird in der Praxis das System erst abgeschaltet, wenn innerhalb von 3 s kein Telegramm übertragen wird.

Zur einwandfreien Arbeitsweise des LZB-Systems werden an die Nachrichtenübertragung sich widersprechende Forderungen gestellt. Einerseits muß zur Ortung durch Erfassen markanter Punkte die Nachrichten-Übertragung an den Kreuzstellen des Linienleiters unterbunden werden, andererseits muß zur Steuerung und dynamischen Überwachung die Kontinuität der Nachrichtenübertragung auch an den Linienleiterkreuzstellen sichergestellt sein. Durch Kombination mehrerer Antennen auf dem Triebfahrzeug lassen sich beide Forderungen erfüllen. Bild **2**.54 zeigt als Beispiel die Anordnung und das Übertragungsverhalten einer Kombination von zwei entkoppelten, im gleichen Schwerpunkt angeordneten, gegeneinander um 90° gekreuzten Spulen *Sp1* und *Sp2*, bei der aus dem auf die vor Erreichen der Kreuzstelle auftretenden Spannung U_0 normierten Verlauf $U/U_0 = f(x)$ der Ausgangsspannung einer Spule allein markante Punkte als Nullstelle erfaßt werden und die Auswertung der Ausgangsspannungen beider Spulen die Kontinuität der Nachrichtenübertragung sichert. Zusätzliches Kennzeichen der Kreuzstelle ist auch bei dieser Anordnung der vor und hinter der Kreuzstelle auftretende Phasensprung zwischen den Ausgangsspannungen der beiden Spulen *Sp1* und *Sp2*. Die gleiche Wirkung wird erreicht durch die Kombination zweier hintereinander liegender Spulen, die nach Phasenverschiebung der Ausgangsspannung einer der beiden Spulen um 90° in Reihe geschaltet werden, oder bei denen die Phasenverschiebung selbst ausgewertet wird.

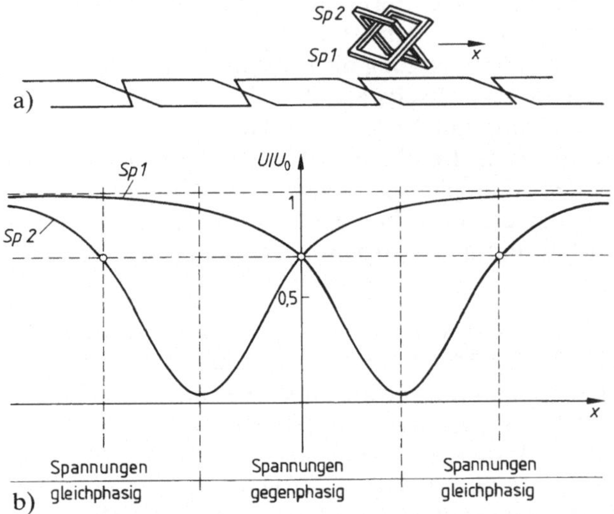

Bild 2.54
Zwei gekreuzte Koppelspulen als LZB-Antenne zum Erfassen der Kreuzstelle im Linienleiter und zur kontinuierlichen Nachrichtenübertragung zwischen Zug und Strecke

a) Anordnung beider Spulen *Sp1* und *Sp2* im gleichen Schwerpunkt mit räumlicher Verdrehung um 90°

b) Normierter Verlauf $U/U_0 = f(x)$ der Ausgangsspannung der beiden Spulen *Sp1* und *Sp2*

Testprogramm bei Mikroprozessoren. Der signaltechnisch sichere indirekte Gefahrenausschluß durch zeitmultiplexe Fail-safe-Überwachung der Nutzfunktion ist bei einkanaligem Aufbau des Steuerungssystems bei Mikroprozessoren durch Zwischenschalten von Testprogrammen gegeben. Aufgabe dieser Testprogramme ist es, Ausfälle in der Hardware dadurch zu erkennen, daß zeitmultiplex zur Nutzfunktion, also als Interrupt, Programmabläufe zwischengeschaltet werden, bei denen alle Bauelemente angesprochen werden und die nur dann zu dem im Testprogramm vorgesehenen Ergebnis führen, wenn kein Ausfall eines Bauelements vorliegt. Wird das programmierte Ergebnis nicht erreicht, ist der Ausfall durch die Überwachung erkannt und die Ausgabe der Nutzfunktion wird gesperrt (s. a. Abschnitt 2.1.3.2).

2.3.1.2.2 Zweikanalig mit Fail-safe-Vergleicher paralleler Nutzfunktionen.
Das Schaltungsprinzip zur Überwachung zweier parallel geschalteter selbst
nicht sicherer Steuerungssysteme durch einen Fail-safe-Vergleicher ist in Bild
2.55 dargestellt. Aufgabe des Fail-safe-Vergleichers ist es, nur bei Übereinstimmung der Ausgänge beider Steuerungssysteme das Ausgangssignal sicher durch-
zuschalten [142], [143]. Jeder Ausfall in einem der beiden Steuerungssysteme
wird daher erkannt, so daß das Gesamtsystem in den sicheren Abschaltzustand
überführt wird, in dem es verbleiben muß. Die Sicherheit des Gesamtsystems
wird auf Kosten der Verfügbarkeit erreicht, da die Ausfallwahrscheinlichkeit
zweier parallelgeschalteter Steuerungssysteme größer ist als die eines Einzelsy-
stems. Der Aufwand für den Aufbau des Fail-safe-Vergleichers ist bei Verwendung von Prozeßrechnern gerechtfertigt, nicht dagegen beim Einsatz von
Mikrorechnern, bei denen ein Softwarevergleich durchgeführt wird. Bei der
Neuentwicklung des Fahrzeuggeräts für den LZB-Betrieb wurde das Prinzip des
Softwarevergleichs auf ein 3-Rechner-System erweitert [144].

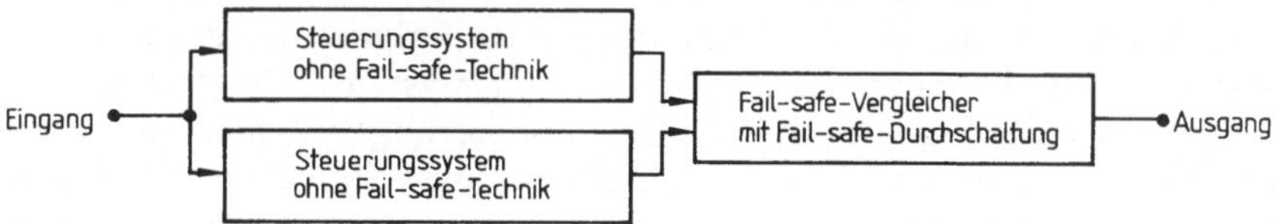

Bild 2.55 Signaltechnisch sicherer indirekter Gefahrenausschluß zweier parallelgeschalteter nicht sicherer Steuerungssysteme durch einen Fail-safe-Vergleicher der
Nutzfunktionen

Um die nach dem Ausfall bis zur Abschaltung in den sicheren Zustand erforderliche Ausfalloffenbarungszeit so klein wie möglich zu machen und damit die
Wahrscheinlichkeit des Auftretens von Doppelfehlern in dieser Zeit zu verringern, wird in der Praxis der Fail-safe-Vergleich der beiden Steuerungssysteme
nicht erst am Ausgang dieser beiden Systeme durchgeführt, sondern in ähn-

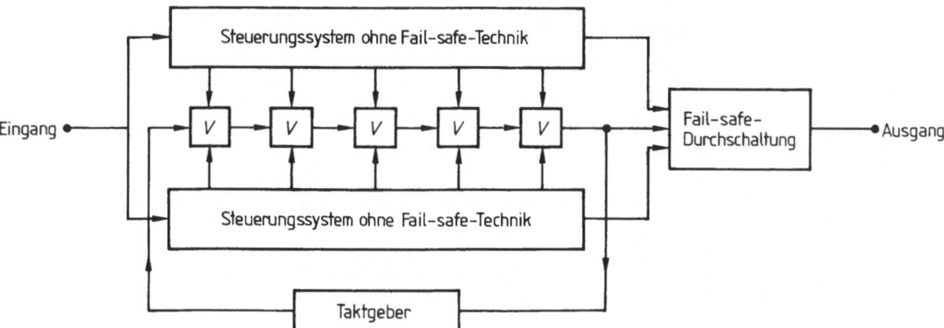

Bild 2.56 Signaltechnisch sicherer indirekter Gefahrenausschluß zweier parallelgeschalteter nicht sicherer Steuerungssysteme mit verringerter Ausfalloffenbarungszeit durch verteilten, aus Verknüpfungsbausteinen *V* aufgebauten Fail-safe-
Vergleicher und Ausfallerkennung durch Taktkreisunterbrechung

licher Weise wie bei der Überwachungsschaltung bereits laufend in die Steuerungssysteme selbst eingebaut. Dieser in Bild **2**.56 dargestellte verteilte Fail-
safe-Vergleicher besteht aus in Reihe geschalteten taktgesteuerten Verknüpfungsbausteinen V, die das Taktsignal nur bei richtiger Arbeitsweise beider
Steuerungssignale durchlassen, so daß ein Ausfall in irgendeiner Stufe des
Steuerungssystems sofort durch die Taktkreisunterbrechung erkennbar ist und
sofort die sichere Abschaltung ausgelöst werden kann.

URTL

Als Ausführungsbeispiel soll zunächst das bei der Firma Siemens entwickelte
zweikanalige Logiksystem mit identischen Verarbeitungskanälen URTL (Über-
wachte Widerstands-Transistor-Logik) betrachtet werden [145]. Wie Bild **2**.57
zeigt, wird beim URTL-System die Sicherheit erreicht über eine im System
verteilte Ausfalloffenbarung, die zu einer Taktkreisunterbrechung führt.
Weiteres Kennzeichen dieses Systems ist das durch seine Phasenlage gegebene
dynamische Signal, das in Bild **2**.57 für die logischen Werte 1 und 0, beispielsweise als das dem Steuerungssystem *1* zugeführte Originalsignal, dargestellt ist
und das als Komplementärsignal am Steuerungssystem *2* liegt. Durch diese
antivalente Form der Signale auf den beiden Steuerungssystemen wird erreicht,
daß bei einwandfreier Arbeitsweise der Steuerungssysteme an den jeweils zu
vergleichenden Ausgängen eine Potentialdifferenz auftritt, die die Versorgungsspannung für die Verknüpfungsbausteine V liefert, so daß diese aktiviert werden
und die Taktimpulse durchlassen. Jeder Ausfall in einem der Steuerungssysteme
stört die Antivalenz der Signale, liefert damit keine Versorgungsspannung mehr

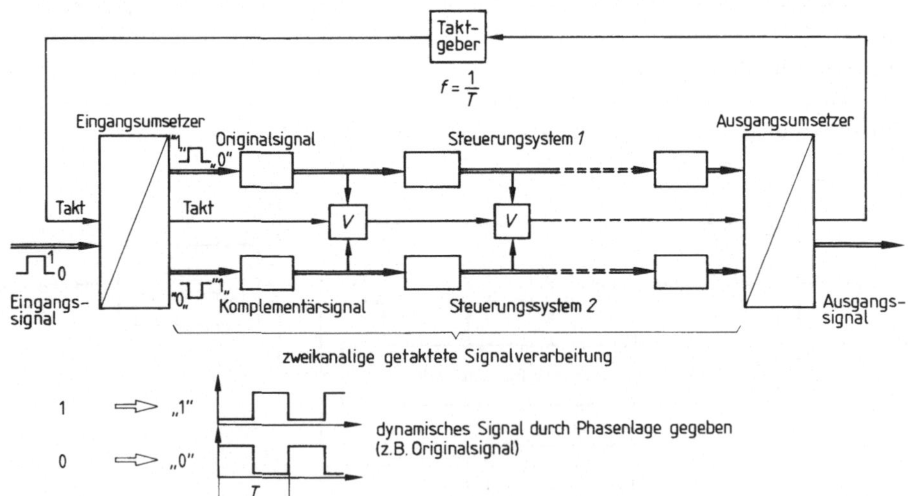

Bild **2**.57   Sicherungsprinzip der zweikanaligen URTL-Schaltung mit dynamischen,
durch die Phasenlage gegebenen Eingangssignalen und sicherem Vergleicher
mit verteilter Überwachung der Antivalenz durch Verknüpfungsbaustein V

an die Verknüpfungsbausteine und führt so zur Taktkreisunterbrechung, d. h., der Ausfall ist erkannt und offenbart sich, und damit wird die Durchschaltung des Ausgangssignals verhindert.

SIMIS

Als weiteres Ausführungsbeispiel für den zweikanaligen signaltechnisch sicheren indirekten Gefahrenausschluß mit Fail-safe-Vergleicher paralleler Nutzfunktionen durch zeitmultiplexe Prüffunktionen soll das für den Einsatz bei Mikroprozessor-Systemen von Siemens und SEL entwickelte zweikanalige Logiksystem SIMIS (Sicheres Mikrocomputer System) betrachtet werden, das beispielsweise im Fahrzeuggerät der Linienzugbeeinflussung LZB als sicher arbeitendes Doppelrechnersystem angewandt wird und auch für alle Verarbeitungsaufgaben eines Stellwerks zur Verfügung steht. Zwei identische, jeweils aus Zentralprozessor und Speicher bestehende, mit marktgängigen Bausteinen nicht in Fail-safe-Technik aufgebaute Mikrocomputer erhalten ihre Arbeitstakte aus einem externen Taktgeber, und nach jedem Arbeitstakt findet bei taktsynchronem Betrieb mit gleichen Programmen auf allen Busleitungen ein Vergleich zwischen beiden Computern statt. Nur wenn die einander zugeordneten Leitungen von Adreßbus, Datenbus und Steuerbus an allen beim Mikrocomputer zugänglichen Datenschnittstellen gleiches Potential aufweisen, kann der Taktgeber den nächsten Taktimpuls abgeben; bei jedem Ausfall in einem der beiden Computer wird das

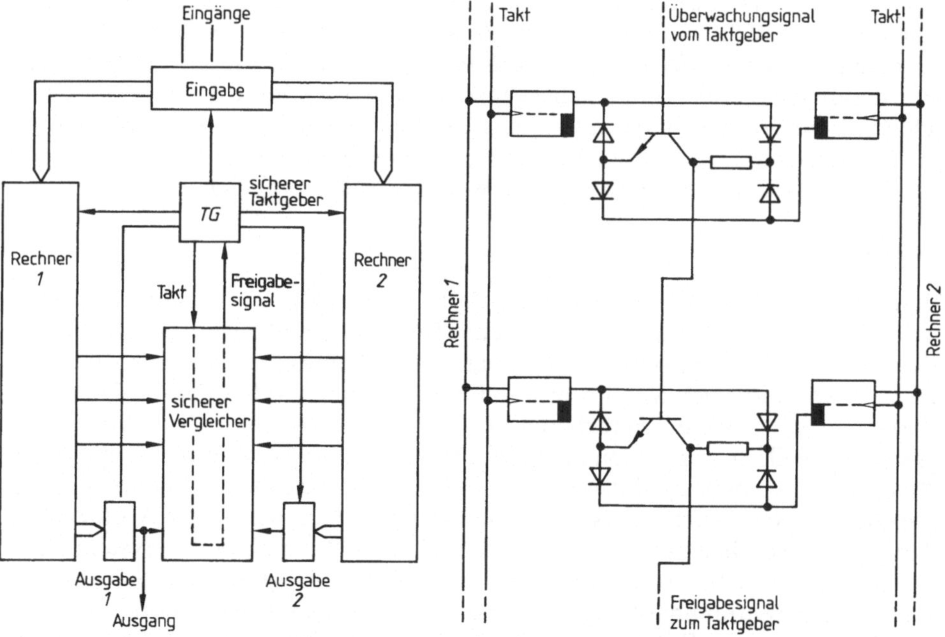

Bild **2**.58 Blockschaltbild des SIMIS   Bild **2**.59 Prinzipschaltung des SIMIS-Vergleichers

Schaltwerk stillgesetzt, d. h., der Mikromputer arbeitet nicht mehr, so daß der Ausfall sich nicht mehr auf den Prozeß auswirken kann. Die Forderungen nach signaltechnischer Sicherheit sind nur von Taktgeber und Vergleicher zu erfüllen. Bild 2.58 zeigt das Blockschaltbild des SIMIS; in Bild 2.59 ist die Prinzipschaltung des SIMIS-Vergleichers dargestellt. Der Vergleicher arbeitet als Kette aneinandergeschalteter Äquivalenzprüfelemente und ist als Verstärker aufgebaut. Das taktgesteuerte Überwachungssignal wird nur weitergeleitet, wenn aus den anliegenden antivalenten Signalen eine als Versorgungsspannung des Verstärkers wirkende ausreichend hohe Gleichspannung erzeugt wird. Da Mikrocomputer auf ihren Busleitungen bei der zu überprüfenden Verarbeitungsgleichheit gleiche Signalpotentiale haben, muß die eine Hälfte der Antivalenzprüfelementeingänge negiert werden. Dies geschieht durch Zuführen der negierten Ausgänge der in D-Flipflops gespeicherten Buszustände eines Kanals. Das am Ausgang der Vergleicherkette auftretende Freigabesignal ist die Voraussetzung für die Weitersteuerung des Taktgebers. Zur Erhöhung der Taktgeschwindigkeit kann die Vergleicherkette durch einen einzigen Vergleicher ersetzt werden, dem die zu überwachenden Signale durch schnelle zeitmultiplexe Abfrage ausgesuchter Schnittstellen der Busleitungen zugeführt werden [146], [147].

In einer ergänzend entwickelten Kompaktversion [148] wurden Verarbeitungs- und Überwachungsfunktion auf nur zwei Baugruppen komprimiert und damit ein geringer Umfang der Hardware, ein geringer Aufwand beim Führen des Sicherheitsnachweises sowie eine Verdreifachung der Arbeitsgeschwindigkeit erreicht. Während bisher beim Ansprechen der Überfunktion der Takt abgeschaltet wurde, werden jetzt die Rechner durch einen Interrupt informiert und dadurch veranlaßt, die sicherheitsrelevante Peripherie irreversibel abzuschalten. Die Vergleicherschaltung besteht dabei nicht mehr aus vier Baugruppen, sondern nur noch aus je einem integrierten Schaltkreis (IC) mit verringerter Ausfallrate und mit angebbaren Kennwerten der Zuverlässigkeit.

SELMIS

Beim SELMIS (**SEL-Mi**krocomputer-**S**ystem) hat jeder der beiden Rechnerkanäle einen eigenen Taktgeber, ein eigenes Bussystem und eine eigene Stromversorgung. Die Eingangssignale gehen parallel und entkoppelt an jeden Rechner und werden dort nach Synchronisation der Programmläufe über die Unterbrechersteuerung getrennt verarbeitet. Da somit die Rechner ihre Arbeitsprogramme jeweils zum gleichen Zeitpunkt starten, ist die Zeitabweichung bei der Ausgabe der Arbeitsergebnisse nicht allzu groß, so daß die an einem Ausgabespeicher des Nachbarrechners anliegenden Ergebnisse nach kurzer Wartezeit mit den eigenen verglichen werden können. Bei Ausfällen nimmt das System einen signaltechnisch sicheren Zustand ein. Durch Kombination von datenflußabhängigen und datenflußunabhängigen Programmen wird die Ausfalloffenbarungszeit und damit die Wahrscheinlichkeit für das Auftreten von Doppelfehlern verringert. Das Logiksystem SELMIS ist somit signaltechnisch sicher durch indirekten Gefahrenausschluß (zweier) parallelgeschalteter Steuerungssysteme mittels Fail-safe-Vergleicher.

LOGISIRE

Das von AEG-Telefunken entwickelte zweikanalige sichere Mikrorechnersystem LOGISIRE ist mit Standard-Baugruppen in Hardware und Software identisch aufgebaut. Durch blocksynchrone parallele Verarbeitung in zwei getrennten, voneinander unabhängigen Hardware-Kanälen mit signaltechnisch sicherem Vergleich von Zwischenergebnissen und Ausgaben, vorwiegend durch Software, aber auch durch Hardware, entspricht das System den Grundforderungen der Sicherheitstechnik. Zyklisch ablaufende on-line-Tests bewirken dabei durch Dynamisierung statischer Betriebszustände eine ereignisunabhängige Ausfalloffenbarung. Ein- und Ausgangssignale sind durch Redundanz gesichert; eine zentrale sichere Abschaltung der Versorgungsspannung verhindert Ausgangssignale bei Ausfällen. Die Software wird mit der Programmiersprache Pascal erstellt.

2.3.2 Begrenzung der Gefährdungswahrscheinlichkeit

Läßt sich mit Sicherheitsschaltungen weder ein signaltechnisch sicherer direkter noch ein indirekter Gefahrenausschluß erreichen, dann sind die Sicherheitsschaltungen so aufzubauen, daß die Gefährdungswahrscheinlichkeit so weit wie möglich begrenzt wird. Die Begrenzung der Gefährdungswahrscheinlichkeit kann entweder erreicht werden mit gleichen voneinander unabhängig arbeitenden parallelredundanten Schaltwerken oder mit durch Aufbau oder Programm diversen parallelarbeitenden Schaltwerken sowie durch Prüffunktionen mittels Testprogramm. Bei Prozeßsteuerungen ist zusätzlich der Einfluß von Software-Fehlern zu berücksichtigen.

2.3.2.1 Parallelredundante Schaltwerke gleichen Aufbaus

Wird das Gesamtsystem durch Parallelschalten von Schaltwerken gleichen Aufbaus gebildet, dann können Ausfälle im System durch den Prozeßablauf selbst entdeckt werden und durch dadurch ausgelöstes Abschalten des Systems zur sicheren Seite hin läßt sich die Gefährdungswahrscheinlichkeit begrenzen. Parallel arbeitende Schaltwerke können sowohl als Vergleichersysteme als auch als Mehrheitsentscheidungssysteme betrieben werden. Treten Pausen im Prozeßablauf auf, werden bei beiden Systemen Ausfälle nicht entdeckt [149].

2.3.2.1.1 Vergleicher-Systeme (nvn-Systeme).

Bei Vergleicher-Systemen, auch als nvn-Systeme bezeichnet, werden die Ergebnisse der n parallelen Teilsysteme untereinander verglichen und das Gesamtsystem wird zur sicheren Seite hin abgeschaltet, wenn ein Ergebnis eines Teilsystems nicht mit den übrigen Ergebnissen übereinstimmt. Bild **2.60** zeigt den prinzipiellen Aufbau des nvn-Systems. Über die n Kanäle mit den Eingängen $E_1, E_2, \ldots E_n$ wird den Teilsystemen $T_1, T_2 \ldots T_n$ zur getrennten Verarbeitung die jeweils gleiche

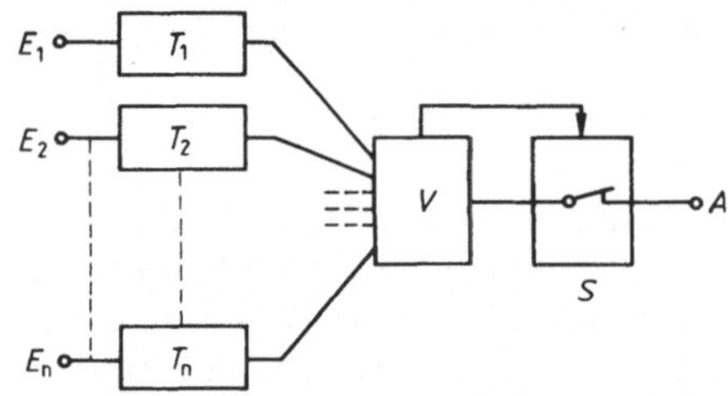

Bild **2**.60

Prinzipieller Aufbau des nvn-Systems mit Vergleicher

$E_1, E_2 \ldots E_n$ Eingang der n Kanäle, $T_1, T_2 \ldots T_n$ Teilsysteme, V Vergleicher, S Schalter, A Ausgang

Information zugeführt. Die von den Teilsystemen unabhängig voneinander erarbeiteten Ergebnisse werden an den Vergleicher V abgegeben, der bei Übereinstimmung aller Teilergebnisse einkanalig den Schalter S zum Ausgang A durchschaltet. Ist ein Teilsystem defekt, liegen am Vergleicher unterschiedliche Teilergebnisse an, und mit Hilfe des Schalters S wird dann das Gesamtsystem zur sicheren Seite hin abgeschaltet. Voraussetzung hierfür ist allerdings, daß der Schalter S vor einem Ausfall der restlichen $(n-1)$ Teilsysteme abschaltet, daß also innerhalb der Ausfalloffenbarungszeit (s. Bild **2**.47), die zwischen dem Auftreten eines Ausfalls und seiner Entdeckung bis zum Abschalten verstreicht, kein weiterer Ausfall auftritt, der zu einer Gefährdung des Systems führen könnte. Die hierdurch gegebene Gefährdungswahrscheinlichkeit ist die Kenngröße der Sicherheit. Bei einer worst-case-Abschätzung muß dabei unterstellt werden, daß die restlichen $(n-1)$ Teilsysteme ihrer Zuverlässigkeit entsprechend vor Abschalten des Gesamtsystems ausfallen und daß die erarbeiteten Teilergebnisse gleich falsch sind, so daß der Vergleicher ein verfälschtes Ergebnis zur Weiterverarbeitung abgibt.

Ist die Abschaltzeit klein gegenüber dem mittleren Ausfallabstand eines Teilsystems – eine Voraussetzung, die in der Praxis fast immer erfüllt ist – dann sinkt die Gefährdungswahrscheinlichkeit eines nvn-Systems gegenüber der des kleinsten nach dem Vergleicherprinzip arbeitenden 2v2-Systems mit der Potenz von $(n-1)$ [149].

Ein Beispiel für das 2kanalige System ist das SELTRAC-Fahrzeuggerät, das zur Steuerung von Nahverkehrsfahrzeugen eingesetzt wird [150].

Die Gefährdungswahrscheinlichkeit des 3v3-Systems ist stets beträchtlich geringer als die des 2v2-Systems, insbesondere bei kleinen Abschaltzeiten. Für höherwertige abschaltbare nvn-Systeme sinkt die Gefährdungswahrscheinlichkeit weiter ab, die Systeme werden also mit steigendem Redundanzgrad immer sicherer, jedoch nimmt dabei die Ausfallwahrscheinlichkeit ebenfalls zu und führt zu unerwünschten Störungen im Betriebsablauf.

Die resultierende Sicherheit des nvn-Systems ist aber nicht nur durch die Wahrscheinlichkeit gegeben, daß keine Gefahr in dem nvn-System selbst entsteht, sondern hängt in gleichem Maß von der Wahrscheinlichkeit ab, daß keine Gefährdung in dem zugehörigen Vergleicher des Gesamtsystems auftritt. Im Idealfall ist somit für die Anordnung in Bild **2**.60 ein Fail-safe-Vergleicher erforderlich, der aber nicht immer zu verwirklichen ist. In der Praxis ist es jedoch möglich, den Vergleicher so aufzubauen, daß er nur einen vernachlässigbaren Einfluß auf die Gefährdungswahrscheinlichkeit des Gesamtsystems ausübt. Erreicht werden kann dies beispielsweise wieder durch erneute Anwendung des Vergleicherprinzips auf die Vergleicheranordnung selbst. Wie Bild 2.61 zeigt, werden dazu die n Teilsysteme T_1 bis T_n mit z parallel zueinander arbeitenden Vergleichern V_1 bis V_z verbunden, deren Ergebnisse wieder mit Hilfe des Vergleichers V verglichen werden. Ein Fail-safe-Verhalten im eigentlichen Sinn wird hierdurch nicht erreicht, da der Vergleicher V selbst nicht fail-safe ist, jedoch wird, wie gefordert, die durch die Vergleicheranordnung gegebene Gefährdungswahrscheinlichkeit vernachlässigbar klein gegenüber der Gefährdungswahrscheinlichkeit des Gesamtsystems.

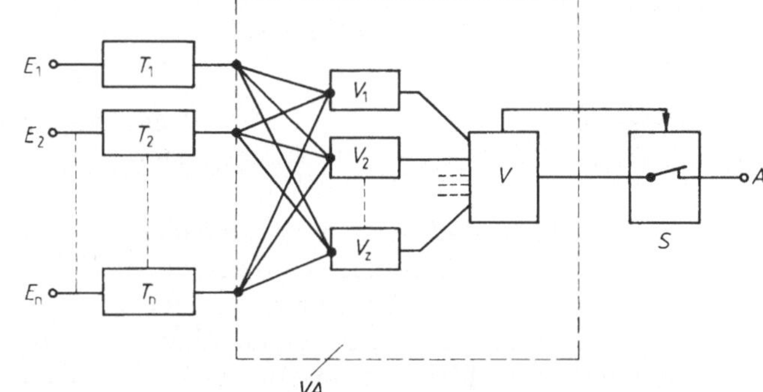

Bild 2.61

Anwendung des Vergleicherprinzips auf die Vergleicheranordnung VA des nvn-Systems nach Bild 2.60

V_1, V_2 ... V_z Teilsysteme des Vergleichers, V Vergleicher der Teilsysteme des Vergleichers

Die Sicherheit eines nvn-Systems kann durch modulare Unterteilung des Gesamtsystems weiter gesteigert werden, wenn wiederum jedem einzelnen Modul ein Vergleicher folgt. Durch die Modularisierung des Systems läßt sich somit ohne Erhöhung der Anzahl der parallelgeschalteten Teilsysteme mit steigendem Unterteilungsgrad eine steigende Sicherheit erzielen, jedoch steigt dabei die Anzahl der erforderlichen Vergleicher. Eine Modularisierung ist daher nur für solche Systeme von Vorteil, bei denen die gewünschte Sicherheit bereits bei kleinen Unterteilungsgraden mit einem geringen Aufwand am Vergleicher erreicht wird.

2.3.2.1.2 Mehrheitsentscheidungs-Systeme (mvn-Systeme). Bei Mehrheitsentscheidungs-Systemen, auch als mvn-Systeme bezeichnet, werden ebenfalls die Ergebnisse der n parallelen Teilsysteme untereinander verglichen, jedoch nicht mehr durch den Vergleicher des nvn-Systems, sondern durch einen Vergleicher mit Mehrheitslogik, bei dem aus den Ergebnissen der Teilsysteme die Mehrheit m gebildet und nur diese zur Weiterverarbeitung weitergeleitet wird. Das Gesamtsystem wird erst dann zur sicheren Seite hin abgeschaltet, wenn keine Mehrheit der intakten Teilsysteme mehr zustande kommt.

Abschaltbares mvn-System mit einfacher Mehrheitslogik

Bild **2.**62 zeigt den prinzipiellen Aufbau des mvn-Systems mit einfacher Mehrheitslogik, bei dem die n Teilsysteme T_1, T_2 ... T_n ihre Ergebnisse dem Vergleicher mit Mehrheitslogik M zuführen, dessen Mehrheitsentscheid einkanalig weitergeschaltet wird und das Durchschalten des Schalters S zum Ausgang A bewirkt. Das mvn-Mehrheitsentscheidungssystem ist zuverlässiger als das nvn-System, bei dem bereits der Ausfall eines Teilsystems zum Abschalten führt. Der Vergleicher des mvn-Systems mit Mehrheitslogik, bei dem stets das Ergebnis der Mehrheit ausgegeben wird, schaltet dagegen aus Sicherheitsgründen erst dann ab, wenn keine Mehrheit der intakten Teilsysteme mehr zustande kommt.

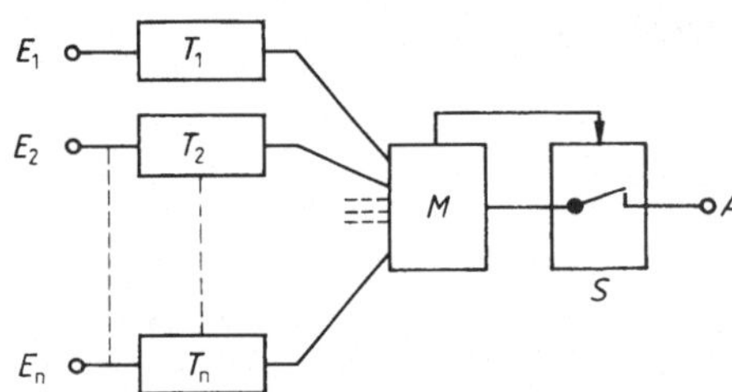

Bild **2.**62

Prinzipieller Aufbau des mvn-Systems mit einfacher Mehrheitslogik

E_1, E_2 ... E_n Eingang der n Kanäle, T_1, T_2 ... T_n Teilsysteme, M Vergleicher mit einfacher Mehrheitslogik, S Schalter, A Ausgang

Um zu verhindern, daß in dem mvn-System ein gefährlicher Zustand auftritt, muß der Schalter S geöffnet werden, bevor die Mehrheit der Teilsysteme ausgefallen ist und somit die Mehrheitslogik ein falsches Ergebnis ausgibt. Zur Erfüllung dieser Forderung ist es zweckmäßig, eine ungerade Anzahl n von Teilsystemen zu wählen, da hierbei der Unterschied zwischen der intakten Mehrheit und der defekten Minderheit bis auf minimal ein Teilsystem absinken kann. Bei einer geraden Anzahl von n Teilsystemen beträgt dagegen der kleinste tolerierbare Unterschied zwischen der intakten Mehrheit und der defekten Minderheit zwei Teilsysteme. Unterste Stufe eines mvn-Systems mit einfacher Mehrheitslogik ist das 2v3-System, dessen Zustandsdiagramm in Bild **2.**64 dargestellt und erläutert ist.

Abschaltbares mvn-System mit adaptiver Mehrheitslogik

Eine weitere Steigerung der Sicherheit ist dadurch möglich, daß defekte Teilsysteme durch einen zusätzlichen Abschaltmechanismus vom Mehrheitsentscheid ausgeschlossen werden. Bei diesem abschaltbaren mvn-System mit adaptiver Mehrheitslogik arbeiten die verbliebenen Teilsysteme nach dem adaptiven Mehrheitsprinzip so lange weiter, bis kein Mehrheitsentscheid mehr möglich ist. Erst dann wird das Gesamtsystem zur sicheren Seite hin abgeschaltet. Wie aus dem in Bild **2.**63 dargestellten prinzipiellen Aufbau eines mvn-Systems mit adaptiver Mehrheitslogik zu erkennen ist, ist zusätzlich zum mvn-System mit einfacher Mehrheitslogik zum Erreichen des adaptiven Verhaltens zwischen jedem Teilsystem und dem Vergleicher M_a mit adaptiver Mehrheitslogik ein von diesem gesteuerter Schalter S_a angeordnet.

Im intakten Zustand des Gesamtsystems arbeitet die adaptive Mehrheitslogik wie die einfache Mehrheitslogik. Fällt jedoch ein Teilsystem aus, liefert also ein Ergebnis, das nicht der Mehrheit entspricht, dann wird es abgeschaltet und trägt somit nicht mehr zum Mehrheitsentscheid bei. Bei entsprechend hohem Redundanzgrad arbeiten die verbliebenen Teilsysteme weiterhin nach dem adaptiven Mehrheitsprinzip. Diese Arbeitsweise kann bei weiteren Ausfällen von Teilsystemen so lange fortgeführt werden, bis nur noch zwei Teilsysteme intakt sind. Fällt dann weiterhin eines der beiden Teilsysteme aus, ist keine eindeutige Mehrheitsentscheidung mehr durchführbar, und das Gesamtsystem muß abgeschaltet werden. Der adaptive Mehrheitsentscheid ermöglicht somit insbesondere bei höherredundanten Systemen ohne Eingriff in den Prozeß den Ausfall von mehr Teilsystemen als der einfache Mehrheitsentscheid, setzt dabei aber durch das Abschalten von Teilsystemen vor allem gegenüber den mvn-Systemen, bei denen alle Teilsysteme das gleiche Ergebnis liefern müssen, die Sicherheit herab. Die kleinste adaptive Mehrheitsredundanz ist mit dem 2v3-System zu verwirklichen, dessen Zustandsdiagramm in Bild **2.**65 dargestellt ist und später erläutert wird.

Reparierbares abschaltbares mvn-System mit adaptiver Mehrheitslogik

Da in mvn-Systemen Teilausfälle schon angezeigt werden, bevor es zu einem Ausfall des Gesamtsystems kommt, können mit besonderem Vorteil bei adaptiven Mehrheitsredundanzsystemen die defekten Teilsysteme häufig repariert werden, bevor das Gesamtsystem ausfällt. Reparierbare abschaltbare mvn-Systeme mit adaptiver Mehrheitslogik vermindern somit die Ausfallwahrscheinlichkeit eines Systems, ohne daß im Gegensatz zu nicht reparierbaren adaptiven Mehrheitsredundanzsystemen die Anzahl der redundanten Teilsysteme erhöht werden muß, so daß bei reparierbaren adaptiven Mehrheitsredundanzsystemen zum Erreichen der gewünschten Überlebenswahrscheinlichkeit des Gesamtsystems wegen der Auswirkung der Reparatur nur ein kleiner Redundanzgrad erforderlich ist und nicht nur die Sicherheit, sondern auch die Wirtschaftlichkeit des Gesamtsystems steigt.

Ausführungsbeispiel eines 2v3-Systems

Von besonderer Bedeutung für die Praxis ist das adaptive 2v3-System, bei dem die kleinste mögliche adaptive Mehrheitsredundanz eingesetzt wird. Sein Aufbau entspricht bei Beschränkung auf drei Teilsysteme der Prinzipschaltung in

Bild **2.**63

Prinzipieller Aufbau des mvn-Systems mit adaptiver Mehrheitslogik

$E_1, E_2 \ldots E_n$ Eingang der n Kanäle, $T_1, T_2 \ldots T_n$ Teilsysteme, M_a Vergleicher mit adaptiver Mehrheitslogik, $S_{a1}, S_{a2} \ldots S_{an}$ vom Vergleicher gesteuerte Schalter, S Schalter des Gesamtsystems zum Durchschalten auf den Ausgang A

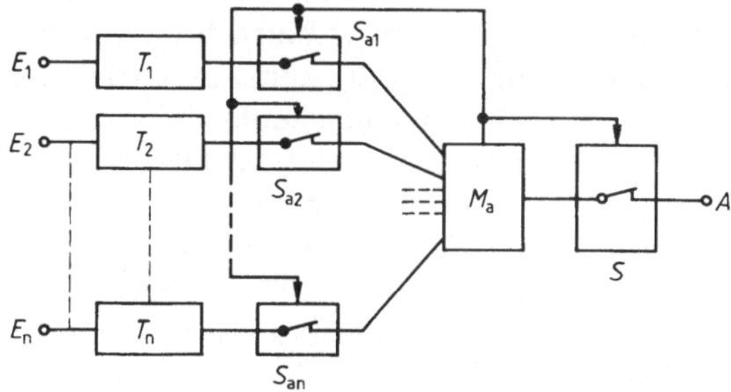

Bild **2.**63. Sein das System angebendes Zustandsdiagramm ist in Bild **2.**65 dargestellt. Ausführungsbeispiel hierfür ist das bereits in Abschnitt 2.3.1.2.2 kurz angegebene SELMIS-System, auf dessen Arbeitsweise als Dreirechnersystem in Anschluß an die folgenden allgemeinen Betrachtungen noch näher eingegangen wird.

Das in Bild **2.**65 dargestellte Zustandsdiagramm unterscheidet sich vom Zustandsdiagramm in Bild **2.**64 durch das Hinzukommen der Zustände *6, 7* und *8*. Im Zustand *1* sind alle 3 Teilsysteme intakt, und das Ergebnis wird nach Prüfung im Mehrheitsentscheider entsprechend Bild **2.**63 einkanalig zum Ausgang weitergegeben. Fällt ein Teilsystem aus, ergibt sich also mit der Übergangsrate 3λ der Zustand *2* und erkennt dies der Mehrheitsentscheider **vor** dem Ausfall eines weiteren Teilsystems, so wird das fehlerhafte Teilsystem abgeschaltet und das adaptive 2v3-System geht mit der Abschaltrate λ_{sa} in ein durch den Zustand *3* gekennzeichnetes 2v2-System über; es tritt also nicht mehr wie beim 2v3-System mit einfacher Mehrheitslogik der sichere abgeschaltete Zustand auf.

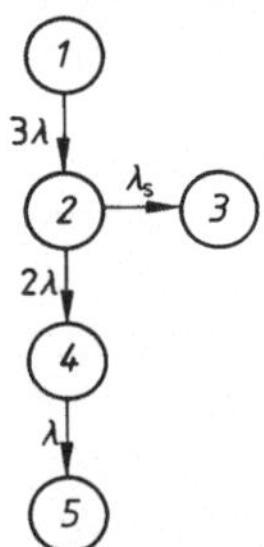

Bild **2.**64

Zustandsdiagramm eines Bild **2.**62 entsprechenden 2v3-Systems mit einfacher Mehrheitslogik. λ Ausfallrate. Alle Teilsysteme intakt im Zustand *1*, dieser wird nach Ausfall eines Teilsystems aus dem Zustand *2* mit der Ausfallrate λ_s in den sicheren abgeschalteten Zustand *3* überführt, so daß bei weiteren Ausfällen von Teilsystemen die Zustände *4* und *5* nicht mehr auftreten

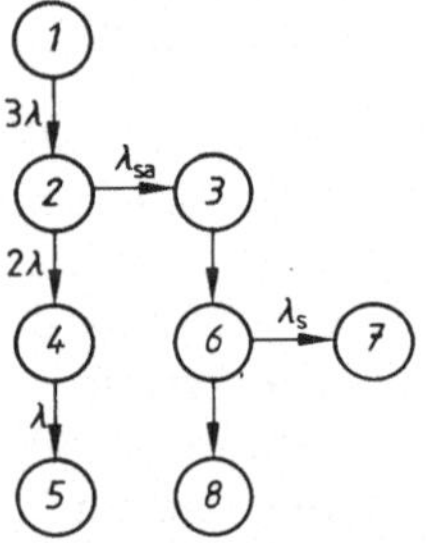

Bild **2.**65

Zustandsdiagramm eines Bild **2.**63 entsprechenden 2v3-Systems mit adaptiver Mehrheitslogik. λ Ausfallrate, λ_{sa}, λ_s Abschaltraten (weitere Legende im Text)

Die Zustände *4* und *5*, bei denen zwei bzw. drei Teilsysteme ausgefallen sind, brauchen also nicht mehr betrachtet zu werden. Fällt in dem verbliebenen 2v2-System ein weiteres Teilsystem aus, so daß das System in den Zustand *6* übergeht, kann der Mehrheitsentscheider keine Mehrheit mehr feststellen, und das Gesamtsystem wird über den Schalter *S* in Bild **2.**63 abgeschaltet, nimmt also den Zustand *7* ein, allerdings nur, wenn nicht **vor** dem Abschalten auch das letzte Teilsystem ausfällt und das System den Zustand *8* einnimmt. Für das sichere Arbeiten eines adaptiven 2v3-Systems ist also vorauszusetzen, daß die Zeit für die Übergänge von Zustand *2* nach Zustand *3* und von Zustand *6* nach Zustand *7* so klein ist, daß innerhalb dieser Zeit nicht noch ein weiteres Teilsystem ausfällt.

Wäre dies doch der Fall, könnte es zu einer Gefährdung kommen. Die Sicherheit des adaptiven 2v3-Systems ergibt sich aus der Summe der Wahrscheinlichkeiten, mit der alle diejenigen Zustände auftreten werden, bei denen keine Gefährdung vorliegt.

Der durch die adaptive Umschaltung erzielte Gewinn an Überlebenswahrscheinlichkeit wird mit einem Verlust an Sicherheit erkauft, ohne jedoch die erforderlichen Fail-safe-Eigenschaften aufzugeben. Bereits das einfache 2v3-System hat eine größere Gefährdungswahrscheinlichkeit als das 2v2-System. Bei beiden Systemen ist die Möglichkeit der Abschaltung in den sicheren Zustand innerhalb der Abschaltzeit gegeben, in der jedoch auch weitere Teilsysteme ausfallen können. Um eine Gefährdung zu erzeugen, braucht bei dem 2v3-System nur noch ein weiteres von den restlichen zwei Teilsystemen auszufallen, während bei dem 2v2-System nur noch das letzte Teilsystem auszufallen braucht. Die Wahrscheinlichkeit, daß eins der zwei Teilsysteme des 2v3-Systems ausfällt, ist größer als die Wahrscheinlichkeit, daß ein einziges Teilsystem in dem 2v2-System ausfällt. Aus dem gleichen Grund weist ein adaptives 2v3-System eine höhere Ausfallwahrscheinlichkeit auf als ein einfaches 2v3-System.

Das als Sicherheitsschaltung aufgebaute 2v3-System zeigt somit in seinem Verhalten die für die Übernahme von Sicherheitsaufgaben erforderlichen Fail-safe-Eigenschaften. Da es die Verfügbarkeit des Gesamtsystems verbessert, wird es auch als ausfalltolerant bezeichnet. Die Ausfalltoleranz allein ist jedoch ohne zusätzlichen Nachweis der Fail-safe-Eigenschaften kein hinreichendes Kriterium für die Sicherheit.

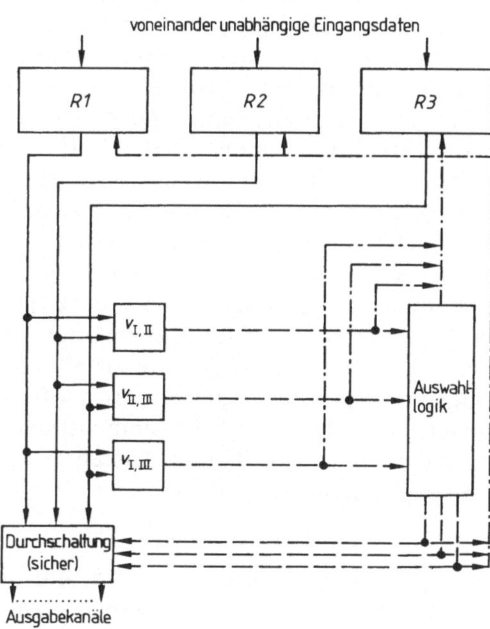

Bild **2.66**

Dreirechnersystem

R Rechner

V Vergleicher

Daten ──────

Steuerung ─ ─ ─ ─

Überwachung ─·─·─

Als Ausführungsbeispiel für ein aus drei 1-kanaligen Rechnern aufgebautes 3-kanaliges Rechnersystem [151] wird das bei der LZB erstmalig auf der Strecke Hamburg-Bremen eingesetzte SEL-Mikrocomputer-System SELMIS betrachtet (s. auch Abschnitt 2.3.1.2.2.). Grundlage der Sicherheitsphilosophie von SEL-MIS ist die Parallelverarbeitung mit anschließendem Softwarevergleich. Von den drei 1-kanaligen signaltechnisch nicht sicheren Rechnern werden, wie Bild **2**.66 zeigt, als 2v3-Auswahl stets zwei parallelarbeitende Einheiten einem Vergleicher zugeführt, so daß bei Ausfall eines Rechners stets zwei Vergleicher betroffen werden. Die Auswahllogik kann dadurch den defekten Rechner erkennen und ihn von der Ausgabe abschalten. Die Kombination der 2v3-Rechnerauswahl mit dem gegenseitigen Rechnervergleich mit Hardwareabschaltung des defekten Rechners führt zu einer großen Hardware-Sicherheit. Der die eigenen Ergebnisse mit denen der Nachbarrechner überprüfende, in Software realisierte Vergleicher wird durch absichtlich gefälschte Prüfprogramme in den Rechnern in regelmäßigen Zeitabständen überwacht. Wird die von den Prüfprogrammen hervorgerufene Verfälschung von der Überwachungsschaltung nicht bemerkt und der prüfende Rechner über die Auswahllogik nicht abgetrennt, so stellt dieser seine Ausgabe ein. Um den aufgetretenen Ausfall möglichst schnell beseitigen zu können, werden sämtliche Störungen selbsttätig ausgedruckt. Das SELMIS-System ist auch Baustein bei der Entwicklung eines elektronischen Stellwerks [152], bei dem erstmalig auch bei Einsatz „handelsüblicher" Rechner der geforderte Sicherheitsstandard über die drei Mikroprozessorebenen erreicht wird (s. a. Abschnitt 1.3.5.2).

Bei den bisherigen Betrachtungen wurde stets vorausgesetzt, daß nur 1 Ausfall auftritt und daß innerhalb der Ausfalloffenbarungszeit, also innerhalb der zwischen dem Auftreten dieses Ausfalls und seiner Entdeckung bis zum Abschalten des fehlerhaften Teilsystems erforderlichen Zeit (s. Bild **2**.47), kein weiterer zu einer Gefährdung führender Ausfall auftritt. Obwohl im Sicherheitsnachweis von Verkehrssystemen [153], [154] Doppelausfälle nicht anzunehmen sind, sollen hier Ursachen für das Auftreten von Doppelausfällen in 2 Rechnern angegeben werden. Es sind dies außer einer fehlenden Unabhängigkeit der Rechner voneinander sowohl entwicklungs-, konstruktions- und fertigungsbedingte systematische Hardware-Ausfälle als auch durch Programmieren bedingte systematische Software-Fehler, ferner gleichartige, durch meist als Störimpulse auftretende äußere Einflüsse bedingte Ausfälle sowie gleichzeitig auftretende statisch verteilte Bauelementeausfälle. Die Doppelausfallwahrscheinlichkeit ist umgekehrt proportional der Ausfalloffenbarungszeit. In einem 2v3-System mit gegebener MTBF der Teilsysteme ist bei der Ausfalloffenbarungszeit T_0 und bei Annahme einer konstanten Ausfallrate der zeitliche Abstand T_D zwischen zwei beliebigen Doppelausfällen

$$T_D = (\text{MTBF})^2 / 6\,T_0$$

beträgt also beispielsweise für die sehr niedrig angenommene MTBF = 1500 h und für die sehr groß angenommene Ausfalloffenbarungszeit $T_0 = 10$ s bereits

$T_D = 15\,000$ Jahr. Das Nichtberücksichtigen des Doppelausfalls ist also berechtigt, zumal er nicht zu gleich falschen Ergebnissen und damit zu einer möglichen Gefährdung führen muß.

Vergleicher-Auswertung auf dem Monitor

Für den Aufbau der Fail-safe-Vergleicher und ihre Auswertung gibt es sowohl für die digitale als auch für die analoge Technik [143] viele Möglichkeiten, auf die hier nicht im einzelnen eingegangen werden soll. Erwähnt werden soll jedoch die Vergleicher-Auswertung auf dem Monitor [155], bei der der Mensch mit in die Entscheidungskette des Fail-safc-Vergleichers eingeschaltet ist, da bei Nichtübereinstimmung der zu vergleichenden Größen ein Blinken auf dem Monitor auftritt. Das letzte Glied der Vergleicher-Auswertung in Kombination mit dem Monitor ist somit das menschliche Auge. Das Blinkzeichen wird im allgemeinen in eine Ecke des Bildschirms gelegt, die für die Darstellung sonstiger Informationen nicht gebraucht wird.

2.3.2.2   Parallelredundante Schaltwerke mit Diversität

Um die Wahrscheinlichkeit gleicher Fehler und gleicher Ausfälle (common-mode-failure) in parallel arbeitenden Systemen zu verhindern, insbesondere zur Verhinderung von Gleichtaktstörungen und zum Erfassen des Driftens von Schaltungen, können zur Steigerung der Sicherheit parallel arbeitende Systeme mit Diversität betrieben werden, die sich sowohl durch unterschiedlichen Aufbau als auch durch unterschiedliche Programme bzw. Codierungen verwirklichen läßt. Man spricht daher auch von Hardware- und Software-Diversität [156].

Diversität liegt immer dann vor, wenn zum Verwirklichen einer gewünschten Funktion zwei unterschiedliche Lösungen existieren.

2.3.2.2.1   Diversität durch Aufbau. Der unterschiedliche Aufbau der beiden Systeme kann entweder durch Bauelemente verschiedener in voneinander unabhängigen Herstellungsprozessen erzeugten Fertigungschargen, als Second Source bezeichnet, erreicht werden oder wird durch unterschiedliche Schaltungen verwirklicht, bei denen die beiden Systeme in integrierter Schaltkreistechnik meistens mit diskreten Bauelementen aufgebaut sind.

Second Source

Die Verringerung der Wahrscheinlichkeit von Gefährdungen aufgrund von Herstellungsfehlern durch die Verwendung einer Second Source bei der Bauteilbeschaffung ist besonders deutlich zu erkennen bei 2v2-Systemen, die aus zwei baugleichen Verarbeitungskanälen bestehen und bei denen die gleichartige Verfälschung der Ergebnisse die sichere Funktion in Frage stellen [157].

Mit Herstellungsfehlern muß insbesondere bei Mikroprozessoren gerechnet werden, einerseits bedingt durch die Höchstintegration der Bauelemente und die bei der Herstellung nur 5% bis 10% betragende Ausbeute und andererseits bedingt durch die Unmöglichkeit, bei Bauteilen hoher Komplexität aus Zeitgründen einen vollständigen, alle denkbaren Eingangsdaten-Kombinationen erfassenden Funktionstest jedes gefertigten Exemplars durchführen zu können. Mit der Anwendung der Second Source werden systematische Herstellungsfehler ausgeschaltet, durch die eine größere Anzahl von Bauelementen aufgrund einer für alle gleichermaßen wirksamen Abweichung im Herstellungsprozeß ein identisches Fehlverhalten aufweisen. Nach groben Schätzungen [157] verringert sich die Gefährdungsrate bei Verwendung einer second source um etwa 1 Größenordnung. Der dabei zusätzliche wirtschaftliche Aufwand ist immer dann zu vertreten, wenn unaufgedeckte systematische Herstellungsfehler in den Mikroprozessoren die entscheidende Einflußgröße bilden, die die Sicherheit des Systems in Frage stellt; es ist nicht zu erwarten, daß die Verwendung einer Second Source beim zufälligen Zusammentreffen gleichartiger Herstellungsfehler die Sicherheit wesentlich beeinflußt.

Unterschiedliche Schaltungen

Diversität durch unterschiedliche Schaltungen liegt dann vor, wenn die Lösungsverfahren der von den parallelgeschalteten Systemen durchzuführenden Aufgabe unterschiedlich sind. So können beispielsweise, wenn möglich, unterschiedliche physikalische Prinzipien (elektrisch, optisch, mechanisch) ausgenutzt werden; es können aber auch unterschiedliche Kanalcodierungen mit antivalenter Signalverarbeitung eingesetzt werden.

Da mit der Qualität der Diversität die Schwierigkeiten der Synchronisation von miteinander zu vergleichenden Signalen schnell zunehmen, werden unterschiedliche Schaltungen in zu vergleichenden Teilsystemen nur bei der Lösung einfacher Funktionen eingesetzt. Bei komplexeren Zusammenhängen zwischen Eingangsgröße und Ausgangsgröße wird meistens, wie im Beispiel SIMIS (s. Abschn. 2.3.1.2.2) gezeigt, die antivalente Signalverarbeitung angewandt.

2.3.2.2.2 Diversität durch Programm. Das Ziel, „Diversität durch Programm" zu erreichen, ist ein weitergestecktes als das bei „Diversität durch Aufbau". Es handelt sich hier um die Software-Diversität im allgemeinen Sinn, da auch Software-Fehler vor Beanspruchungsbeginn mit betrachtet werden. Fehler im Pflichtenheft, fehlerhafte Umsetzung des Pflichtenheftes, Codierungsfehler u. ä. sollen ebenso erkannt werden, wie beispielsweise die fehlerhafte Anwendung von Algorithmen und Fehler in den Entwicklungshilfsmitteln. Man spricht daher auch von Entwurfsdiversität, von Implementierungsdiversität und von Programmdiversität.

Allgemeine Ausführungsmöglichkeiten

Ausgehend von der Erwartung, daß Fehler im Pflichtenheft, im Entwurf, in der Programmierung usw., also ganz allgemein in der Software, durch unterschiedliche Interpretation erkannt und beseitigt werden können, werden zwei voneinander unabhängige Arbeitsgruppen mit der Durchführung der jeweiligen Aufgabe beauftragt. Beide Gruppen arbeiten völlig unbeeinflußt und ohne Kontakt miteinander. Um die größte Wirksamkeit der Software-Diversitätsmaßnahmen in bezug auf die Fehlererkennung zu erreichen, können beide Arbeitsgruppen unterschiedliche Vorgaben, insbesondere verschiedene Algorithmen und verschiedene Entwicklungswerkzeuge, erhalten.

Software-Diversitätsmaßnahmen ermöglichen nicht nur die Erkennung logischer und formaler Fehler vor Inbetriebnahme, sie offenbaren auch Software-Verfälschungen nach Inbetriebnahme. Im Hinblick auf die signaltechnische Sicherheit ist die Diversität jedoch keine Maßnahme, die der Fehlervermeidung dient oder einen Ausfallausschluß ermöglicht [84]. Sie kann aber zum Nachweis der geforderten Unabhängigkeit der parallelgeschalteten Teilsysteme eingesetzt werden, da mit ihrer Hilfe gezeigt werden kann, daß alle Ausfälle oder Störungen gemeinsamer Ursache und dadurch hervorgerufene Folgeausfälle sich in den diversitären Teilsystemen unterschiedlich auswirken, so daß sie offenbart werden können.

Programmdiversität am Beispiel des H(8,4)-Codes

Bei der Programmdiversität arbeiten zwei Rechner mit unterschiedlichen Programmen, und es ist am Ausgang der beiden Rechner zu prüfen, ob die Ergebnisse übereinstimmen. Nur in diesem Fall werden die Ausgangssignale als richtig erkannt und zur Auswertung weitergegeben. Als Beispiel einer Programmdiversität soll hier die beim Aufbau des elektronischen Stellwerks in Göteborg (Schweden) eingesetzte Mehrwegebearbeitung mit dem Hammingcode H(8,4) betrachtet werden [158].

Der H(8,4)-Code ist ein 8-Bit-Hammingcode mit der Hammingdistanz $D = 4$. Er setzt sich zusammen aus 4 die eigentliche Information tragenden Hauptbits HB und aus 4 Kontrollbits KB, zu denen alle Bits gehören, deren Positionsnummer eine nichtnegative ganzzahlige Potenz der Zahl 2 ist, die also die Bitpositionen 0, 1, 2, 4 haben. Bild **2.**67 zeigt tabellarisch für die Codewörter 0 bis 15 den H(8,4)-Code und seine Aufteilung in die den Positionen 7, 6, 5, 3 zugeordneten 4 die Information 0 bis 15 beinhaltenden Hauptbits HB und in die den Positionen 4, 2, 1, 0 zugeordneten 4 Kontrollbits KB, deren Informationsinhalt ebenfalls, jedoch in völlig unregelmäßiger Folge, zu den Zahlen 0 bis 15 führt. Die beiden Kanäle für die Hauptbits HB und für die Kontrollbits KB führen also in der Form eines einfachen Binärcodes beide die gleich große Menge an Information, jedoch ist in jedem Kanal für sich betrachtet, die Hammingdistanz $D = 1$. Erst die Zusammenfassung dieser beiden Kanäle führt zu der Hammingdistanz $D = 4$.

Der Aufteilung der Codewörter entsprechend können nun zwei 8-Bit-Rechner mit unterschiedlichen Programmen betrieben werden. Wie Bild **2.**68 zeigt, werden die aus je 8 Bit bestehenden Eingangsvariablen X und Y in Hauptbits HB und in Kontrollbits KB aufgeteilt, und die Hauptbits werden dem Rechner I, die Kontrollbits dem Rechner II zugeführt. Im Rechner I läuft das Programm A für die Hauptbits von X und Y, der Rechner II arbeitet mit dem Programm B für die Kontrollbits von X und Y. Die Ausgänge beider Rechner werden über einen Decodierer zusammengefaßt, der bei gleichen Ergebnissen der mit Programmdiversität arbeitenden Rechner I und II die Ausgangsvariable $Z = f(X, Y)$ liefert.

An die Stelle der in Bild **2.**68 dargestellten Parallelverarbeitung in zwei Rechnern kann zur Verwirklichung der Programmdiversität ohne Änderung des angegebenen Prinzips auch eine serielle Verarbeitung in nur einem Rechner treten. Die Programme *A* und *B* werden dann zeitlich nacheinander abgearbeitet. Nach diesem Verfahren mit nur einem Rechner wird das elektronische Stellwerk Göteborg betrieben. Zur Erhöhung der Verfügbarkeit kann ein Stand-by-Rechner eingesetzt werden.

Die in Bild **2.**67 dargestellte Aufteilung der Codewörter 0 bis 15 in Hauptbits *HB* und Kontrollbits *KB* und die in Bild **2.**68 dargestellte Verarbeitung mit Programmdiversität verhindern weitgehend, daß an den Ausgängen der beiden Rechner bzw. bei der seriellen Verarbeitung nacheinander derart verfälschte Ergebnisse vorliegen, daß hier eine anerkannte Zahl, also ein Codewort, erscheint. Die Zuordnung von *HB*-Kombinationen zu *KB*-Kombinationen erfordert für diesen Fall gleichzeitig einen Einfachfehler in einer *HB*-Kombination und einen Dreifachfehler in der *KB*-Kombination oder umgekehrt. Bei Doppelfehlern in der *HB*-Kombination müssen hierzu entsprechende Doppelfehler bei der *KB*-Kombination auftreten.

Anerkannte Zahl = Codewort	H(8,4) 76543210	Hauptbits = Zahl HB 7653	Kontrollbits KB 4210 Zahl
0	00000000	0000 0	0000 0
1	00001111	0001 1	0111 7
2	00110001	0010 2	1011 11
3	00111100	0011 3	1100 12
Dekade 4	01010101	0100 4	1101 13
5	01011010	0101 5	1010 10
6	01100110	0110 6	0110 6
7	01101001	0111 7	0001 1
8	10010110	1000 8	1110 14
9	10011001	1001 9	1001 9
10	10100101	1010 10	0101 5
11	10101010	1011 11	0010 2
12	11000011	1100 12	0011 3
13	11001100	1101 13	0100 4
14	11110000	1110 14	1000 8
15	11111111	1111 15	1111 15
		gleichgroße Menge an Information	
	D=4	*D*=1	*D*=1
		(einfacher Binärcode)	(einfacher Binärcode)
		D=4	

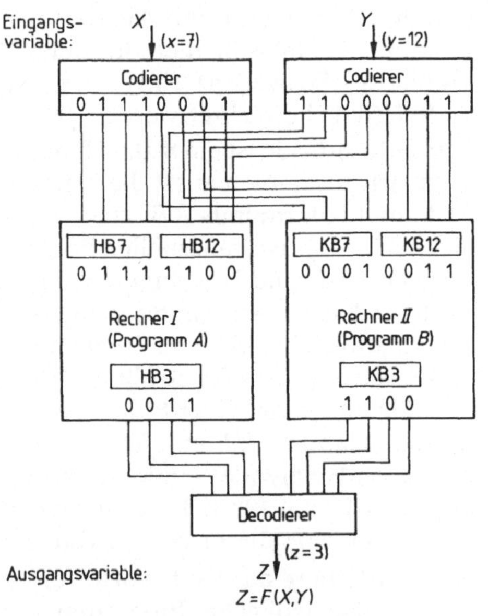

Bild **2.**67   Aufteilung der Codewörter 0 bis 15 des 8-Bit-Hammingcodes H(8,4) auf 4 Hauptbits *HB* und 4 Kontrollbits *KB* (Legende im Text)

Bild **2.**68   Verarbeitung in zwei Rechnern (8 bit) mit unterschiedlichen Programmen (Prinzip)

Rechner *I*: Programm *A* für Hauptbits von *X* und *Y*
Rechner *II*: Programm *B* für Kontrollbits von *X* und *Y*

2.3.2.3 Prüffunktion mittels Testprogramm

Wie in Abschnitt 2.3.2.1 gezeigt wurde, werden bei Anwendung des Vergleicherprinzips Ausfälle bei der Verarbeitung durch den Prozeßablauf selbst entdeckt, so daß keine Unterbrechung in der Prozeßführung erforderlich ist. Der Einsatz von Vergleichersystemen ist daher immer dann sinnvoll, wenn die ununterbrochene Prozeßführung gefordert wird.

Treten jedoch Pausen im Prozeßablauf auf und soll das System trotzdem innerhalb möglichst kurzer konstanter Zeiträume überwacht werden, ist als Prüffunktion der Einsatz von Testprogrammen erforderlich. Testprogramme können aber auch dann eingesetzt werden, wenn keine Pausen im Programmablauf vorhanden sind; in diesem Fall muß, um Pausen für den Einsatz des die Prüffunktion übernehmenden Testprogramms zu bilden, der Programmablauf zeitmultiplex unterbrochen werden.

Bei Einsatz parallelarbeitender Schaltwerke können zur Entdeckung von Ausfällen im Prozeßablauf sowohl Vergleichersysteme als auch Testprogramme gleichzeitig eingesetzt werden [149]. Häufig wird dabei der Selbsttest durch einen Fremdtest ergänzt, der die für den Selbsttest notwendigen Grundfunktionen prüft [159].

2.3.2.3.1 Zeitmultiplexe Unterbrechung des Programmablaufs.

Die Unterbrechung des Programmablaufs durch Prüfzyklen oder Prüfprogramme bezweckt, Ausfälle innerhalb einer zulässigen Zeit zu erkennen. Damit wird es möglich, kurze Ausfalloffenbarungszeiten der Einzelausfälle zu erreichen, so daß zufällige Mehrfachausfälle so unwahrscheinlich sind, daß sie neben den sonstigen Risiken des Eisenbahnbetriebs keine Rolle mehr spielen. In der Praxis gilt diese Voraussetzung als erfüllt, wenn der zulässige Maximalwert der Ausfalloffenbarungszeit T_0 mit der Summe der Ausfallraten λ der Betrachtungseinheiten, deren gemeinsames Versagen gefährlich werden kann, durch die Beziehung verknüpft ist [160]

$$\lambda T_0 \leqq 10^{-3}$$

Da dieses Produkt nur die vertretbare Größenordnung angibt, gilt für Eisenbahnsicherungssysteme mitunter auch die Forderung $\lambda T_0 \leqq 10^{-4}$. Häufig wird der zulässige Maximalwert der Ausfalloffenbarungszeit T_0 vorgegeben, so daß das System die dann mögliche Summe der Ausfallraten λ nicht überschreiten. Für einen Gleisstromkreis (Abschnitt 2.3.1.1.1) wird beispielsweise der Wert $T_0 = 72$ h festgelegt.

Prüfprogramme lösen zwar die Aufgabe, Ausfälle aufzudecken, beanspruchen aber auch einen großen Teil der verfügbaren Rechenzeit und verlängern somit einerseits die Ausfalloffenbarungszeit mehrkanaliger Systeme mit vergleichender Prüfung (Abschnitt 2.3.1.2.2) und setzen andererseits die Arbeitsgeschwindigkeit des Systems herab. Trotzdem hat das zweikanalige Rechnersystem auch beim Selbsttest eine viel kleinere Versagenswahrscheinlichkeit als das einkanalige Rechnersystem [161].

Bei einkanaligen Rechnersystemen hängt die Sicherheit gegen Hardware-Ausfälle von dem Programm ab, das den Selbsttest des Rechners organisiert, bei dem zunächst der harte Kern des Rechners und dann nach und nach durch Erweitern der Testbereiche schließlich der gesamte Rechner getestet wird [161]. Ein Selbsttest ist somit schwieriger als ein Fremdtest. Ein einkanaliges System gibt zuerst den falschen Steuerbefehl aus und verzögert den Alarm um die Testzykluszeit.

2.3.2.3.2 Ausführungsbeispiel für mitlaufende Prüfprogramme. Wie bereits in Abschnitt 2.3.2.1.2 gezeigt, kann im Bahnbetrieb bei geforderter Sicherheitsverantwortung durch Aufbau mit dem Baustein SELMIS ein auch mit handelsüblichen Rechnern arbeitendes Mikrocomputersystem eingesetzt werden. Bei der Mehrfachverarbeitung in parallelen Rechnerkanälen mit anschließendem Software-Vergleich tauschen die Rechner auch Ergebnisse von Prüfprogrammen aus, um die Ausfalloffenbarungszeit zu verkürzen, beispielsweise beim Elektronischen Stellwerk Neufahrn [152]. Zur Erhöhung der Verfügbarkeit wird dabei ein 2v3-System eingesetzt. Durch Abarbeitung bestimmter Befehlsfolgen können sowohl die Funktion von wesentlichen Befehlen mit typischen Daten als auch die Funktion von ROM und RAM sowie von Ein- und Ausgabekanälen überprüft werden. Es werden dadurch Fehler erkannt, die nur unter bestimmten Datenflüssen zu Ausfällen führen, und es können dadurch auch Vorgänge erfaßt werden, die bedingt durch den Prozeß, nicht oft auftreten (s. a. Abschnitt 2.1.4.3).

2.3.2.4 Software-Sicherheit

Mit dem Prüfprogramm können zwar viele, jedoch nicht alle Software-Fehler erkannt werden, da sich im allgemeinen die Betriebsbedingungen von den Testbedingungen unterscheiden. Da somit anzunehmen ist, daß Software-Fehler unbemerkt bleiben, muß mit äußerster Sorgfalt programmiert werden. Die aus dem Pflichtenheft zu erkennende Aufgabenstellung ist dazu bis ins kleinste in Teilaufgaben aufzuspalten und in einer Hierarchie anzuordnen. Diese als Top-Down-Approach bezeichnete Vorgehensweise vom großen übergeordneten Problem zum feineren untergeordneten Problem, also vom Allgemeinen zum Speziellen, erzwingt die logische Entwicklung der zu lösenden Aufgabe und führt zur widerspruchsfreien Programmbeschreibung in allen Ebenen. Das Programmieren wird unterstützt durch das Arbeiten mit Struktogrammen mit möglichst einfachen, durch Nassi-Shneiderman-Diagramme dokumentierte Befehlsstrukturen und Adressierungsarten, das überschaubare Programmblöcke liefert und den Umfang der Programmiersprache beispielsweise durch Verbot der Sprungbefehle einengt und dadurch den Einbau von Fehlern weitgehend verhindert. Die Software-Sicherheit wird weiter erhöht durch Anwenden von Hochsprachen wie beispielsweise PEARL oder FORTRAN, mit denen Fehlermöglichkeiten der Assemblersprache vermieden werden.

Unabhängig von dem im Betrieb vorgesehenen Prüfprogramm sind zur Feststellung der Software-Sicherheit Testdurchläufe für Einzelmodule, Teil- und Gesamtsystem vorzusehen, wobei jeder Zweig eines Programms mindestens einmal mit einem Testdurchlauf zu durchlaufen ist. Ein so getestetes Programm ist mit großer Wahrscheinlichkeit fehlerfrei, jedoch können dabei falsche Entscheidungsgrenzen nicht aufgedeckt werden [162]. Beim Testen ist ferner das Zeitverhalten zu prüfen, und es sind Plausibilitätsprüfungen bei Zwischen- und Endergebnissen sowie zyklische Speicherprüfungen durchzuführen.

Ein Funktionsnachweis mit dynamischer Programmprüfung bürgt für die Software-Sicherheit.

Ziel der Programmierung von Vorgängen mit Sicherheitsverantwortung ist es, das Programm durch Vermeiden unübersichtlicher Befehlsfolgen prüfbar zu machen. Es sollte deshalb ein längeres Zwischenspeichern von Werten in Registern und im Stack unterbleiben [163].

Ist trotz richtiger Programmierung mit Folgeschäden während des Betriebs zu rechnen, dann werden zum Erkennen von Systemstörungen zusätzlich Watchdog-Schaltungen eingebaut, die den Programmablauf oder die Ausgabedaten überwachen und entweder nach einer vorgegebenen Zeit den definierten Anfangszustand wiederherstellen oder unerlaubte Logikkombinationen als falsche Ausgaben unmittelbar erkennen und zurücksetzen.

Zur Anwendung der Sicherungsmethoden wird auf die grundsätzlichen Ausführungen in Abschnitt 2.1.5 verwiesen.

2.4 Sicherungsmethoden gegen Schäden

Den bisher behandelten Komplex der Sicherungsmethoden gegen Fehler, Ausfälle und Gefahren bezeichnet man in der Sicherheitstechnik als den Bereich der sogenannten aktiven Sicherheit, weil mit den zugehörigen Methoden versucht wird, durch aktiv wirkende Maßnahmen das Eintreten eines schadenauslösenden Ereignisses zu verhindern. Da trotz aller aktiven Sicherungsmaßnahmen aber ein absolutes Ausschließen derartiger Ereignisse nicht zu erreichen ist, sind sogenannte passive Sicherungsmaßnahmen erforderlich, die darauf gerichtet sind, beim Übergang des Systems in einen von den aktiven Sicherheitsmaßnahmen nicht mehr beherrschbaren, d. h. unkontrollierten Zustand die dadurch ausgelösten Schäden möglichst gering zu halten.

Die Verteilung des gesamten Sicherheitserfolges innerhalb eines Systems auf die Anteile aus den aktiven oder den passiven Sicherheitsmaßnahmen können, auch unter einer auf die Verkehrssysteme eingeschränkten Betrachtung, sehr unterschiedlich sein. Im allgemeinen gilt, daß der Anteil der aktiven Sicherungsmaßnahmen am gesamten Sicherungserfolg in einem Verkehrssystem um so größer ist, je weitergehend das System durch technische Hilfsmittel gesteuert und geregelt oder sogar automatisiert werden kann. Bei Verkehrssystemen, die sich in der Hauptsache auf menschliche Regelung abstützen müssen, wird der gesamte Sicherungserfolg hauptsächlich vom Anteil der passiven Sicherungsmethoden bestimmt.

Dieser Tatbestand erklärt sich vor allem daraus, daß ein menschlicher Regler, trotz aller Ausbildungs-, Übungs- und Überwachungsmaßnahmen, als Analogon zu den aktiven Sicherheitsmaßnahmen bei technischen Reglern, einen bestimmten Zuverlässigkeitsgrad, der in der Größenordnung bei einer Fehlhandlung auf eintausend Entscheidungen liegt, nicht überschreiten kann, während technische Regler in ihrem Zuverlässigkeitsgrad, und, insbesondere unter Anwendung der aktiven Sicherungsmaßnahmen, in ihrem Sicherheitsgrad noch stärker, um mehrere Zehnerpotenzen besser sein können.

Die aufgezeigten Systemunterschiede werden in der Praxis deutlich ablesbar bei einem entsprechenden Vergleich zwischen den weitgehend technisch beeinflußbaren Verkehrssystemen des öffentlichen und den weitgehend menschlich geregelten Verkehrssystemen des Individualverkehrs.

Insbesondere für den Straßenverkehr besteht die Sicherheitsarbeit sehr weitgehend in der Ausarbeitung und Anwendung der Sicherungsmaßnahmen gegen Schäden als der sogenannten passiven Sicherheit. Die eingehende Behandlung der dort gebräuchlichen Einzelmethoden ist jedoch vor allem deshalb nicht möglich, weil es, anders als bei den aktiven Sicherheitsmaßnahmen, keine rein technisch orientierte Hierarchie für die Entscheidung zur Anwendung von Sicherheitsmaßnahmen gegen Schäden geben kann. Der Grund hierfür ist vor allem darin zu suchen, daß sich die Kosten für Sicherheitseinrichtungen und -maßnahmen bei der Anschaffung eines Fahrzeuges unmittelbar mit den Kosten für Leistung und Komfort mischen. Ausgehend von den psychologischen Einflüssen auf Sicherheitseinschätzungen, wie sie im Abschnitt 1.2 beschrieben wurden, wird im Unterbewußtsein angenommen, daß man selbst, als aktiver Teil des Sicherheitsmaßnahmenkataloges, gut genug funktionieren wird, um auf die angebotenen passiven Sicherheitsmaßnahmen, wie beispielsweise den Sicherheitsgurt oder eine ABS-Einrichtung, ganz oder teilweise zugunsten von anderen Wertmerkmalen des Fahrzeuges verzichten zu können. Die Sicherheitsentscheidungen gerade bei Straßenfahrzeugen sind somit deutlich an subjektiv wirkende Einflüsse gebunden, die eine rein objektive Gliederung nicht erlauben und deren komplexe Abhängigkeiten sich in dieser Abhandlung ohnehin nicht geschlossen darstellen lassen, zumal außerdem eine Vielzahl von Veröffentlichungen auf diesem Gebiet bereits existiert [164], [165], [166], [167].

Es sei hier lediglich die grundsätzliche Vorgehensweise für den Ansatz von Sicherungsmethoden gegen Schäden angegeben, die darin besteht, die bei einem Unfall unkontrolliert freiwerdende Energie einigermaßen systematisch zunächst dort sich verzehren zu lassen, wo geringerwertige Güter, wie Sachgegenstände, geschädigt werden, ehe höherwertige Güter, wie Leben und Gesundheit von Menschen, beeinträchtigt werden.

3 Sicherheitsbewertung

Mit der Behandlung der psychologischen, rechtlichen und technischen Grundlagen der Sicherheit stellt sich zwangsläufig die Frage, wie sich ergänzend zu diesen qualitativen Rahmenbedingungen quantitative Bewertungen ableiten lassen, damit Vergleiche zwischen unterschiedlichen Sicherheitseinrichtungen, -methoden oder zu Sicherheitsstandards, z. B. auch als Bemessungsgrundlage, möglich werden.

Als Ansatz in dieser Richtung bieten sich die im Zusammenhang mit den technischen Grundlagen abgeleiteten sicherheitsrelevanten Ereigniszusammenhänge zwischen den auslösenden Ereignissen Fehler und Ausfall in ihrer Weiterentwicklung zu Gefahren, Unfällen und Unfallschäden gemäß Abschnitt 1.4.5.

Das wichtigste Charakteristikum, vor allen der auslösenden Ereignisse, ist ihre Zufälligkeit. Sowohl das Entstehen eines Fehlers, der Eintritt eines Ausfalls und die Art ihrer Weiterentwicklung zu Unfällen oder bestimmten Unfallfolgen ist deterministisch nicht oder doch nur in Teilbereichen vorher bestimmbar. Zur quantitativen Erfassung derartiger, von Zufälligkeiten abhängiger Vorgänge verbleiben somit nur die Methoden der Statistik und der Wahrscheinlichkeitsrechnung.

Auf jeder der zu einem Ereignistyp (Fehler, Ausfall, Gefahr, Unfall, Unfallfolge) gehörigen Betrachtungsebene sind auf dieser Grundlage im Prinzip Bewertungen dergestalt denkbar, daß man Häufigkeiten des jeweiligen Ereignisses in bezug auf die Zeit oder auf Mengen feststellt, um daraus Schlüsse auf ihre zukünftige Wahrscheinlichkeit zu ziehen. Ausgehend von dieser grundsätzlichen Möglichkeit, soll im folgenden untersucht werden, welche Bewertungsansätze auf jeder Betrachtungsebene denkbar sind. Diese wiederum wären daraufhin zu prüfen, ob und unter welchen Voraussetzungen eine quantitative Erfassung möglich sowie welche praktischen Aussagen von ihnen zur Charakterisierung der Sicherheitsverhältnisse in Verkehrssystemen erwartet werden können.

3.1 Kennwertebenen

Aus den im vorangegangenen dargelegten Zusammenhängen der technischen Systemgrundlagen, unter Berücksichtigung der logischen Ereignisverkettung, läßt sich ein Ereignisflußdiagramm (Bild 3.1, 3.2, 3.3) entwickeln, anhand dessen zunächst die verfügbaren Kennwertebenen zur Bewertung eines Systems im Hinblick auf seine Sicherheit abgeleitet werden können. In welcher Form die verfügbaren Kennwertebenen später tatsächlich für die Ableitung von praxisbezogenen, aussagefähigen Sicherheitskennwerten tatsächlich genutzt werden können mag zunächst dahingestellt bleiben.

3.1.1 Kennwertebene Fehler

Das Ereignisflußdiagramm beschreibt die Entwicklung der sicherheitsrelevanten
Ereignisse in quantitativer Abschätzung anhand ihrer logischen Verkettung
(Abschnitt 2.2) als Ereignismengen in Abhängigkeit von der Entwicklungsfolge.
Der Ereignisfluß beginnt mit der ersten Idee zum Systementwurf. In diesem
Zustand beginnt der Fluß sicherheitsrelevanter Ereignisse mit einer beliebigen
Grundmenge an begehbaren Fehlern (Bild 3.1). Gegen diese Fehler wirken die
im weiteren Verlauf des Entwurfs und des Aufbaus anzuwendenden Sicherungsmethoden des Fehlerausschlusses, der Fehlerabwehr und der Fehleroffenbarung
mit dem Ziel ihrer vollständigen Beseitigung dergestalt, daß sich die im System
verbleibenden Fehler ständig verringern, wobei festzuhalten ist, daß die Sicherungsmethoden gegen Fehler grundsätzlich gegen alle Fehler wirken, gleichgültig
ob sie im Sinne des Systemsziels Sicherheit als zulässig gelten können oder nicht.

Wie früher bereits ausgeführt wurde, gelingt es bei einigermaßen komplexen
Systemen praktisch nicht, die absolute Fehlerfreiheit des aufgebauten und
betriebsbereiten Systems zu erreichen und nachzuweisen. Die Planungs- und
Aufbauphase schließt also möglicherweise mit einem Restbestand an Fehlern ab,

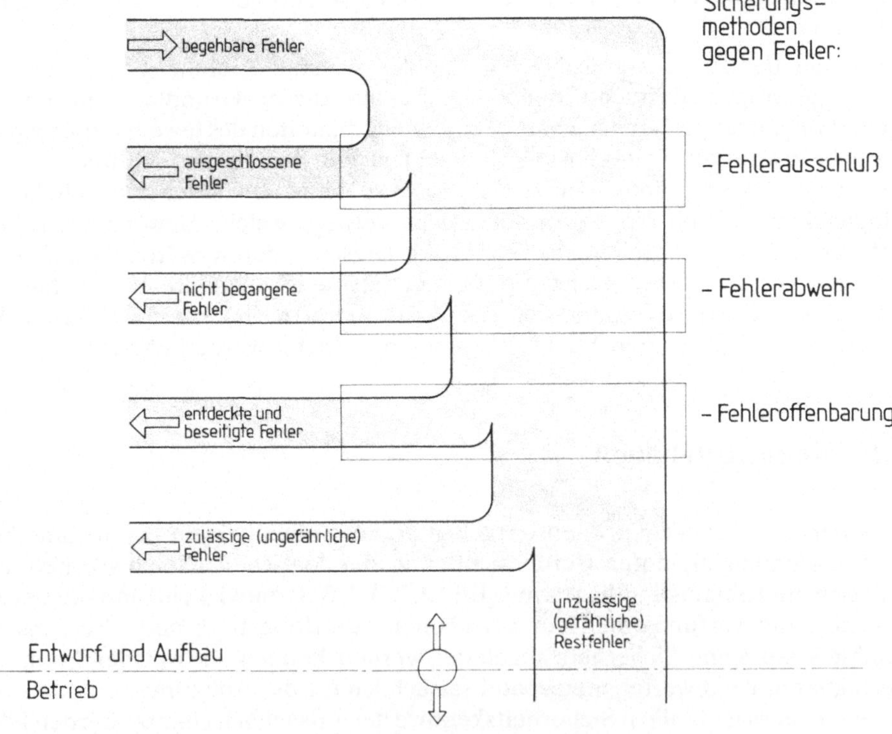

Bild 3.1   Ereignisflußdiagramm Sicherheitsbewertung (Fehler)

der einerseits nicht nachweisbar ist, andererseits bei ausreichender Anwendung der Sicherungsmethoden gegen Fehler aber auch vernachlässigbar klein wird. Für die Betrachtung des Systems unter den Gesichtspunkten der Sicherheit können außerdem aus dem allgemeinen Restfehlerbestand noch diejenigen ausgeschieden werden, die im Hinblick auf das Systemziel Sicherheit als zulässig bezeichnet werden können. Diese Ausscheidung ist zwar bei dem ohnehin geringen, nicht nachweisbaren Fehler nur symbolisch zu verstehen, dennoch aber formal notwendig.

Die Beendigung der Planungs- und Aufbauphase des Systems stellt eine erste Schnittstelle in der Systementwicklung dar, die im Prinzip auch als Kennwertebene unter Sicherheitsgesichtspunkten und damit auch als Anforderungsebene in Frage kommt.

Die Anforderung aus der Gesamtsumme der einzelnen Nutzungsinteressen würde auf dieser Ebene die absolute Fehlerfreiheit verlangen, die sich jedoch — wie aufgeführt — direkt nicht nachweisen läßt. Der indirekte Nachweis für ein „als fehlerfrei geltend" aus dem Umfang und der Art der angewandten Sicherungsmethoden zieht sofort die zugehörigen Aufwendungen mit in die Betrachtung ein und führt dazu, daß Anforderungen auf der Kennwertebene Fehler nur im Zusammenhang mit wirtschaftlichen Erwägungen möglich sind.

3.1.2 Kennwertebene Ausfall

Nach Abschluß der Planungs- und Aufbauphase und Bewertung des Systems gegenüber den Anforderungen auf „als fehlerfrei geltend" kann die Betriebsphase beginnen.

Im Ereignisflußdiagramm tritt damit zu den aus der Planungs- und Aufbauphase übernommenen unzulässigen Restfehlern eine zunächst beliebige Grundmenge an Ausfällen hinzu (Bild 3.2). Diese Grundmenge wird durch die Anwendung der Sicherungsmethoden gegen Ausfälle (Ausfallausschluß und Begrenzung der Ausfallwahrscheinlichkeit) auf einen Restbestand an unvermeidbaren Ausfällen, in dem auch die unzulässigen Restfehler einbezogen sind, eingeschränkt.

Da auch auf dieser Ebene keine absolute Ausfallfreiheit gewährleistet werden kann, gilt hier zunächst die gleiche Aussage wie auf der Kennwertebene Fehler, nach der eine „ausreichende" Ausfallfreiheit nur anhand einer Begrenzung der Sicherheitsanforderungen im Verhältnis zu den zumutbaren Aufwendungen festgelegt werden kann.

Im Zusammenhang mit Ausfällen und ihren Auswirkungen sind jedoch auch einige ergänzende Betrachtungen hinsichtlich der Systemart erforderlich. Wie in Abschnitt 2.1.3.2 dargelegt wurde, ist bei Systemen mit nur einem sicheren Zustand prinzipiell jeder Ausfall mit einer Gefahr identisch, so daß für sie die Ausfallwahrscheinlichkeit gleichzeitig als Gefährdungswahrscheinlichkeit anzusehen ist.

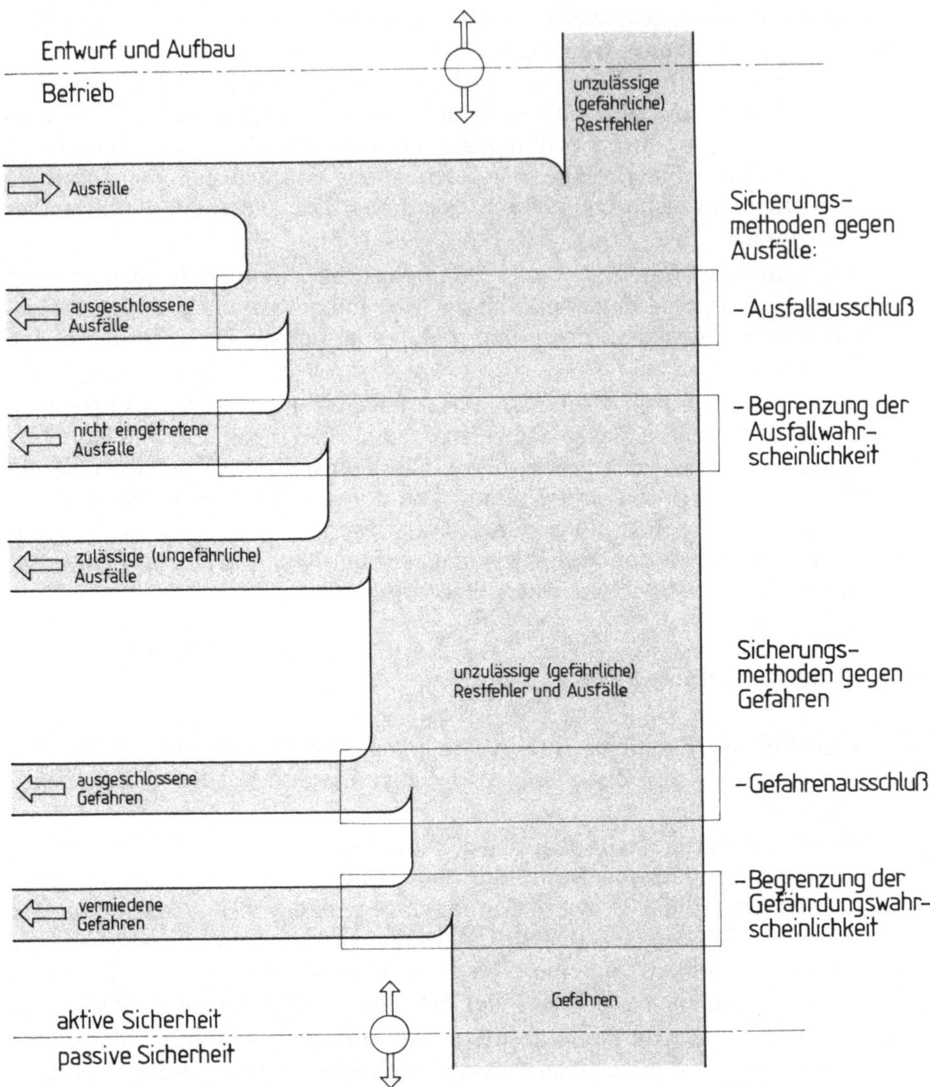

Bild **3**.2   Ereignisflußdiagramm Sicherheitsbewertung (Ausfälle und Gefahren)

Zu den Systemen mit nur einem sicheren Zustand gehören vor allem die Tragwerke als statische Systeme. Nach dem augenblicklichen Stand der Technik ist es durchaus üblich, für diese Systeme eine ausreichend geringe Ausfall-/ Gefährdungswahrscheinlichkeit nachzuweisen. Dies geschieht jedoch im Einzelfall nur indirekt, z. B. durch den Vergleich von genannten zulässigen Spannungs- oder Kraftwerten mit den tatsächlich auftretenden. Die eigentliche Ausfallwahr-

scheinlichkeitsbetrachtung steckt hierbei im Festlegungsprozeß der zulässigen
Grenzwerte, der im Prinzip aus Versuchs- und Beobachtungsreihen mit entsprechender statistischer Auswertung sowie anschließenden Häufigkeits-/Wahr-
scheinlichkeitsschlüssen besteht. Bei derartigen indirekten Bewertungen der
Ausfallwahrscheinlichkeit auf die Erfüllung der Anforderungen besteht die
Möglichkeit, daß bei einem einzelnen Bauwerk sich die Wahrscheinlichsabschät-
zungen zwar zur sicheren Seite, aber auch gleichzeitig unwirtschaftlich überla-
gern. Um diese Unwirtschaftlichkeit zu vermeiden und dennoch im Bereich
erfüllter Sicherheitsanforderungen zu bleiben, besteht seit langem der Wunsch,
auch direkte Ausfall-/Gefährdungswahrscheinlichkeitsbewertungen durchzuführen [85]. Die Rechenkapazitäten und -geschwindigkeiten heutiger elektronischer
Rechenanlagen bieten hierzu durchaus alle Möglichkeiten [112], [113], [114].

In diesem Sinne zugelassene Verfahren zur direkten Bewertung von Systemen in
Ausfall-/Gefährdungswahrscheinlichkeitswerten existieren jedoch noch nicht.
Immerhin wäre deutlich zu vermerken, daß es keine grundsätzlichen rechtlichen
Bedenken sind, die derzeit noch eine Systembewertung auf Wahrscheinlichkeits-
ebene behindern, sondern lediglich verfahrenstechnische Fragen, vor allem unter
dem Gesichtspunkt geeichter Basisdaten und ihrer einheitlichen Handhabung.

3.1.3 Kennwertebene Gefahr

Wie eingangs festgehalten, sind bewertende Betrachtungen der Sicherheitsverhältnisse auf der Ausfallebene nur bei Systemen mit nur einem sicheren Zustand
wirklich kennzeichnend für das System, da nur bei diesen Systemen − noch
einmal wiederholt − jeder Ausfall gleichzeitig auch eine Gefahr bedeutet.

Bei Systemen mit zwei oder mehr sicheren Zuständen werden die Sicherheitsverhältnisse allein durch Ausfallbetrachtungen nicht gekennzeichnet, da zu einen
ein Ausfall nicht zwangsläufig eine Gefahr bedeuten muß, wenn er (zufällig) nur
dazu führt, daß das System vom sicheren Betriebszustand in einen anderen
sicheren Ersatzzustand überführt wird. Zum anderen existieren − wie ausgeführt
− Sicherungsmethoden, die gerade dieses Verhalten des Überführens in sichere
Ersatzzustände planmäßig zu erreichen versuchen.

Im Ereignisflußdiagramm muß daher für Systeme mit zwei oder mehr sicheren
Zuständen (Bild 3.2) der Einfluß der Sicherungsmethoden gegen Gefahren
(Gefahrenausschluß und Begrenzung der Gefährdungswahrscheinlichkeit) mit
berücksichtigt werden, wenn man für diese Systeme einmal eine wirklich
systemumfassende Beurteilung der Sicherheitsverhältnisse auf der Basis von
Gefahren haben will und zum anderen der gleiche Sicherheitskennwert für alle
Systeme gelten soll, unabhängig davon, wieviel sichere Zustände sie einnehmen
können.

Die Kennwertebene der Gefährdungswahrscheinlichkeit stellt im Ereignisflußdiagramm gleichzeitig den Abschluß des Bereichs der aktiven Sicherheitsmaßnahmen dar, die zu verhindern trachten, daß überhaupt Möglichkeiten zur
Verletzung von Rechtsgütern·eintreten können. Eine gewisse Wahrscheinlichkeit an Gefahren ist jedoch, ähnlich wie auf den Kennwertebenen Fehler und
Ausfall, unvermeidbar.

3.1.4 Kennwertebene Unfall

Im Zusammenhang mit der Beschreibung der Ereignisverkettung wurde bereits
herausgestellt (Abschnitt 2.2), daß nicht alle Gefahren sich zwangsläufig zu
Unfällen weiterentwickeln. Diese Tatsache drückte sich dort allgemein aus als
eine Übergangswahrscheinlichkeit zwischen den Ereignissen Gefahr und Unfall,
die irgendwo zwischen den Grenzwerten null und eins zu suchen ist.

Für die Beschreibung von Bewertungscharakteristika in konkreten Fällen reicht
diese allgemeine, mehr qualitative Feststellung jedoch nicht aus. Es müßte
vielmehr auch quantitativ in Zahlenwerten angebbar sein, wie sich Gefahren zu
tatsächlichen Unfällen weiterentwickeln können.

Mit der Wahrscheinlichkeitsrechnung und den algorithmischen Ansätzen der
Systemtheorie läßt sich zwar die Gefährdungswahrscheinlichkeit eines konkreten
Systems in bestimmten Toleranzgrenzen analytisch errechnen. Es ist jedoch
bisher noch nicht einmal ein Denkansatz bekannt geworden, mit dem auf
analytischem Wege, d. h. unter Erfassung der physikalischen Zusammenhänge in
algorithmischen Darstellungen, versucht werden sollte, die Übergangswahrscheinlichkeit zwischen Gefahren und Unfällen bei existierenden Systemen
quantitativ zu bestimmen.

Bei einer ersten abschätzenden Betrachtung des Problems wird bereits deutlich,
daß die physikalischen Randbedingungen noch wesentlich komplexer als bei der
Bestimmung der Gefährdungswahrscheinlichkeit eines Systems sind. Als andeu-
tender Beleg für diese Feststellung mag dienen, daß bei der Bestimmung der
Gefährdungswahrscheinlichkeit der Ausgangszustand des Systems eindeutig nur
der sichere Betriebszustand ist. Für die Bestimmung der Übergangswahrscheinlichkeit zwischen Gefahr und Unfall gibt es jedoch zwangsläufig nicht nur einen
Systemzustand, sondern beliebig viele und darüber hinaus zum Teil unbekannte,
da es gerade die Aufgabe der Sicherungsmethoden gegen Fehler, Ausfälle und
Gefahren ist, alle bekannten und beschreibbaren Gefahrenzustände nach Möglichkeit zu vermeiden.

Wenn man hiermit den analytischen Weg zur quantitativen Erfassung der
Übergangswahrscheinlichkeit zwischen Gefahren und Unfällen zumindest für
den derzeitigen Wissensstand als nicht begehbar ausschließen muß, so bleibt im
Prinzip die Möglichkeit, die Zusammenhänge empirisch, d. h. durch Beobach-
tung, zu erfassen und anschließend beispielsweise in Korrelationsgesetzmäßig-

keiten zu beschreiben. Hierzu ist es jedoch erst einmal erforderlich, die entsprechenden Ereignisstatistiken überhaupt gewinnen zu können. In existierenden Verkehrssystemen wird zwar einerseits – wie bereits ausgeführt – eine sehr genaue Unfallstatistik geführt, hinsichtlich der statistischen Erfassung von Gefährdungen können die Erfassungsumstände je nach Verkehrssystem vorsichtig nur als sehr unterschiedlich bezeichnet werden.

Für alle Verkehrssysteme einheitlich zu vermerken wäre jedoch vorab, daß es keine Gefährdungserfassung gibt, die systematisch auf eine Bewertung der Sicherheit gerichtet ist oder als Basis für die Bestimmung der Übergangswahrscheinlichkeit zwischen Gefahren und Unfällen dienen kann. In Systemen des öffentlichen Verkehrs werden neben den Unfällen in einem gewissen Umfang auch Gefährdungen registriert, wie beispielsweise die sog. „gefährlichen Begegnungen" in der Luftfahrt oder das „Überfahren Halt-zeigender Signale" im Eisenbahnverkehr. Es wäre zu prüfen, ob derartige Aufschreibungen geeignet sind, um wenigstens andeutungsweise die Korrelation zwischen Gefahren und Unfallwahrscheinlichkeit zu bestimmen.

Im Individualverkehr hingegen existieren keinerlei Gefährdungsaufschreibungen; es erscheint auch am erforderlichen Beobachtungsaufwand gemessen so gut wie ausgeschlossen, hier zu fundierten Aufschreibungen gelangen zu können.

Zumindest für die aktuelle Situation wäre somit insgesamt festzuhalten, daß die Übergangswahrscheinlichkeit zwischen Gefahren und Unfällen für die Verkehrssysteme derzeit weder auf analytischem noch auf empirischem Wege festgestellt wird und daß sie darüber hinaus höchstens für öffentliche Verkehrsmittel mit vertretbarem Aufwand als ermittelbar erscheint.

Damit teilt sich die im System verbleibende Ereignismenge der Gefahren in zwei Untergruppen ein. Eine erste Gruppe der wirklich eintretenden Gefahren geht vorüber, ohne daß tatsächlich eine Schädigung (Rechtsgutverletzung) eintritt. Jedem Straßenverkehrsteilnehmer dürfte beispielsweise die Situation „mit dem Schrecken davongekommen zu sein" in beliebigen äußeren Umständen vertraut sein. In den bisher gebräuchlichen Wertungs-Betrachtungen zur Verkehrssicherheit – aber auch zur Sicherheit anderer Systeme – wird diese Gefahrengruppe derzeit überhaupt nicht berücksichtigt.

Dieser Anteil folgenfreier Gefahren wird bisher gewissermaßen im unausgesprochenen allgemeinen Einverständnis als Systemeigenschaft im Sinne eines Sicherheitsbonus angesehen, ohne daß jedoch die Größe dieser Zugutehaltung bekannt, geschweige denn über alle Systeme einheitlich ist.

Die zweite Untergruppe von Gefahren umfaßt diejenigen, aus denen sich ein tatsächlicher Unfall im Sinne der Unfalldefinitionen, vor allem für das Verkehrsgeschehen, entwickelt hat. Sie wird statistisch sehr genau erfaßt und dient heute fast ausschließlich der Sicherheitsbewertung. Streng genommen gibt sie aber, wie im voranstehenden dargetan werden konnte, die tatsächlichen Verhältnisse nur sehr unvollkommen wieder und dies darüber hinaus um so mehr, je geringer die zugehörige Ereignishäufigkeit ist.

3.1.5 Kennwertebene Unfallfolgen

Wie im Abschnitt 2.2 dargetan, liegt in der gesamten Verkettung der sicherheitsrelevanten Ereignisse auch die Übergangswahrscheinlichkeit zwischen Unfällen und bestimmten Unfallfolgen unter eins. Anschaulich machen läßt sich diese Tatsache, wenn man bedenkt, daß im Straßenverkehr ein Unfall bei gleicher Grundsituation sehr unterschiedliche Folgen haben kann, je nachdem, ob z. B. die Insassen den Sicherheitsgurt angelegt haben oder nicht. Hieran wird deutlich, wie die Sicherungsmethoden der sogenannten passiven Sicherheit den Ereignisstrom zwischen Unfall und bestimmten Unfallfolgen im Prinzip verringern (Bild 3.3).

Neben dieser gewissermaßen planmäßigen Verringerung existieren aber auch beträchtliche zufällige Beeinflussungen dafür, in welchem Umfang sich ein

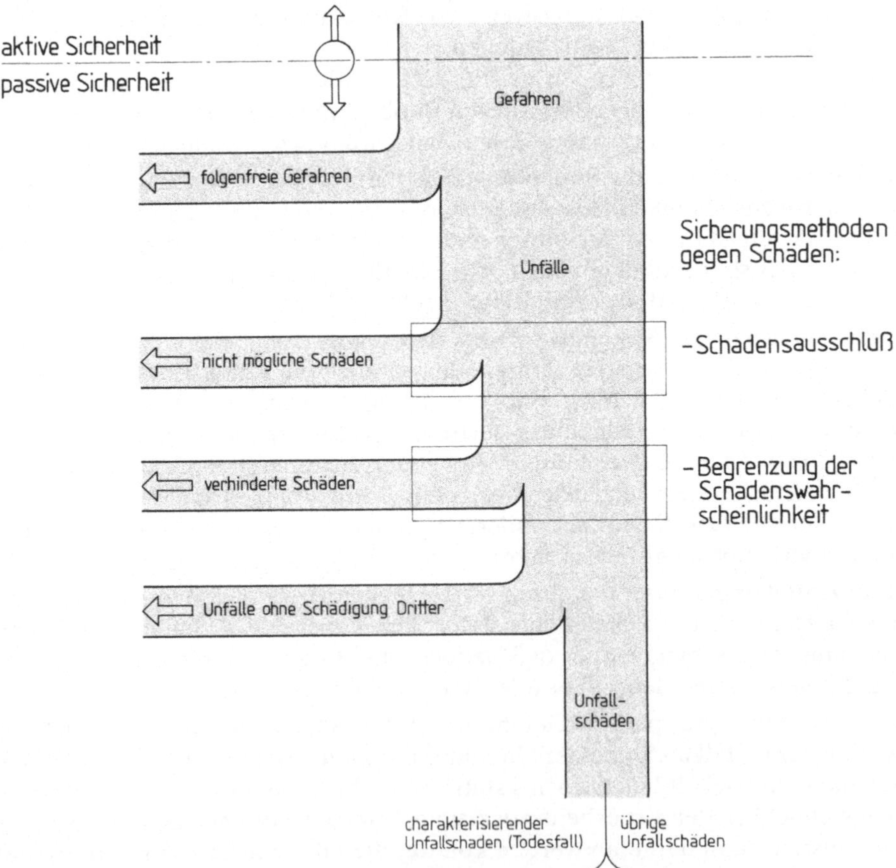

Bild **3.3** Ereignisflußdiagramm Sicherheitsbewertung (Unfälle und Unfallfolgen)

Unfall weiterentwickelt. Ein Anfahren der Leitplanke auf der Autobahn kann
sich beispielsweise auf die Schäden am eigenen Fahrzeug und der Fahrwegeinrichtungen beschränken, aber bei dichtem Verkehr auch zu erheblichen Folgewirkungen in der Art von Auffahrunfällen führen. Diese Art der Weiterentwicklung ist quantitativ nicht erfaßbar, so daß infolge dieser unbekannten Anteile der
Übergangswahrscheinlichkeit zwischen Unfall und Unfallfolgen der Kennzeich-
nungswert der Kennwertebene Unfallfolgen grundsätzlich absinkt.

Außerdem sind auch die Unfallfolgen selbst von sehr unterschiedlicher Signifikanz, da mit steigender Schwere die Zahl zwar im Prinzip abnimmt,
der Abnahmeumfang jedoch nach System sehr unterschiedlich sein kann.

3.2 Bewertungsverfahren

Die Bewertung eines Produktes läßt sich grundsätzlich entweder auf der Basis
seiner Leistung, seines Preises oder nach dem Preis-Leistungs-Verhältnis durchführen.

Für die Bewertung der Sicherheit von Systemen drückt sich die Leistung in der
mehr oder weniger großen Annäherung von Ereignishäufigkeiten an den Wert
Null der absoluten Sicherheit aus. Eine Bewertung der Sicherheit über den Preis
allein scheidet aus den Bewertungsmöglichkeiten ganz aus, da der Leistungsziel-
wert: vollständige Ereignisfreiheit auch theoretisch nur mit einem unendlich
hohen Preis zu erreichen ist.

Das wichtigste Bewertungskriterium für die Sicherheit von Systemen bleibt das
Preis-Leistungsverhältnis, da die Sicherheit eines Systems nur ein Leistungs-
aspekt neben vielen anderen ist, die insgesamt nur in Geldwertbetrachtungen
kombiniert werden können.

3.2.1 Ereigniswahrscheinlichkeit

Die bisher für alle Kennwertebenen verwandte Dimension im mathematischen
Sinne war die Ereigniswahrscheinlichkeit des Eintritts von Fehlern, Ausfällen,
Gefahren, Unfällen oder Unfallfolgen. Es konnte einerseits gezeigt werden, daß
die Aussagen auf den verschiedenen Ebenen unterschiedlich signifikant für
Sicherheitsbeschreibungen ist. Im technisch-mathematischen Sinn erfaßt nur der
Ansatz der Gefährdungswahrscheinlichkeit die Verhältnisse eindeutig und ohne
implizite oder explizite Voraussetzungen. Andererseits jedoch gilt für alle
Ebenen gleichermaßen, daß der für die Ereigniswahrscheinlichkeit einzige
Zahlenwert, der aus sich heraus neben der Bewertung auch eine Anforderung
enthält, der Wert Null, d. h. die vollständige Ereignisfreiheit oder die absolute
Sicherheit, ist. Alle anderen Zahlenwerte lassen nur die Möglichkeit zu Verglei-
chen im Sinne von besser oder schlechter als bisher zu.

Das bisher Erreichte und Bewährte würde damit zum Anforderungsmaßstab auch für die Zukunft werden, wobei eine gewisse Fortentwicklung etwa in der Weise denkbar wäre, daß die Anforderung nicht auf „gleich" beim Bisherigen, sondern auf „(geringfügig) besser" als das Bisherige lautet.

Qualitativ wäre auf dem Wege über die Festlegung von Anforderungen in Vergleichsform auch eine Ankopplung an das eingangs behandelte Grundlebensrisiko denkbar (Abschnitt 1.2). Für die Anbindung des Sicherheitsmaßstabes an das Grundlebensrisiko eignet sich unmittelbar jedoch allein die Kennwert- und Anforderungsebene Unfallfolgen mit der spezifischen Unfallfolge des Todesfalles, da sich das Grundlebensrisiko nun einmal nicht anders ausdrücken läßt als in Todesfällen je Stunde und je Person. Bei einer Reihe von Verkehrssystemen ist diese Ereigniskategorie so selten geworden, daß sich statistisch als Anforderungskennwert keine ausreichend signifikante Größe ableiten läßt. Beispielsweise kam im Jahre 1982 im Bereich der Deutschen Bundesbahn nicht ein einziger Reisender zu Tode [37], und auch im statistischen Durchschnitt der letzten 10 Jahre ist die Zahl der Todesopfer im Bahnverkehr so gering, daß für den gesamten Bahnverkehr vielleicht eine Hochrechnung auf die Ebene des Grundlebensrisikos theoretisch möglich erscheint, daß aber andererseits eine Risikoaufteilung auf einzelne sicherheitsrelevante Einrichtungen innerhalb des Gesamtsystems Bahn, wie z. B. Signalanlagen, Tunnel oder Weichen, im mathematischen Sinne aussagefähig nicht mehr möglich ist.

Damit scheidet zumindest für bestimmte Verkehrssysteme die vergleichende Bewertung zum Grundlebensrisiko als Anforderungswert aus, und es verbleibt nur die Möglichkeit, in der Ereignisverkettung früher liegende Kennwertebenen, wie Unfall oder Gefahr, mit größerer Ereignishäufigkeit heranzuziehen, wobei allerdings die Anbindung an die Fortentwicklung des Grundlebensrisikos nur indirekt über die eingangs angeführte Anforderung „(geringfügig) besser als bisher" möglich ist.

3.2.2 Verhältnis von Aufwand und Ereigniswahrscheinlichkeit

Die im voranstehenden in der Dimension Ereigniswahrscheinlichkeit behandelten Sicherheitsanforderungen lassen sich — vor allem auf der Kennwertebene Gefahr — mit den heutigen technischen Hilfsmitteln rechnerisch beherrschen. Andererseits befriedigt jedoch die Sicherheitsbeurteilung nur in der Form von Ereigniswahrscheinlichkeiten noch nicht alle praktischen Bedürfnisse. So ist es beispielsweise auch rechtlich anerkannt, daß Sicherheitsanforderungen durchaus eine Grenze aus ihren wirtschaftlichen Auswirkungen heraus finden können [37]. Damit aber wird das Verhältnis der Ereigniswahrscheinlichkeiten auf den verschiedenen Kennwertebenen zum zugehörigen Aufwand zu einer wichtigen Anforderungsdimension.

Für den allgemeinen Zusammenhang zwischen Sicherheitskenngrößen in Gestalt der eingeführten Ereigniswahrscheinlichkeiten und dem Aufwand gilt, daß mit

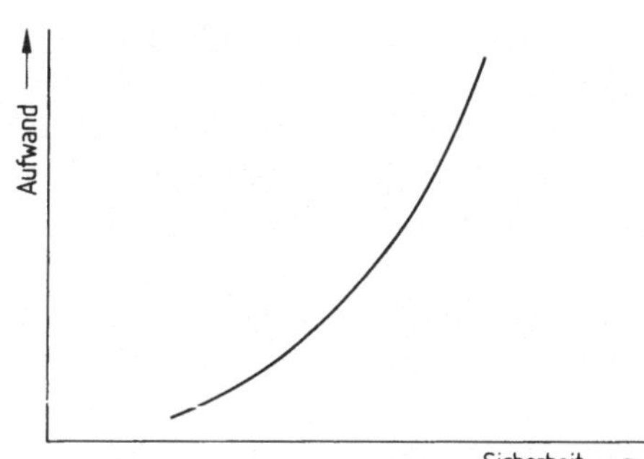

Bild **3**.4
Verhältnis zwischen Aufwand
und Sicherheitserfolg

abnehmender Ereigniswahrscheinlichkeit ($\triangleq$ größerer Sicherheit) der zugehörige Aufwand überproportional steigt (Bild **3**.4).

Auch die erste Ableitung der dargestellten Kurve, die den Aufwand je Wahrscheinlichkeitsänderung in Abhängigkeit von der Ereigniswahrscheinlichkeit angibt, ist in erster Näherung ebenfalls überproportional. Dies bedeutet, daß gleiche Steigerungsanteile der Sicherheit um so aufwendiger sind, je geringer die Ereigniswahrscheinlichkeit der Ausgangssituation ist. Hieraus folgt, daß je nach dem bisher erreichten Grad der Sicherheit eines Systems auch geringfügige Steigerungen erhebliche Aufwendungen nach sich ziehen.

Die quantitativen Verhältnisse dieser allgemeinen Zusammenhänge sind natürlich von System zu System verschieden und wären jeweils im einzelnen zu erarbeiten, um praktische Schlußfolgerungen ziehen zu können.

Hierzu stehen prinzipiell die aus den fünf Kennwertebenen abgeleiteten Ereigniswahrscheinlichkeiten zur Verfügung:

– Fehlerwahrscheinlichkeit,

– Ausfallwahrscheinlichkeit,

– Gefährdungswahrscheinlichkeit,

– Unfallwahrscheinlichkeit,

– Unfallfolgenwahrscheinlichkeit,

   wobei die Unfallfolgenwahrscheinlichkeit sich nach den verschiedenen Unfallfolgearten wie beispielsweise

– Todesfällen,

– Gesundheitsschädigungen,

– Sachschäden,

zunächst in originären Meßgrößen dargestellt, aufgliedern läßt.

Aus diesem Katalog scheidet die Fehlerwahrscheinlichkeit aus, da sie sich allein nur auf die Planungs- und Aufbauphase bezieht sowie – wie ausgeführt – zahlenmäßig nicht faßbar ist. Immerhin wäre festzuhalten, daß die Aufwendungen für das Erreichen des Zustandes „als fehlerfrei geltend" einen wichtigen Anteil des Kostenblockes Sicherheit bilden und daher bei den weiteren wirtschaftlichen Betrachtungen zu berücksichtigen sind.

Die Ausfallwahrscheinlichkeit ist − wie ebenfalls bereits ausgeführt wurde − nicht signifikant für die Sicherheitsverhältnisse, da nur eine Untermenge der Ausfälle − nämlich diejenigen, aus denen Schäden Dritter erwachsen können − sicherheitsbezogene Bedeutung haben. Lediglich bei Systemen mit nur einem sicheren Zustand (Baustatik) entspricht die Ausfallwahrscheinlichkeit der Gefährdungswahrscheinlichkeit.

Zur Bewertung der Sicherheit und zum Festlegen der zugehörigen Anforderungen verbleiben somit die drei Ereigniswahrscheinlichkeiten

− Gefährdungswahrscheinlichkeit,

− Unfallwahrscheinlichkeit und

− Unfallfolgenwahrscheinlichkeit.

Für ein bestimmtes System stehen diese drei Ereigniswahrscheinlichkeiten in einem prinzipiell eindeutigen Zusammenhang, der durch die Übergangswahrscheinlichkeiten (Abschnitt 1.4.5) zwischen den Ereignisebenen gekennzeichnet ist. Da die drei genannten Ereigniswahrscheinlichkeiten das gleiche System sicherheitsmäßig charakterisieren, müssen sie prinzipiell, unter Berücksichtigung der Übergangswahrscheinlichkeiten, das Verhältnis zwischen Sicherheit und Aufwand in gleicher Weise beschreiben:

$$A = f(P_G) = f(P_U; P_{G \to U}) = f(P_S; P_{G \to U}; P_{U \to S}).$$

Verbal ausgedrückt, ist der Sicherheitsaufwand A eine Funktion der Gefährdungswahrscheinlichkeit P_G, die wiederum einer anderen Funktion der Unfallwahrscheinlichkeit P_U und der Übergangswahrscheinlichkeit $P_{G \to U}$ zwischen den Ereignissen Gefahr und Unfall gleichzusetzen ist, wobei beide einer weiteren Funktion der Unfallfolgenwahrscheinlichkeit P_S, den Übergangswahrscheinlichkeiten $P_{G \to U}$ und $P_{U \to S}$ zwischen Gefahr und Unfall sowie Unfall und Unfallfolgen entsprechen.

Wiederum im Prinzip wirken die Übergangswahrscheinlichkeiten in Richtung auf eine Verringerung der jeweils nachfolgenden Ereignismenge, wie aus dem Abschnitt 3.1 mit den Bildern **3.1**, **3.2** und **3.3** hervorgeht. Nimmt man mit dem Ziel der Verdeutlichung der geschilderten Zusammenhänge einmal zahlenmäßig an, daß in einem bestimmten System jede zehnte Gefahr sich zu einem Unfall entwickelt und daß bei jedem hundertsten Unfall ein Todesfall als Unfallfolge zu beklagen ist, so wären die Übergangswahrscheinlichkeiten anzusetzen mit

$$P_{G \to U} = 10^{-1}$$
$$P_{U \to S} = 10^{-2}$$

und der Zusammenhang zwischen den Sicherheitskennwerten eines Systems in der Form der Gefährdungs-, Unfall- und Unfallfolgenwahrscheinlichkeit und dem Sicherheitsaufwand würde sich etwa wie in Bild **3.2** dargestellt ergeben, d. h. jeder der genannten Sicherheitskennwerte gibt die prinzipiell gleiche Abhängigkeit zwischen Sicherheit und Aufwand unter Berücksichtigung der Übergangswahrscheinlichkeiten zwischen ihnen wieder.

Die dargestellten allgemeinen Zusammenhänge wären nunmehr daraufhin zu untersuchen, welche Möglichkeiten existieren, für bestimmte Systeme auch praktisch auswertbare zahlenmäßige Gesetzmäßigkeiten zu erarbeiten und wie hierbei vorgegangen werden kann.

Unter Bezug auf voranstehende Abschnitte wäre in diesem Sinne festzuhalten:
- für den Sicherheitskennwert Gefährdungswahrscheinlichkeit,
    - daß er statistisch höchstens für öffentliche Verkehrssysteme beobachtend ermittelt werden kann,
    - daß er sich jedoch mit den heutigen EDV-Hilfen errechnen läßt;
- für den Sicherheitskennwert Unfallwahrscheinlichkeit,
    - daß er zwar rechnerisch nicht zu erfassen ist,
    - daß er sich jedoch aus zuverlässigen statistischen Ergebnissen ableiten läßt (genügend Ereignisse vorausgesetzt);
- für den Sicherheitskennwert Unfallfolgenwahrscheinlichkeit,
    - daß er ebenfalls rechnerisch nicht ermittelt werden kann,
    - daß er aber ebenfalls aus zuverlässigen statistischen Unterlagen zu bestimmen ist (genügend Ereignisse vorausgesetzt).

Mit der rechnerischen oder statistischen Bestimmung der drei verschiedenen Sicherheitskennwerte ergibt sich auch die Möglichkeit, die Übergangswahrscheinlichkeiten zwischen den drei Ebenen zu bestimmen.

Für die zahlenmäßige Ableitung der Zusammenhänge zwischen den Sicherheitskennwerten und dem Aufwand wäre weiterhin zu bemerken, daß statistische Beobachtungen die Realisierung und den Betrieb eines Systems über u. U. längere Zeiträume vorausetzen.

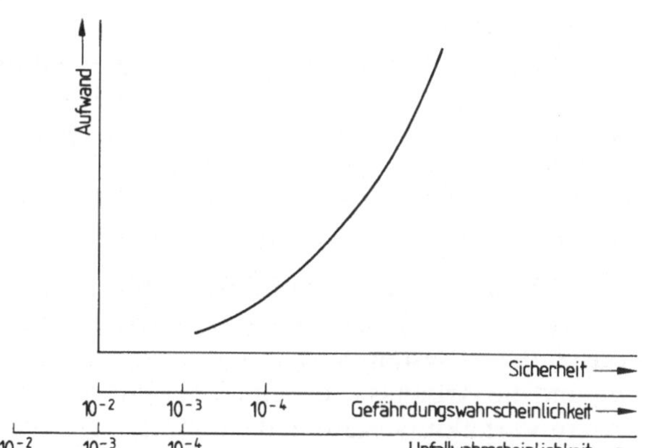

Bild 3.5
Verhältnis zwischen
Aufwand und Sicherheits-
kennwerten

Es ist daher praktisch nicht möglich, allein aus den Sicherheitskennwerten Unfallwahrscheinlichkeit und Unfallfolgenwahrscheinlichkeit die Aufwandsveränderungen als Funktion bei steigender oder fallender Sicherheit zu ermitteln.

Realisierte Systeme können gewissermaßen nur einen Punkt der dargestellten Kurve (Bild **3.**4) liefern. Die Veränderung des Sicherheitskennwertes mit zugehöriger Auswirkung auf den Aufwand ließe sich nur über ein neues System mit entprechend langer Beobachtungszeit gewinnen und scheidet praktisch somit völlig aus.

Zur Festlegung des funktionsmäßigen Zusammenhangs zwischen Aufwand und Sicherheit verbleibt somit der einzig theoretisch rechnerisch ermittelbare Sicherheitskennwert in Gestalt der Gefährdungwahrscheinlichkeit. Auf dieser Grundlage können anschließend auch die funktionsmäßigen Abhängigkeiten für die anderen Sicherheitskennwerte gewonnen werden, wenn man die Übergangswahrscheinlichkeiten von der Gefährdungswahrscheinlichkeit zur Unfallwahrscheinlichkeit und von dort zur Unfallfolgenwahrscheinlichkeit gewinnen kann.

Für die Gewinnung der Übergangswahrscheinlichkeiten zwischen den verschiedenen Kennwertebenen aber sind gerade wieder statistische Beobachtungen geeignet, da sie bei ausreichendem Beobachtungszeitraum und ausreichender Ereignismenge die für die Übergangswahrscheinlichkeit entscheidenden allgemeinen Systemverhältnisse am besten widerspiegeln.

Die allgemeinen Systemverhältnisse sind außerdem in erster Näherung unabhängig von der Größe des Sicherheitskennwertes. So wird sich beispielsweise an der Tatsache, daß bei Unfällen im Luftverkehr die Anzahl der Todesfälle die der Verletzten überwiegt, grundsätzlich nichts ändern, wenn der Sicherheitsgrad, ausgedrückt in abnehmender Gefährdungswahrscheinlichkeit, ansteigt. Ähnliches gilt für den Straßenverkehr, wo sicherlich auch bei absinkendem Gefährdungsgrad, die Sachschäden unveränderlich den Hauptteil der Unfallfolgen ausmachen werden.

Nimmt man — als einen möglichen Weg — auf dieser Grundlage die Übergangswahrscheinlichkeiten für ein bestimmtes System als konstant an und ermittelt sie aus den Unfallstatistiken, so läßt sich auf der Basis der errechneten Funktion des Verhältnisses Gefährdungswahrscheinlichkeit zu Sicherheitsaufwand auch für die übrigen Sicherheitskennwerte Unfall- und Unfallfolgenwahrscheinlichkeit die funktionsmäßige Abhängigkeit zum Aufwand darlegen und auswerten.

Zu den bisherigen Betrachtungen waren zur Vereinfachung nur die Verhältnisse bei der reinen Benutzersicherheit (Abschnitt 1.1.2) herangezogen worden. Zur vollständigen Systembetrachtung gehören naturgemäß auch die Umweltsicherheit und die Arbeitssicherheit hinzu. Für diese Bereiche mögen rein zahlenmäßig andere Verhältnisse gelten, die qualitativen Abhängigkeiten bleiben dennoch die gleichen wie im voranstehenden abgeleitet, so daß für den Bereich Umwelt- und Arbeitssicherheit ebenso die Funktion Gefährdungswahrscheinlichkeit/Aufwand zu bestimmen ist, die mit Hilfe der Übergangswahrscheinlichkeit auch zu Aufwandsfunktionen in Abhängigkeit von der Unfall- und Unfallfolgenwahrscheinlichkeit umgestaltet werden können.

3.2.3 Sicherheitsarbeit

Analysiert man die historische Entwicklung der Sicherheitsarbeit im Verkehr, aber auch bei anderen technischen Systemen, so lassen sich, in der zeitlichen Reihenfolge dargestellt, drei verschiedene Vorgehensweisen feststellen, die aus sich heraus die langfristigen Wechselwirkungen zwischen Aufwand und Erfolg bei Sicherheitsmaßnahmen unterschiedlich beeinflußt haben und beeinflussen.

3.2.3.1 Stochastisch-empirische Sicherheitsarbeit

Bei der Einführung technischer Systeme allgemein stand, vor allem zu Beginn des industriellen Zeitalters, naturgemäß die Realisierung der reinen Funktion im Vordergrund aller Entwicklungsbemühungen. Auch die unvermeidbaren Anfangsausfälle in den Systemen gaben zunächst eher Anlaß zu Veränderungen im Sinne von Zuverlässigkeitssteigerungen als zu Maßnahmen mit Sicherheitscharakter. Dieses Verhältnis begann sich erst umzukehren, als bei den technischen Systemen mit Dienstleistungscharakter die aus den überhöhten Anfangsversagensfällen entstehenden Unfälle und Unfallfolgen ein zunehmend höheres Aufsehen in der Öffentlichkeit erregten. Auch die Systemverantwortlichen waren in höherem Maße sicherheitssensibilisiert, weil von den Schäden die Kunden des dienstleistenden Systems direkt − hier also die Reisenden persönlich oder die Transportkunden durch Schäden an ihrem Transportgut − betroffen waren und nicht nur − wie in der Sachproduktion − die mitwirkenden Industriearbeiter und die Produktionseinrichtungen. Man begann im Prinzip allgemein die eingetretenen Unfälle mehr oder weniger systematisch zu analysieren und führte aufgrund der Analyseergebnisse technische Verbesserungen ein, nicht im Sinne einer gesteigerten Produktionsleistung, sondern zunehmend auch im Sinne einer größeren Schadensfreiheit oder Sicherheit bei unveränderter Systemleistung.

Unter Berücksichtigung der Zufälligkeit der Aktionsstöße (Betriebsunfälle) und der Art der dadurch ausgelösten Tätigkeit (nachträgliche Ursachenanalyse) mit daraus abgeleiteten technischen Verbesserungen kann man ein derartiges Vorgehen zur Erhöhung der Sicherheit bei technischen Systemen als

> stochastisch-empirische Sicherheitsarbeit

bezeichnen.

Grundsätzlich bringt eine solche Vorgehensweise für neue technische Systeme ein stark überhöhtes Anfangsrisiko mit sich, das außerdem völlig zufällig in Abhängigkeit von den eintretenden Ereignissen abgebaut wird, da die Ereignisse keineswegs so eintreten, daß die großen Schadensrisiken im System zuerst abgebaut werden. Neben dem überhöhten Anfangsrisiko ist es dieser Art der Sicherheitsarbeit im Prinzip außerdem nicht möglich, sich auf irgendein definiertes zulässiges Endrisiko, z. B. in der Nähe der gesellschaftspsychologischen Risikoakzeptanz, auszurichten, da die Arbeitsweise einzelfallorientiert qualitativ ist und keinerlei quantitative oder systemspezifische Betrachtungen anstellt.

Der Anpassungsvorgang an die Erfordernisse der Sicherheit wird bei stochastisch-empirischer Sicherheitsarbeit − dies ist schon auf den ersten Blick erkennbar − in keiner Weise von wirtschaftlichen Überlegungen im Hinblick auf ein günstiges Aufwands-/Erfolgsverhältnis bestimmt. Jeder Unfall kann im Prinzip Sicherheitserkenntnisse bewirken, die zu kostspieligen Änderungsmaßnahmen auch in der Funktionsrealisierung führen können, ohne daß diesen Maßnahmen zwangsläufig angemessene Risikominderungen gegenüberstehen.

Insgesamt gesehen bewirkt eine stochastisch-empirische − oder auch gelegentlich als „beklagend" bezeichnete Sicherheitsarbeit in einem System, daß diese, ausgehend von einem überhöhten Anfangsrisiko, einerseits zwar grundsätzlich immer schadensfreier und somit sicherer wird, ohne jedoch eine Grenze an zulässigen Risiken, z. B. der gesellschaftspsychologischen Risikoakzeptanz, zu finden. Außerdem sind Kostenbetrachtungen nicht immanenter Bestandteil des Vorgehens, so daß keine Optimierung des Aufwands-/Erfolgsverhältnisses der einzelnen Sicherheitsmaßnahmen oder der Gesamtentwicklung stattfinden kann.

3.2.3.2 Systematisch-prognostische Sicherheitsarbeit

In der, allerdings unausgesprochenen, Erkenntnis der Nachteile einer stochastisch-empirischen Sicherheitsarbeit entwickelte sich nach den Anfangsjahren der Eisenbahnen eine andere Art des Vorgehens bei der Anpassung des Systems an die Erfordernisse der Sicherheit, ohne daß jedoch gleichzeitig die stochastisch-empirische Vorgehensweise aufgegeben wurde. Sie stand sogar gedanklich am Ursprung des neuen ergänzenden Vorgehens.

Bei der Neuentwicklung von technischen Systemen oder Systemteilen liegt bei der stochastisch-empirischen Sicherheitsarbeit der Gedanke nicht fern, sich bereits bei der Planung eines Systems vorzustellen, welche technischen oder sonstigen Ausfälle an seinen Elementen eintreten können, um in Auswertung der Systemzusammenhänge anschließend zu ermitteln, wo und gegebenenfalls wie sich aus diesen Ausfällen Unfälle entwickeln können. Man prognostiziert hierbei gewissermaßen theoretisch vorweg, wie das System im Betrieb aufgrund der eingebauten logischen Abhängigkeiten auf Ausfälle reagieren würde, und kann in der Auswertung dieser Untersuchungen schon vor der eigentlichen Realisierung des Systems unter Vermeidung wirklicher Unfälle und Unfallfolgen systematisch Änderungsmaßnahmen einleiten. Hieraus abgeleitet kann man diese Art des Vorgehens bei der Einführung von Sicherheitsmaßnahmen als

     systematisch-prognostische Sicherheitsarbeit

bezeichnen.

Der entscheidende Vorteil dieser Sicherheitsarbeit gegenüber der stochastisch-empirischen besteht darin, daß Ausfälle und Unfälle im System nur simuliert werden und keine wirklichen Unfallfolgen auslösen. Die systematisch-prognostische Sicherheitsarbeit ist damit zunächst grundsätzlich wirtschaftlicher als die stochastisch-empirische. In ihrer langfristigen Auswirkung und allein betrachtet, enthält sie jedoch auch einige bedenkenswerte Aspekte gerade im Hinblick auf das Aufwands-/Erfolgsverhältnis von Sicherheitsmaßnahmen.

Der Ausgangspunkt der Untersuchungen nach der systematisch-prognostischen Sicherheitsarbeit ist die Annahme von Ausfällen im System. Diese Annahmen werden zunächst in den reinen Funktionsabhängigkeiten des Systems getroffen und führen anhand der abgeleiteten Auswirkungen in Unfallrichtung zu Abänderungen des Systems durch Einführung bestimmter Sicherheitslogiken in der Form beispielsweise von schützenden Zurückweisungen, Ausfallauswirkungen nach der sicheren Seite usw. Mit dieser ersten Anpassungsstufe in Richtung auf mehr Sicherheit ist die systematisch-prognostische Sicherheitsarbeit aus sich heraus jedoch keineswegs beendet. Ausschließlich qualitativ prognostizierend ist es der theoretischen Vorstellung unbenommen, sich auch weitere Ausfälle vorzustellen, die beispielsweise in der Sicherungslogik selbst eintreten oder die in der Funktionslogik als Doppel- oder Mehrfachausfälle hinzukommen und so zum weiteren Ausbau der Sicherungslogik führen, die in sich wiederum weitere Ausfallmöglichkeiten enthält, denen wiederum mit neuen Sicherungsmaßnahmen begegnet werden muß und so weiter. In uneingeschränkter Konsequenz angewandt, führt die systematisch-prognostische Sicherheitsarbeit zu einem allein von der Phantasie bestimmten Endstadium.

Insgesamt gesehen bewirkt eine systematisch-prognostische − oder auch gelegentlich als „phantasierend" bezeichnete − Sicherheitsarbeit bei der Planung und beim Aufbau eines Systems, daß dieses mit einem sehr viel geringeren Anfangsrisiko als im Abschnitt 3.2.3.1 beschrieben in Betrieb geht, wobei dieses Anfangsrisiko außerdem im Prinzip sogar übertrieben niedrig ist, sich aber immer noch nicht an zulässigen Risiken, z. B. der gesellschaftspsychologischen Risikoakzeptanz orientiert.

Außerdem gehören Kostenbetrachtungen auch bei dieser Verfahrensart nicht zum immanten Bestandteil des Vorgehens, so daß auch hier noch keine Optimierung des Aufwands-/Erfolgsverhältnisses der einzelnen Sicherheitsmaßnahmen oder Gesamtentwicklung stattfinden kann.

3.2.3.3 Praktisch-aktuelle Sicherheitsarbeit

In der Praxis der Sicherheitsarbeit haben sich die beiden in Abschnitten 3.2.3.1 und 3.2.3.2 beschriebenen grundsätzlichen Vorgehensweisen zu Mischformen zusammengefunden. Ein derartiges Zusammenwirken bietet sich schon aus der Tatsache an, daß die systematisch-prognostische Sicherheitsarbeit ausschließlich bei der Planung und dem Aufbau von Systemen wirkt, während die stochastisch-empirische Sicherheitsarbeit erst nach der Inbetriebnahme der Systeme überhaupt einsetzen kann. Welchen Anteil die beiden Vorgehensweisen am gesamten Sicherungserfolg haben, hängt weitgehend von der Systemkonfiguration ab und wird hierin außerdem entscheidend beeinflußt, wie deterministisch vorhersehbar das Systemverhalten bei Ausfällen ist. Je eindeutiger gesagt werden kann, welche

Auswirkungen ein bestimmtes Ausfallverhalten im System hat, desto mehr wird die systematisch-prognostische Sicherheitsarbeit den größeren Anteil am Sicherungserfolg haben, und je weniger man ein Systemverhalten vorhersagen kann, desto mehr wird man auf die stochastisch-empirische Methode angewiesen sein. Die Vorhersehbarkeit des Verhaltens ist um so größer, je technischer, je automatischer die Systemzusammenhänge sind, so daß beispielsweise die Eisenbahnen ihren Sicherungserfolg heute im wesentlichen von der systematisch-prognostischen Methode herleiten können, während im Straßenverkehr wegen der überwiegenden Abhängigkeit von der menschlichen Mitwirkung weitgehend immer noch stochastisch-empirisch gearbeitet werden muß.

Bei dieser praktisch-aktuellen Sicherheitsarbeit als Kombination aus stochastisch-empirischer und systematisch-prognostischer Vorgehensweise lassen sich nun auch die wirtschaftlichen Auswirkungen von Sicherheitsmaßnahmen in das Verfahren sinnvoll integrieren.

3.3 Wirtschaftlichkeit von Sicherheitsmaßnahmen

3.3.1 Voraussetzungen

Bevor die Möglichkeiten einer betriebs- oder gesamtwirtschaftlichen Bewertung von Sicherheitsmaßnahmen im Verkehr konkret erörtert werden, soll zunächst dargestellt werden, unter welchen Voraussetzungen solche Wirtschaftlichkeitsbetrachtungen überhaupt sinnvoll und zulässig sind.

Als Ergebnis der in den Abschnitten 1.2 und 1.3 behandelten Problemstellungen läßt sich hierzu zusammenfassend feststellen:

1. Die gültigen relevanten Rechtsnormen enthalten Bestimmungen über Sicherheitsanforderungen, die im allgemeinen zwar nicht konkret in Maß und Zahl gefaßt sind – wie z. B. die Umschreibung „sicherer Zustand" oder „nach den Regeln der Technik" –, gleichwohl aber ein bestimmtes Sicherheitsdenken und -handeln verlangen. Für sicherheitsrelevante Investitionen folgt daraus, daß nur solche Anlagen und Einrichtungen bzw. Maßnahmen Anwendung finden dürfen, die diesen Sicherheitsnormen entsprechen.

2. Für vorhandene Verkehrssysteme kann davon ausgegangen werden, daß das noch vorhandene Risiko von einer breiten Mehrheit der Benutzer und auch von der Allgemeinheit als akzeptierbares Risiko (s. hierzu Abschnitt 1.2) anerkannt wird. Mit dieser Einschätzung stehen im Prinzip auch die Rechtsnormen im Einklang. Der Betreiber muß deshalb bei Neuanlagen, wie auch bei Erneuerung bzw. Ersatz vorhandener Anlagen, mindestens diesen Anforderungen gerecht werden. Dieser Sachverhalt bedeutet aber, daß Maßnahmen, die zur Herstellung und Erhaltung dieses Zustandes erforderlich sind, in

diesem Sinne meist als nichtdisponible Maßnahmen eingestuft werden müssen und deshalb einer wirtschaftlichen Bewertung entzogen werden.

3. Wirtschaftliche Überlegungen verlangen in aller Regel eine Gegenüberstellung von Kosten und Erträgen bzw. Kosten und Nutzen. Es ist deshalb erforderlich, daß einerseits zumindest die auf bedeutsame Sicherheitsziele bezogenen Zielbeiträge einer sicherheitsrelevanten Maßnahme vorausbestimmt werden und daß darüber hinaus auch die anteiligen Kosten für die Sicherheit getrennt ausgewiesen werden können.

Wie gezeigt werden konnte (s. Abschnitt 3.2), sind im Regelfall für diese Aufgabenstellung nur Indikatoren der Kennwertebene Unfallfolgen brauchbar.

Unfallfolgekosten lassen sich damit als bewertete Unfallfolgen, z. B. mit Hilfe von allgemein anerkannten − aus volkswirtschaftlichen und/oder versicherungsmathematischen Untersuchungen abgeleiteten − Wertansätzen [168] ermitteln.

Die Wirkkette des Unfallgeschehens (Abschnitt 3.1 mit Bildern **3**.1, **3**.2 und **3**.3) muß somit − unabhängig von der Ausgangsebene − für wirtschaftliche Überlegungen im allgemeinen bis zum letzten Glied (Unfallfolgen) durchlaufen werden.

3.3.2   Gesetzmäßigkeiten

Für die wirtschaftliche Beurteilung von Maßnahmen gilt generell, daß
− bei betriebswirtschaftlicher Betrachtungsweise das Verhältnis von Erträgen zu Kosten,

− bei gesamtwirtschaftlicher Betrachtungsweise das Verhältnis von Nutzen zu Kosten

so günstig wie möglich anzustreben ist. Dies bedeutet, daß durch eine Maßnahme keine Verschlechterung gegenüber dem Status quo eintreten soll und daß beim Alternativenvergleich jene Lösungsvariante zu wählen ist, die das bessere Ertrags-/Kosten-Verhältnis bzw. Nutzen-/Kosten-Verhältnis aufweist.

Für die Ertragsseite kann davon ausgegangen werden, daß sie keiner Veränderung unterliegt (und somit keine Sicherheitsrelevanz besitzt), solange sich die Systemrisiken unterhalb der gesellschaftspsychologischen Risikoakzeptanz bewegen (Bild **3**.6, Punkt *A*)

Unterhalb dieser Grenze ist aus reinen Sicherheitsabwägungen der Kunden weder mit Verkehrszuwachs noch mit -abwanderungen zu rechnen.

Diese Situation ist bei den vorhandenen Verkehrssystemen gegeben, so daß die weiteren Überlegungen auf die Kostenseite beschränkt werden können. Die betriebswirtschaftliche Beurteilung hat sich somit an der Minimierung der Gesamtkosten zu orientieren.

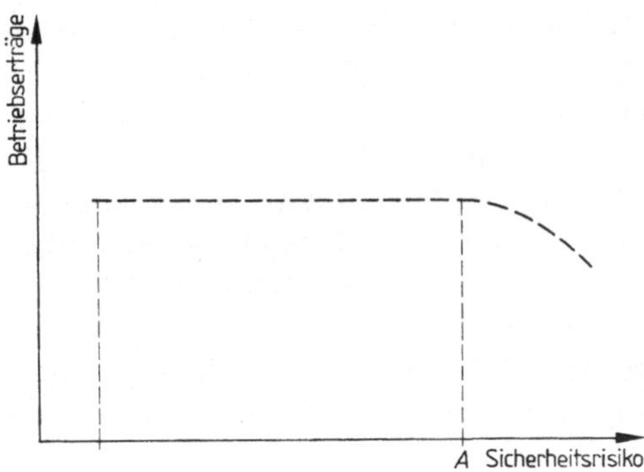

Bild 3.6
Abhängigkeit zwischen den Betriebs-
erträgen und dem Sicherheitsrisiko

Die **betriebswirtschaftlichen Gesamtkosten** setzen sich generell wie folgt zusammen [169], [170], [171]:

$$K_{ges} = K_K + K_U + K_B = K_V + K_B \; \text{DM/Jahr,} \qquad (3.3.2-1)$$

wobei

$K_K =$ Kapitalkosten (Abschreibung und Verzinsung des investierten Kapitals I),
$K_U =$ Unterhaltungskosten (i. a. ausgedrückt in % von I),
$K_V =$ Vorhaltungskosten ($K_K + K_U$),
$K_B =$ Betriebsführungskosten (Personal- und Sachkosten der Betriebsführung, ggf. einschließlich der dem Unternehmen entstandenen Unfallfolgekosten).

Für Sicherheitsbetrachtungen wäre bei den Vorhaltungskosten der Anteil für Sicherheitsinvestitionen gesondert auszuweisen; analog seien die Unfallfolgekosten von den Betriebsführungskosten getrennt dargestellt:

$$K_{ges} = K_{VA} + K_{VS} + K_{BA} + K_{BS} = K_F + K_{VS} + K_{BS}, \qquad (3.3.2-2)$$

wobei

$K_{VA} =$ Vorhaltungskosten ohne Berücksichtigung der Sicherheitsinvestitionen,
$K_{VS} =$ Vorhaltungskosten, Anteil Sicherheit (Sicherheitskosten),
$K_{BA} =$ Betriebsführungskosten ohne Unfallfolgekosten,
$K_{BS} =$ Unfallfolgekosten,
$K_F \;\; =$ Funktionskosten ($K_{VA} + K_{BA}$)

Voraussetzung ist hier also, daß die anteiligen Kosten für die Sicherheit gesondert ermittelt werden können.

Sicherheitsinvestitionen wirken sich in der Regel auf die Vorhaltungskosten erhöhend aus. Unter ceteris-paribus-Bedingungen (K_F bleibt konstant) bedeutet dies, daß eine derartige Investition nur dann zu vertreten ist, wenn die Minderung der Unfallfolgekosten mindestens so groß ist wie die Mehrkosten aus Kapitaldienst und Unterhaltung:

$$\Delta K_{VS} - \Delta K_{BS} \leqq 0. \qquad (3.3.2-3)$$

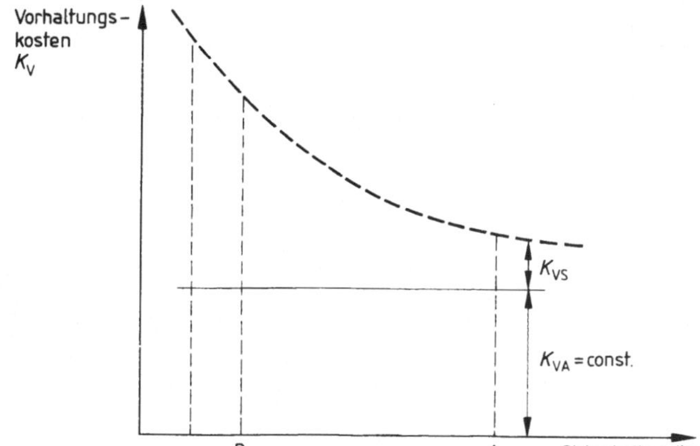

Bild **3**.7
Abhängigkeit zwischen den
Vorhaltungskosten und
dem Sicherheitsrisiko

Wie bereits in Abschnitt 3.2 dargelegt, steigen die Sicherheitskosten zur Erzielung geringerer Transportrisiken (und damit zur Minderung der Unfallfolgekosten) ab einer gewissen Marke stark überproportional (Bild 3.7); für die Verhältnisse in der Bundesrepublik kann man davon ausgehen, daß der heutige Sicherheitsstandard der Bahn bereits sehr hoch ist, so daß man sich tendenziell weit näher dem Punkt B als dem Punkt A der Prinzipskizze befindet.

Daraus ist bereits zu schließen, daß zusätzlichen Sicherheitsinvestitionen in der Regel nicht eine wirtschaftlich entsprechende Einsparung an Unfallfolgekosten gegenübersteht. Diese Situation wird aus Bild 3.8 deutlich, in der nun die Gesamtkosten dargestellt sind.

Durch die (nichtproportionale) Überlagerung der Sicherheitskosten K_{VS} und der Unfallfolgekosten K_{BS} ergibt sich für die Gesamtkostenkurve ein Optimum (Minimum), das aus rein ökonomischer Sicht anzustreben wäre. Völlig unabhängig von diesem Punkt „Opt." kann die gesellschaftspolitische Risikoakzeptanzschwelle (und ebenso die damit ja nicht starr verknüpfte Sicherheitsanforderung aus gesetzlichen und anderen Bestimmungen) ein geringeres oder theoretisch auch ein höheres Transportrisiko vorschreiben; praktisch gilt allerdings auch hier die obige Aussage, daß die reale Situation nahe dem Punkt B liegt.

Für die gesamtwirtschaftliche Betrachtungsweise gelten vorstehende Ausführungen analog. In Gl. (3.3.2−2) sind lediglich anstelle der dem Bahnunternehmen direkt entstandenen Unfallfolgekosten K_{BS} die gesamtwirtschaftlich relevanten Unfallfolgen einzubringen, die sich im wesentlichen zusammensetzen aus

− Personenschäden (Tote, Schwerverletzte, Leichtverletzte),

− Sachschäden,

− Umweltbeeinträchtigungen,

− Zeitverlusten.

Als Nutzen für die Beurteilung einer Maßnahme sind entsprechend die „einsparbaren Unfallfolgen" zu bewerten.

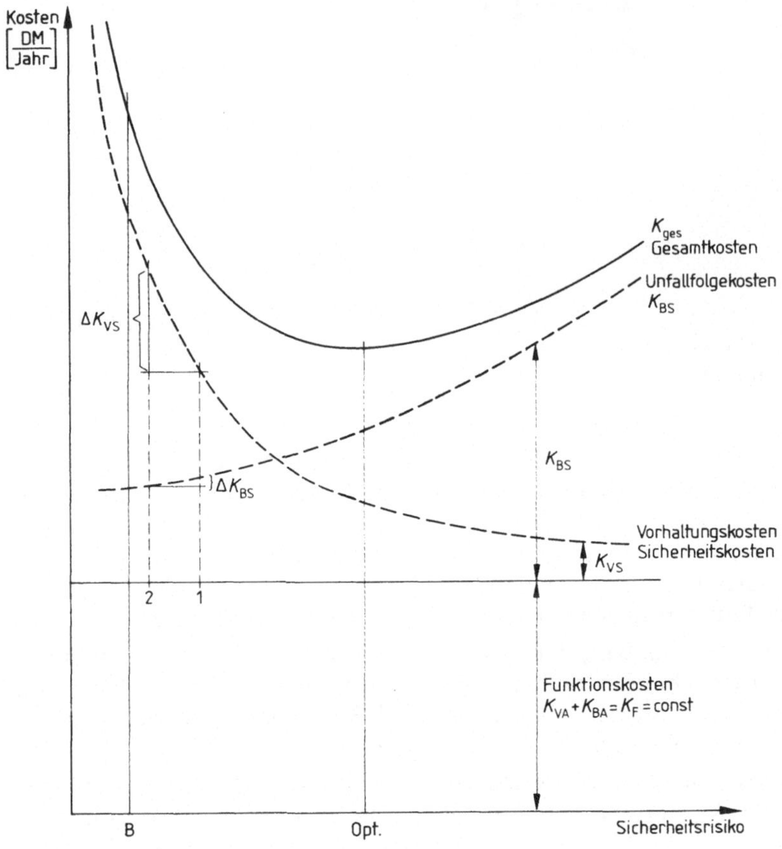

Sicherheitsinvestition verändert z. B. Risiko aus Situation 1 → 2:

$$\Delta K_{BS} \ll \Delta K_{VS} \,!$$

Bild **3**.8   Abhängigkeit zwischen den Gesamtkosten und dem Sicherheitsrisiko

3.3.3   Grenzen der wirtschaftlichen Bewertung

Die Ausführungen des Abschnitts 3.3.2 setzen prinzipiell die Quantifizierbarkeit der Unfallfolgekosten voraus. Diese Voraussetzung ist — auch unabhängig von den zusätzlichen Randbedingungen — in weiten Bereichen derzeit noch nicht erfüllbar.

Es stellt sich daher die Frage, bis zu welcher Stufe (Kennwertebene) der in Abschnitt 3.1 beschriebenen sicherheitsrelevanten Ereigniskette eine zuverlässige Aussage möglich ist und welche Beurteilungsempfehlungen daraus gegebenenfalls ableitbar sind. Auf die in Abschnitt 1.4.5, Bild **1**.7 dargestellten

Kennwertebenen und zugehörigen Übergangswahrscheinlichkeiten sei verwiesen.

Sicherheitsbewertungen im Zusammenhang mit Investitionsentscheidungen werden im allgemeinen nicht für umfassende Systeme − z. B. den Bahnverkehr insgesamt − durchgeführt, sondern verlangen nur Betrachtungen für Teile des Gesamtsystems, wie z. B. Brücken, Stellwerke, Bahnhöfe o. ä. Auch bei derartigen Teilsystemen innerhalb eines Gesamtsystems gelten grundsätzlich die möglichen Bewertungspfade und -gleichungen unverändert weiter, während sich die Sicherheitskennwerte von Teilsystem zu Teilsystem naturgemäß unterscheiden. Damit verbliebe noch zu prüfen, wie sich die Übergangswahrscheinlichkeiten zwischen den einzelnen Kennwertebenen bei verschiedenen Teilsystemen des gleichen Gesamtsystems zueinander verhalten.

Für die Übergangswahrscheinlichkeit zwischen der Kennwertebene Unfall und der Kennwertebene Unfallfolgen kann festgehalten werden, daß beispielsweise die Unfallfolgen bei einer Zugentgleisung kaum davon beeinflußt werden, ob diese (bei sonst gleichen Bedingungen wie Zuggeschwindigkeit, Hindernissituation usw.) aufgrund eines Schienenbruchs oder eines Wagenschadens herbeigeführt wurde. Man kann daher in erster Näherung aus diesem Beispiel folgern, daß die Übergangswahrscheinlichkeit zwischen den Kennwertebenen Unfall und Unfallfolgen nicht teilsystemabhängig, sondern gesamtsystemspezifisch ist hinsichtlich einzelner Unfalltypen.

In ähnlicher Weise gilt für die Übergangswahrscheinlichkeit zwischen den Kennwertebenen Gefahr und Unfall, daß sie eher von der allgemeinen Betriebsweise des Systems bestimmt wird als von der Art des ausfallenden Teilsystems. Auch diese Übergangswahrscheinlichkeit kann damit in erster Näherung als gesamtsystemspezifisch und nicht teilsystemabhängig angesetzt werden.

Damit ergibt sich die Möglichkeit, diese gesamtsystemspezifischen Übergangswahrscheinlichkeiten, sofern sie einmal quantitativ an einem oder mehreren Teilsystemen ermittelt wurden, auch auf andere Teilsysteme des gleichen Gesamtsystems analog zu übertragen und somit auch für diese Teilsysteme die Übergangsrechnung auf die jeweils nächstfolgende Kennwertebene − möglichst bis zu den Unfallfolgen − zu ermöglichen, obwohl an ihnen selbst der entsprechende Übergangswert unmittelbar möglicherweise nicht abgeleitet werden kann.

Des weiteren ist grundsätzlich zu beachten, daß der rein ökonomischen Bewertung im Sinne der „Optimierung" gemäß Abschnitt 3.3.2, Bild **3**.8, aus zwei Gründen Grenzen gesetzt sind:

− Wie bereits unter den rechtlichen Voraussetzungen angeführt, können Unfallfolgen, vor allem wenn sie Leben und Gesundheit von Menschen betreffen, nicht allein einer wirtschaftlichen Optimierung zur Disposition gestellt werden. Die gesetzlichen und sonstigen Bestimmungen, vor allem des öffentlichen Verkehrs, schreiben die Sicherheit eindeutig qualitativ vor und entziehen sie damit weitgehend quantitativen betriebswirtschaftlichen und auch gesamtwirtschaftlichen Überlegungen.

– Unter dem Einfluß der bisher ebenfalls vorwiegend qualitativ geleisteten Sicherheitsarbeit (stochastisch-empirisch und/oder systematisch-prognostisch, (s. Abschnitt 3.2.3.1 und 3.2.3.2) kann man zumindest für den öffentlichen Verkehr festhalten, daß die sich hieraus für Sicherheitsinvestitionen ergebende Mindestgrenze weit links von einem quasiwirtschaftlichen Optimum liegt (Abschnitt 3.3.2, Bild 3.8).

Neben der aus qualitativen Bestimmungen indirekt festgelegten Untergrenze für Sicherheitsinvestitionen läßt die Rechtsprechung auch eine Obergrenze für zumutbare Sicherheitsinvestitionen erkennen, wie bei Paetzold [37] ausgeführt wird. Allerdings wird auch diese Grenze nicht quantitativ expliziert, sondern auch nur qualitativ beschrieben, wobei in allen Ausführungen etwa der einheitliche Grundsatz zu erkennen ist, daß Sicherheitsaufwendungen als nicht mehr zumutbar angesehen werden können, wenn unter ihrem Einfluß der eigentliche Systemzweck nicht mehr erreicht werden kann. Festzuhalten wäre in diesem Zusammenhang allerdings auch, daß es nicht einfach ist, in einem System zwischen sicherheitsrelevanten und nicht-sicherheitsrelevanten Ausgaben zu unterscheiden.

Wie immer sich die zumutbare Obergrenze für Sicherheitsinvestitionen auch einstellen mag, der betriebswirtschaftliche wie auch der gesamtwirtschaftliche Entscheidungsbereich beginnt erst bei der qualitativ-rechtlich festgelegten Mindestgrenze. Diese Mindestgrenze hat sich, wie bereits früher ausgeführt, unter dem Einfluß gesellschaftspsychologischer Abhängigkeiten auf dem Wege über eine vorwiegend qualitative, an Einzelereignissen orientierte Sicherheitsarbeit eingestellt. Zum weiteren ist feststellbar, daß sich unter Anwendung der bisherigen Methoden der Sicherheitsarbeit (stochastisch-empirisch und systematisch-prognostisch) diese Grenze gewissermaßen unaufhaltsam, immer weiter vom quasi-wirtschaftlichen Optimum entfernt hat und bei Beibehaltung dieser Vorgehensweise dies auch in Zukunft weiter tun wird.

Allein schon aus dieser Tatsache heraus erscheint es als vordringliche Aufgabe, sich zunächst einmal Klarheit über die quantitative Lage der derzeitigen Untergrenze bei den verschiedenen Verkehrssystemen Rechenschaft abzulegen, um anschließend weitergehende Sicherheitsmaßnahmen auch quantitativ im Hinblick auf die rechtlich anerkannte Obergrenze der wirtschaftlichen Unzumutbarkeit hin überhaupt diskutieren zu können.

Grundsätzlich gilt nach den gesetzlichen Bestimmungen für die Einrichtungen und Anlagen, daß sie – zusammengefaßt – die Anforderungen des Standes der Technik qualitativ zu erfüllen haben oder quantitativ mindestens die gleiche Sicherheit erreichen müssen. In den Formulierungen der gesetzlichen Texte ist hierbei – zum Teil sogar konkret ausformuliert [49], zumindest aber in Auslegungen entsprechend kommentiert – eine quantitative Sicherheitsbewertung als Vergleich zwischen alt und neu bereits rechtlich gefordert, sofern die qualitativen Vorschriften nach dem Stand der Technik nicht direkt übertragen werden können.

Hier stellt sich eine prinzipiell besondere Aufgabe für Neuanlagen, insbesondere für neuartige Technologien. Da es sich hierbei um eine vergleichende Bewertung der Sicherheit noch zu errichtender Anlagen handelt, fallen als Ausgangsdatenbasis alle statistischen Angaben aus, da in der Regel für solche Neuanlagen derartiges Material noch nicht vorliegen kann. Als Ausgangspunkt verbleibt somit nur die Kennwertebene der Gefährdungswahrscheinlichkeit, die sich sowohl für existierende Anlagen (Abschnitt 3.3.2, Bild 3.8, Punkt 1) als auch für Neuanlagen (Abschnitt 3.3.2, Bild 3.8, Punkt 2) rechnerisch bestimmen läßt (Übergang von Punkt 1 nach Punkt 2).

Aus den rechnerisch ermittelten Kennwerten der Gefährdungswahrscheinlichkeiten können die weiteren Kennwerte der Unfallwahrscheinlichkeit und auch der Unfallfolgenwahrscheinlichkeit errechnet werden, wenn die entsprechenden Übergangswahrscheinlichkeiten bekannt sind und dementsprechend eingesetzt werden.

Diese Übergangswahrscheinlichkeiten zwischen Gefahr und Unfall sowie zwischen Unfall und Unfallfolgen können nach vorstehenden Ausführungen in erster Näherung als gesamtsystemspezifisch angesehen werden. Damit ist es zulässig, bei Teilsystembetrachtungen, insbesondere für die vorliegenden Vergleichsaufgaben, die an den existierenden Anlagen statistisch beobachteten Übergangswahrscheinlichkeiten auf die aufgabengleichen Neuanlagen zu übertragen. Im Prinzip können damit, ausgehend von der Ermittlung der Gefährdungswahrscheinlichkeit einer Neuanlage, auch deren Kennwerte auf der Ebene der Unfallfolgen bestimmt werden, die anschließend in eine betriebs- und/oder gesamtwirtschaftliche Betrachtung der Investitionsmaßnahme als „Sicherheitsbeitrag" eingehen kann.

Vor der unreflektierten Ausführung dieses prinzipiellen Vorgehens wäre jedoch zu prüfen, ob sich aus den quantitativen Zahlenverhältnissen unter Berücksichtigung der Toleranzübertragung Vorgehensveränderungen, insbesondere -vereinfachungen, ergeben können.

3.3.4   Zumutbarkeitsgrenze für Sicherheitsmaßnahmen

Zunächst ist rechtlich abgesichert, daß qualitativ eine wirtschaftlich begründete Zumutbarkeitsgrenze für Sicherheitsinvestitionen anerkannt ist [39]. Bei näherer Betrachtung bereitet die Quantifizierung dieser Grenze jedoch erhebliche Schwierigkeiten. Das erste Problem stellt sich bereits bei der Frage, welche Investitionsanteile einer Gesamtanlage der Sicherheit zuzuordnen sind. Es ist bisher unüblich, Sicherheitsinvestitionen getrennt auszuweisen, und es wird auch künftig kaum möglich sein, da letztlich mit dem Ziel, die qualitativen Sicherheitsbestimmungen zu erfüllen, in allen Teilen einer Anlage Sicherheitsbeiträge verborgen sind, die nur sehr schwer − sofern überhaupt − von den reinen Funktionsbeiträgen zu trennen sind.

Weiterhin erscheint es schwierig, eine allgemeine Grenze in der Form eines absoluten Betrages für zumutbare Sicherheitsinvestitionen festzulegen, da sich die Zumutbarkeit im Prinzip nur aus dem Verhältnis der Sicherheits- zu den sonstigen Investitionen ableiten läßt. Dieses Verhältnis jedoch ist wiederum außerordentlich systemabhängig, wenn man beispielsweise an Verkehrssysteme denkt, die natürliche Fahrwege nutzen, und andere, die ihre Wegeeinrichtungen mit unter Umständen hohem Aufwand selbst errichten müssen. Bei Festlegung eines allgemein als zumutbar anzusehenden Verhältnisses zwischen Sicherheitsinvestitionen und Nicht-Sicherheitsinvestitionen würde ein derartig unterschiedlicher Funktionsinvestitionsbedarf auch in absoluten Zahlen zu sehr unterschiedlich hohen Beträgen für Sicherheitsinvestitionen führen müssen, obwohl der Sicherheitsbedarf bei den betrachteten Systemen durchaus gleich sein kann.

Insgesamt verbleibt somit die Feststellung, daß die allgemein verbindliche Festlegung einer wirtschaftlich zumutbaren Grenze für Sicherheitsmaßnahmen anhand eines Verhältnisses zwischen Sicherheits- und Funktionsinvestitionen nur sehr schwer zu ermitteln wäre und vor allem den wirklichen Sicherheitsbedürfnissen nicht gerecht werden kann.

Verhältnis der Sicherheitsinvestitionen zu den möglichen Unfallfolgekosten

Neben der im voranstehenden Abschnitt behandelten Möglichkeit, durch das Verhältnis der Investitionsanteile zu einem Anhalt zu gelangen, welcher Sicherheitsaufwand als zumutbar anzusehen ist, bietet sich der in Abschnitt 3.3.2 erläuterte wirtschaftliche Vergleich zwischen den aus den Sicherheitsinvestitionen resultierenden Vorhaltungskosten und den mit ihrem Einsatz möglicherweise „einsparbaren" Unfallfolgekosten an.

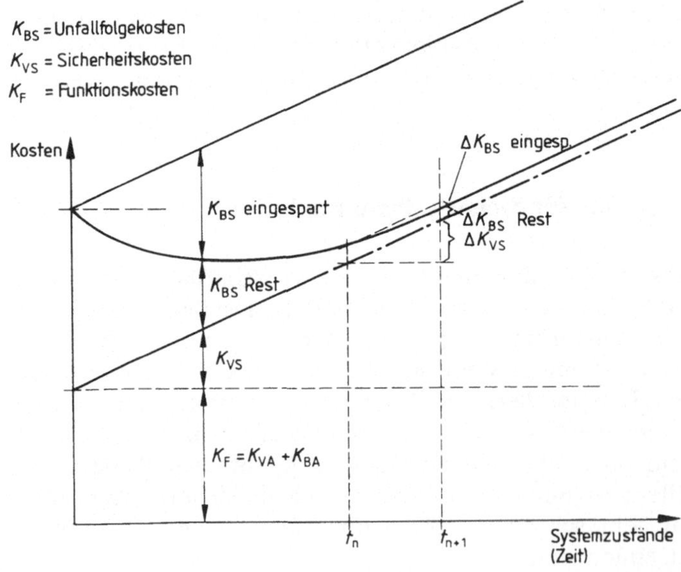

Bild 3.9
Abhängigkeiten
zwischen Funktions-,
Sicherheits- und
Unfallkosten

Die Möglichkeiten eines derartigen Ansatzes lassen sich an den prinzipiellen Abhängigkeiten zwischen Funktionskosten, Sicherheitskosten und Unfallfolgekosten (s. Abschnitt 3.3.2, Bilder 3.6 bis 3.8), wie in Bild 3.9 dargestellt, diskutieren.

Geht man von dem vereinfachenden Ansatz aus, zu Betriebsbeginn eines Systems alle Investitionen der reinen Funktionserfüllung zuzurechnen, so stellen in diesem Zustand, d. h. noch ohne ausdrückliche Sicherheitsinvestitionen, die zugehörigen Unfallfolgekosten gewissermaßen das überhaupt durch Sicherheitsinvestitionen einsparbare Unfallfolgekostenpotential dar. Die bisher gebräuchliche weitgehend qualitative Sicherheitsarbeit bewirkt aus dieser Anfangsposition heraus zunehmende Sicherheitsinvestitionen und mindert gleichzeitig die Unfallfolgekosten, ohne allerdings eine quantitative Beziehung zwischen beiden Parametern auszudrücken oder sich gar daran zu orientieren. Die mit der Zeit ständig steigenden Sicherheitsinvestitionen führen schließlich zu immer neuen Systemzuständen t_n mit einem bestimmten Umfang an eingesparten Unfallfolgekosten K_{BS} und einem bestimmten Umfang an zugehörigen Sicherheitsinvestitionen mit daraus resultierenden Vorhaltungskosten K_{VS}.

In jedem Systemzustand verbleibt vom Betriebsbeginn an zwischen den steigenden zugehörigen Sicherheitsinvestitionen und den dadurch eingesparten zugehörigen Unfallfolgekosten ein Anteil von noch nicht eingesparten Unfallfolgekosten, der durch weitere Sicherheitsmaßnahmen aber noch eingespart werden könnte. Dieser Anteil noch einsparungsfähiger Unfallfolgekosten wird mit steigenden Sicherheitsinvestitionen zwar immer geringer, kann aber niemals ganz zu Null werden.

Für einen bestimmten Systemzustand hat man zwar nicht die Möglichkeit, die zugehörigen Sicherheitsinvestitionen und die hierdurch eingesparten Unfallfolgekosten unmittelbar quantitativ zu ermitteln, die unter Abschnitt 3.3.2 beschriebene Vorgehensweise mit Hilfe der verschiedenen Kennwertebenen erlaubt, jedoch unter den dort genannten Bedingungen, die noch einsparungsfähigen Unfallfolgekosten quantitativ zu bestimmen. Von dem gleichen Systemzustand ausgehend kann man ferner geplante Sicherheitsmaßnahmen hinsichtlich ihrer quantitativen Sicherheitsauswirkungen und ihrer Kosten erfassen.

Man erhält somit die Möglichkeit, von einem Systemzustand t_n ausgehend zu einem geplanten Systemzustand t_{n+1} die Δ-Werte der zugehörigen Sicherheitsinvestitionen und der hierdurch einsparbaren Unfallfolgekosten quantitativ zu bestimmen und zu vergleichen.

Der Systemzustand t_n stellt gewissermaßen die nach den jeweils gültigen qualitativen Sicherheitsvorschriften notwendige Investitionssituation dar, während der Systemzustand t_{n+1} demgegenüber einen durch zusätzliche, gewissermaßen über den derzeitigen Stand der Technik hinaus geplante Sicherheitsmaßnahmen umfaßt.

Der Anstoß zu einem derartigen Versuch, den Stand der Sicherheitstechnik fortzuentwickeln, kann bei der bisherigen, vorwiegend qualitativen Sicherheitsarbeit aufgrund von Einzelereignissen, z. B. Unfällen, durchaus berechtigt sein, ob jedoch die allgemeine Einführung der möglichen entgegenwirkenden Sicherheitsmaßnahme noch innerhalb der wirtschaftlichen Zumutbarkeit für Sicherheitsinvestitionen liegt, kann nur in quantitativer Gegenüberstellung der Aufwendungen für die geplanten Maßnahmen in einem betriebswirtschaftlich orientierten Vergleich gemäß Abschnitt 3.3.2 zu den hierdurch eingesparten Unfallfolgekosten beurteilt werden.

Es sei an dieser Stelle noch einmal ausdrücklich vermerkt, daß derartige betriebswirtschaftliche Betrachtungen keine Entscheidungsgrundlage für Maßnahmen sind, die nach den qualitativen Sicherheitsbestimmungen als bereits zum Stand der Technik gehörig festgeschrieben wurden, sondern nur Maßnahmen behandeln können, die darüber hinaus den Stand der Sicherheitstechnik weiterentwickeln würden.

Ferner sei darauf aufmerksam gemacht, daß die im voranstehenden nachgewiesene Relativität der quantitativen Betrachtungen es nicht erlaubt, quantitative Größen als unmittelbare Sicherheitsbestimmungen einzuführen, da die Relativität auf jeden Fall nur systemspezifisch, wenn nicht sogar nur teilsystemspezifisch sein kann. Die quantitativen Betrachtungen können im Prinzip nur als Entscheidungshilfe bei der Feststellung dienen, ob eine bestimmte Sicherheitsmaßnahme als zumutbar festgeschrieben werden muß oder nicht. Das Sicherheitsregelwerk wird somit weiterhin aus qualitativen Bestimmungen bestehen müssen, deren Notwendigkeit jedoch künftig im Einzelfall möglichst quantitativ abzuschätzen wäre.

Ergebnisgenauigkeit der Bewertungsverfahren

Stellt man gemäß Bild **3**.9 im betriebswirtschaftlichen Sinn die infolge einer Sicherungsmaßnahme einsparungsfähigen Unfallfolgekosten zwischen den Systemzuständen t_n und t_{n+1} als zu erwartende Kostenminderung und die aus der zugehörigen Investition resultierenden Vorhaltungskosten gegenüber, so ist die Differenz zwischen beiden entsprechend Abschnitt 3.3.2 und Gleichung 3.3.2−3 als „Gewinn" anzusprechen

$$G = \Delta K_{BS} - \Delta K_{VS} \qquad\qquad (3.3.4-1)$$

G = Gewinn der Sicherheitsmaßnahme
ΔK_{BS} = einsparungsfähige Unfallfolgekosten
ΔK_{VB} = Vorhaltungskosten aus Investition der Sicherheitsmaßnahme

Eine betriebswirtschaftliche Betrachtung der „Gewinne" für sicherheitsrelevante Maßnahmen kann jedoch noch nicht als die Grenze der Zumutbarkeit für Sicherheitsinvestitionen angesehen werden, da die finanziellen Belastungen gerade im Hinblick auf unwiederbringliche Verluste wie Gesundheitsschädigungen und Todesfälle auch von anderen Ertragsbereichen eines Verkehrssystems mitgetragen werden können und auch müssen. Setzt man diesen Rechnungsbeitrag zu Sicherheitsmaßnahmen zunächst allgemein als Betrag K_Z an, so läßt sich die betriebswirtschaftlich sinnvolle Grenze zur wirtschaftlichen Zumutbarkeitsgrenze erweitern, wenn man schreibt

$$G = \Delta K_{BS} - \Delta_{VS} + K_Z \qquad (3.3.4-2)$$

und verlangt, daß in dieser Gleichung der Gewinn

$$G \gtrsim 0$$

sein muß oder der negative Gewinn (Verlust) nicht größer sein darf als der Deckungsbeitrag K_Z.

In dieser Gleichung sind die Eingangsparameter ΔK_{BS}, ΔK_{VS} und Z_K mit bestimmten Ungenauigkeiten behaftet, die sich aus den zu ihnen führenden Vorermittlungen ergeben. Alle drei Gleichungsbestandteile, vor allem die einsparungsfähigen Unfallfolgekosten ΔK_{BS}, gehen in irgendeiner Form auf statistische Auswertungen großer Datenmengen zurück, deren Ergebnis nicht allein durch die Angabe eines Zahlenwertes gekennzeichnet ist. Zu diesem zahlenmäßigen Mittelwert gehören vielmehr als ergänzende Angaben die Verteilungsart der übrigen Werte um den Mittelwert sowie ihre Streuungsbreite hinzu.

Setzt man zunächst als Verteilungsart für die hier vorliegenden allgemeinen Verhältnisse die Normalverteilung nach Gauß voraus, so lassen sich die Verhältnisse für die Parameter ΔK_{BS}, ΔK_{VS} und K_Z der aufgeführten Gleichung in dem nachstehenden Schema charakterisieren.

Der Bereich, in dem der wahre Mittelwert liegt, läßt sich mit den Mitteln der Statistik aus dem statistisch gewonnenen Mittelwert und Angabe eines Fehlerbereichs charakterisieren. Der mittlere Fehler des angegebenen Mittelwertes wird mit δ gekennzeichnet.

Setzt man diese mittleren Fehler der Größen ΔK_{BS}, ΔK_{VS} und K_Z mit δK_{BS}, δK_{VS} und δK_Z als bekannt voraus, so läßt sich die Gleichung

$$G = \Delta K_{BS} - \Delta K_{VS} + K_Z \qquad (3.3.4-2)$$

nach dem sogenannten Fehlerfortpflanzungsgesetz behandeln, mit dessen Hilfe die Streuungsverhältnisse um die Einzelparameter (ΔK_{BS}, ΔK_{VS} und K_Z) zu einer Streuungsfläche um das Gleichungsergebnis (G) zusammengefaßt werden. Das Fehlerfortpflanzungsgesetz auf die obige Gleichung angewandt, beschreibt die Zusammenhänge mit

$$\delta_G = \sqrt{\delta K_{BS}^2 + \delta K_{VS}^2 + \delta K_Z^2} \qquad (3.3.4-3)$$

In Ergänzung zum Fehlerfortpflanzungsgesetz ist in der Praxis eine Vereinbarung hinsichtlich der Signifikanz bei der Angabe von Mittelwerten getroffen worden. So gilt ein Mittelwert von einem anderen nur dann als signifikant unterscheidbar, wenn die Differenz der Mittelwerte mindestens die dreifache Größe des mittleren Fehlers erreicht. Hier heißt das

$$G \gtrsim |\, 3\,\delta_G\, | \qquad (3.3.4-4)$$

Aus dieser allgemeinen Signifikanzgleichung lassen sich drei qualitativ unterschiedliche Ergebnisbereiche mit gewissen Entscheidungshinweisen auf die Zweckmäßigkeit von Sicherheitsinvestitionen ableiten.

Zunächst kann man einen Zahlenbereich für die Größe G abgrenzen, der auch ohne Absolutsetzung größer ist als der dreifache positive mittlere Fehler von G

$$G \geqq + 3\,\delta_\text{G} \tag{3.3.4-5}$$

In diesem Bereich hat die Gewinnangabe eine unbestreitbare Signifikanz und die zugehörige Sicherheitsmaßnahme empfiehlt sich damit eindeutig auch unter wirtschaftlichen Gesichtspunkten zur Durchführung.

Ein weiterer Zahlenbereich für die Größe G läßt sich abgrenzen, indem die Größe G **kleiner** als der dreifache Betrag ihres negativen mittleren Fehlers ist

$$G \leqq + 3\,\delta_\text{G} \tag{3.3.4-6}$$

In diesem Bereich hat die Gewinn- oder besser Verlustangabe ebenfalls eine eindeutige Signifikanz, allerdings in der Richtung, daß die zugehörigen Sicherheitsmaßnahmen unter wirtschaftlichen Gesichtspunkten sich nicht zur Durchführung empfehlen.

Neben diesen Bereichen mit eindeutiger Aussagesignifikanz existiert als dritter Bereich für G

$$- 3\,\delta_\text{G} \leqq G \leqq + 3\,\delta_\text{G} \tag{3.3.4-7}$$

Für diesen Bereich gilt, daß die zugehörigen Sicherheitsmaßnahmen mehr oder weniger zufällig zu einem wirtschaftlichen Gewinn führen können. Wenn aber die Teilwirtschaftlichkeitsbetrachtung für den Sicherheitsbereich zu bestimmten Ergebnissen führt, ist sicherlich die Schlußfolgerung erlaubt, daß derartige Ergebnisse keinen Eingang in die gesamtwirtschaftlichen Betrachtungen finden sollten [71].

Man erhält somit einen sehr eindeutigen Anhalt dafür, ob eine durchzuführende Maßnahme einen wirtschaftlichen Sicherheitsgewinn enthält

$$G = \Delta K_\text{BS} - \Delta K_\text{VS} + K_\text{Z} \geqq 3\,\delta_\text{G} \tag{3.3.4-8}$$

wobei

$$\delta_\text{G} = \sqrt{\delta K_\text{BS}^2 + \delta K_\text{VS}^2 + \delta K_\text{Z}^2}$$

ist.

Nur dann, wenn der rechnerische Sicherheitsgewinn G mindestens dreimal größer ist als der zugehörige mittlere Fehler der Rechnung, tritt auch ein **wirtschaftlicher** Sicherheitsgewinn ein. In allen übrigen Fällen lassen sich Aufwendungen mit dem Ziel, die Sicherheit zu verbessern, nicht objektiv begründen.

Anhand dieser Gleichungen zur Bewertung von Sicherheitsmaßnahmen auf wirtschaftlicher Basis lassen sich wieder einige qualitativ abgrenzbare Bewertungsbereiche anhand der Größenordnungsverhältnisse zwischen den Gleichungsparametern ableiten.

1. Ein erster Ergebnisbereich läßt sich abgrenzen, bei dem die einsparbaren Unfallfolgekosten ΔK_BS wesentlich größer ist als Investitionskosten der Sicherheitsmaßnahmen ΔK_VS sind. In diesem Bereich wird zunächst ein Deckungsbeitrag K_Z anderer Wirtschaftsbereiche des Systems nicht erforder-

lich sein. Außerdem braucht die 3 δ-Signifikanzregel nicht zur Beurteilung des Sicherheitsgewinnes herangezogen werden, weil der mittlere Fehler des Gewinnergebnisses in erster Näherung vernachlässigbar klein gegenüber dem Sicherheitsgewinn ist. Damit gilt

$$G = \Delta K_{\text{BS}} - \Delta K_{\text{VS}} \gg 3\,\delta_{\text{G}} \qquad\qquad (3.3.4-9)$$

Alle Sicherheitsmaßnahmen in diesem Ergebnisbereich tragen ihre unbestreitbare Rechtfertigung in sich selbst.

Diese Verhältnisse wird man u. a. dort finden, wo Menschen ohne oder mit geringerer technischer Unterstützung Sicherheitsverantwortung tragen (z. B. im Rangierbetrieb der Eisenbahnen).

2. Ein zweiter Bereich läßt sich etwa dort vom ersten abgrenzen, wo die Differenz von ΔK_{BS} und ΔK_{VS} gerade nicht mehr größer als $3\,\delta_{\text{G}}$ ist. Dann sind Sicherheitsmaßnahmen nicht mehr aus sich heraus gerechtfertigt, sondern nur noch unter Inanspruchnahme von Rechnungsbeiträgen K_{Z} aus anderen wirtschaftlichen Bereichen des Unternehmens. Die zumutbaren Deckungsbeiträge sind naturgemäß von Fall zu Fall und von System zu System verschieden. Es lassen sich aber auch hier wieder zwei Untergruppen in Abhängigkeit des Verhältnisses zwischen der Größe der Sicherheitsinvestition zur Größe des gesamten System-Geschäftsumfanges voneinander abgrenzen.

Eine erste Untergruppe läßt sich innerhalb des betrachteten Bereiches für alle die Fälle feststellen, bei denen die Sicherheitsinvestition einen solchen Umfang hat, daß sie gegenüber dem gesamten Geschäftsumfang nicht mehr vernachlässigbar klein ist. In diesen Fällen gilt die allgemein abgeleitete Grundgleichung nach der $3\,\delta$-Regel. Alle Parameter der Gleichung sind zahlenmäßig zu bestimmen, wobei der Zumutbarkeitsgrenze in Gestalt des Deckungsbeitrages K_{Z} eine besondere Bedeutung zukommt.

In der Praxis dürften derartige Bewertungsfälle jedoch relativ selten zu behandeln sein, es sei denn, es handelt sich um technologisch völlig neue Verkehrssysteme, denen bestimmte allgemeine Sicherheitsauflagen gemacht werden sollen. Die existierenden Verkehrssysteme wie Bahn- und Luftverkehr haben durch die bis heute übliche qualitative Sicherheitsarbeit allgemein einen derartigen Sicherheitsstand erreicht, daß neue zusätzliche Sicherheitsmaßnahmen in der Nähe der Gesamtsystemkosten nicht denkbar sind.

Eine weitere Untergruppe ergibt sich innerhalb des hier betrachteten Entscheidungsbereichs nach der Grundgleichung 3.3.4−8 für die Verhältnisse, bei denen die Sicherheitsinvestitionen im Verhältnis zu den Gesamtsystemkosten vernachlässigbar klein sind. Bei derartigen Verhältnissen wird man den Deckungsbeitrag K_{Z} immer so wählen, daß der Sicherheitsgewinn G gerade größer als $3\,\delta_{\text{G}}$ bleibt.

3. Ein dritter Bereich für Entscheidungsfälle nach der Grundgleichung 3.3.4−8 ergibt sich, wenn die Sicherheitsinvestitionen voll zu Lasten des allgemeinen

Unternehmenshaushaltes gehen, wenn also

$$\Delta K_{VS} = K_Z \tag{3.3.4-10}$$

ist. Aus der Gleichung (3.3.4−2)

$$G = \Delta K_{BS} - \Delta K_{VS} + K_Z$$

ergibt sich, wenn sich ΔK_{VS} und K_Z zu Null ergänzen, daß der Sicherheitsgewinn voll den einzusparenden Unfallfolgekosten entspricht

$$G = \Delta K_{BS}.$$

Nimmt man für die Gleichung (3.3.4−3)

$$\delta_G = \sqrt{\delta K_{BS}^2 + \delta K_{VS}^2 + \delta K_Z^2}$$

nach der sicheren Seite abschätzend an, daß auch die mittleren Fehler von $\Delta K_{VS}'$ und K_Z zu Null werden, so ergibt sich

$$\delta_G = \sqrt{\delta K_{BS}^2} = \delta K_{BS} \tag{3.3.4-11}$$

Die Signifikanz des Sicherheitsgewinnes G ist damit gegeben, wenn

$$G = \Delta K_{BS} \geqq 3\, \delta K_{BS} \tag{3.3.4-12}$$

In Worten ausgedrückt müssen die einsparungsfähigen Unfallfolgekosten ΔK_{BS} mindestens dreimal größer sein als der mittlere Fehler, der sich bei der Berechnung von ΔK_{BS} ergibt, wenn ein signifikanter, d. h. **wirklicher** Sicherheitsgewinn vorliegen soll.

Unterhalb der hiermit abgeleiteten Grenze gibt es keinen objektiven Grund, Sicherheitsmaßnahmen überhaupt einzuleiten, da jede Investition nur Kosten auslöst, denen kein wirklicher Sicherheitsgewinn gegenübersteht.

Sicherheitsmaßnahmen, deren Gewinn in diesem Bereich liegen, sind ausschließlich subjektiv, politisch oder in anderer Weise irrational begründet. Anders ausgedrückt erreichen Sicherheitsmaßnahmen mit Gewinnen innerhalb des δ-Bereiches mit um so weniger Wahrscheinlichkeit ihr angestrebtes Ziel, je kleiner dieser Sicherheitsgewinn gegenüber seinem dreifachen mittleren Fehler ist.

Die öffentlichen Verkehrsunternehmen selbst müßten in betriebswirtschaftlicher Hinsicht und die zugehörigen Aufsichtsinstanzen − wie z. B. das Bundesverkehrsministerium − aus volkswirtschaftlichen Gründen ein besonderes Interesse haben, gerade diese letzte Grenze für objektive Sicherheitsentscheidungen system- und auch teilsystembezogen, deutlich zu machen, damit bei der Diskussion um Sicherheitsmaßnahmen der objektive und subjektive Bereich klar getrennt werden können.

Literatur

[1] Großer Brockhaus. Band 12. 18. Aufl. Wiesbaden 1980, S. 67

[2] Voigt, F.: Verkehr. Band 1: Die Theorie der Verkehrswirtschaft. Berlin 1973

[3] Baron, P.: Einheitliche Begriffsbestimmungen im Verkehrswesen (III). Internationales Verkehrswesen **29** (1977), 4. Heft, Juli-August. S. 234 bis 237

[4] Lehmann, H.: Bahnsysteme und ihr wirtschaftlicher Betrieb. Darmstadt 1978

[5] Opladen, L.; Sack, R.: Verkehrswesen. Stuttgart 1965

[6] Weigelt, H.; Weiß, H.: Bewegung − Transport − Verkehr. Ein Beitrag zur Systemforschung im Verkehr. ite-Mitteilungen **11** (1972), Hamburg. S. 301 bis 306

[7] Allgemeines Eisenbahngesetz (AEG) vom 29. März 1951, BGBl. I. S. 225 mit ÄndG vom 1. 8. 61 und 2. ÄndG vom 24. 8. 76

[8] Großer Brockhaus, Band 11, 18. Aufl. Wiesbaden 1980 − „Sicherheit" − S. 429

[9] DIN 31 004: Sicherheit und Schutz in Arbeitssystemen. Entwurf Berlin, 1978

[10] Pirath, C.: Die Grundlagen der Verkehrswirtschaft. Julius Springer Verlag. Berlin, 1934

[11] Leutzbach, W.: Sicherheit der Verkehrssysteme. ZEV-Glasers Annalen **101** (1977), Nr. 6, Juni, S. 191 bis 196

[12] Zelinka, F.: Zu Begriff und Realität Straßenverkehrssicherheit (1974), Heft 5. S. 168 bis 171

[13] US-Department of Defense, Military Standard: System Safety Program for Systems and associated Subsystems and Equipment: Requirements for. MIL-STD-882, 15. July 1969

[14] Hofmann, W.: Zuverlässigkeit von Meß-, Steuer-, Regel- und Sicherheitssystemen. Thiemig-Taschenbücher Band 32, München 1968

[15] Großer Brockhaus, Band 4, 18. Aufl. Wiesbaden 1980 − „Gefahr" − S. 378

[16] DIN 31004, Entwurf, Teil 1: Begriffe der Sicherheitstechnik. Berlin, 1982

[17] Creifelds, C.: Rechtswörterbuch. 6. Aufl., München, Berlin 1981

[18] Großer Brockhaus, 18. Aufl. Wiesbaden, 1980 − „Schaden" −

[19] Urteil des Bundesgerichtshofes BGH VRS 16/118

[20] Betriebsunfallvorschrift der Deutschen Bundesbahn, DV 423, 1955

[21] Kählitz, G.: Das Recht der Binnenschiffahrt. Band 2: Verkehrsrecht auf Binnenwasserstraßen. Köln, Berlin, 1957

[22] Politt, W.: Der Flugunfall. Braunschweig, 1974

[23] Laves, W.; Bitzel, F.; Berger, E.: Der Straßenverkehrsunfall. Stuttgart, 1956

[24] Statistisches Jahrbuch 1984 für die Bundesrepublik Deutschland. Stuttgart, 1984

[25] Kuhlmann, A.: Einführung in die Sicherheitswissenschaften. Köln, 1981

[26] Mauch, S. P.; Schneider, Th.: Die unmittelbare Gefährdung unseres Lebensraumes. Schweizer Archiv (Juni 1971), Vol. **37**, S. 175−185

[27] Starr, C.: Social Benefit versus Technological Risk. Science 19. 09. 69, Vol. **165,** No. 3899, S. 1232 bis 1238

[28] Jaeger, Th. A.: Das Risikoproblem in der Technik. Schweizer Archiv (Juli 1970), Vol. 36, S. 201−207

[29] Jaeger, Th. A.: Zur Sicherheitsproblematik technologischer Entwicklungen. Qualität und Zuverlässigkeit (Jan. 1974), Heft 1, S. 201−207

[30] Jordan, W.: Benefits versus Risks in Nuclear Power. Review Oak Ridge National Laboratory **3,** No. 2 (1969), S. 83 bis 89

[31] National Academy of Engineering, Washington D. C.: Public Safety. A Growing Factor in Modern Design. Washington, 1970

[32] Huguenien, R. D.: Zur Problematik von Risikokompensationstheorien in der Verkehrspsychologie. Zeitschrift für Verkehrssicherheit **28** (1982) 4, S. 180 bis 1987

[33] Klebelsberg, D. von: Risikoverhalten als Persönlichkeitsmerkmal. Bern, 1969

[34] DIN 19250, Grundlegende Sicherheitsbetrachtungen für MSR-Schutzeinrichtungen. Berlin, 1989

[35] Gesetz über die friedliche Verwendung der Kernenergie und den Schutz gegen ihre Gefahren (Atomgesetz) − (ATG), 1976

[36] Reinhard, W.: Ein Beitrag zum Sicherheitsnachweis für spurgeführte Verkehrssysteme. Verkehr und Technik (1983), Heft 2, S. 57−58

[37] Pätzold, F.: Rechtsfragen der Sicherheit im Eisenbahnbetrieb. Die Bundesbahn 11/1983, S. 723 bis 729

[38] Gröben, H. J.: Taschenbuch der Eisenbahngesetze. Darmstadt, 1979

[39] Finger, H. J.: Eisenbahngesetze. München, Berlin 1962

[40] Pierick, K.: Rechtliche Anforderungen an die Sicherheit im Verkehrswesen. Zeitschrift für Verkehrssicherheit, Heft 4 (1985), S. 170 bis 179

[41] Grundgesetz der Bundesrepublik Deutschland (GG), Bundesgesetzblatt 1949

[42] Handbuch der Sicherheitstechnik (O. H. Peters und A. Meyna): Abschnitt 1.10, Gayen, J. T.; Ludwig, H.: Grundlegende Aspekte der Sicherheit von Verkehrssystemen. München, Wien, 1985

[43] Bundesbahngesetz (BbG), Bundesgesetzblatt 1951

[44] Personenbeförderungsgesetz (PBefG), Bundesgesetzblatt 1961

[45] Straßenverkehrsgesetz (StVG), Bundesgesetzblatt 1952

[46] Verordnung über den Betrieb von Kraftfahrunternehmen im Personenverkehr (BOKraft), Bundesgesetzblatt 1975

[47] Landeseisenbahngesetze der Bundesländer (LEG)

[48] Eisenbahn-Bau- und -Betriebsordnung (EBO) Bundesgesetzblatt 1967

[49] Verordnung über den Bau und den Betrieb der Straßenbahnen (Straßenbahn-Bau- und -Betriebsordnung — BOStrab), Bundesgesetzblatt 1987

[50] Marburger, P.: Die Regeln der Technik im Recht. Köln, Berlin, Bonn, München, 1979

[51] Nicklisch, F.; Schottelius, D.; Wagner, H.: Die Rolle des wissenschaftlich-technischen Sachverstandes bei der Genehmigung chemischer und kerntechnischer Anlagen. Heidelberg, 1982

[52] Straßenverkehrszulassungsordnung (StVZO), Bundesgesetzblatt 1974

[53] Straßenverkehrsordnung (StVO), Bundesgesetzblatt 1970

[54] Strafgesetzbuch (Stgb), S. 315

[55] Schönke, A.: Kommentar zum Strafgesetzbuch. München, 1985

[56] Bürgerliches Gesetzbuch (BGb), S. 249 bis 253

[57] Palandt, O.: Kommentar zum Bürgerlichen Gesetzbuch. 47. Aufl. München, Berlin, 1988

[58] Gesetz über die Eisenbahn-Unternehmungen. Preußen, GS 505, 3. November 1938. S. 24

[59] Fritsch, K.: Eisenbahngesetzgebung in Preußen und dem Deutschen Reiche. Berlin, 1912

[60] „Allerhöchste Kabinettsordre vom 21. Juli 1809", Preußen

[61] Schaefer, G.: Ursprung und Entwicklung der Verkehrsmittel. Dresden, 1890

[62] Eisenbahnvertrag zwischen dem Königreich Hannover und dem Herzogtum Braunschweig wegen der Eisenbahnlinie Braunschweig—Harzburg vom 13. November 1837, Artikel 23

[63] Gesetz, die Bahnordnung für die Eisenbahn von Braunschweig nach Harzburg betreffend. Braunschweig, am 9. September 1840

[64] Königlich preußischer Minister der öffentlichen Arbeiten: Berlin und seine Eisenbahnen 1846—1896. Berlin, 1896

[65] Schulze, F.: Die ersten deutschen Eisenbahnen Nürnberg—Fürth und Leipzig—Dresden. Leipzig, 1912

[66] Hennck, H.: Ein Jahrhundert deutsche Eisenbahnen. Leipzig, 1935

[67] Reichsverkehrsministerium, Hundert Jahre deutsche Eisenbahnen. Leipzig, Berlin, 1938

[68] Stumpf, H.: Kleine Geschichte der deutschen Eisenbahnen. Mainz, Heidelberg, 1955

[69] Fielitz, S.; Meier, K.; Montigel, L.: Kommentar zum Personenbeförderungsgesetz. München, Berlin, 1969 u. ff.

[70] Müller, F.: Straßenverkehrsrecht. Band II, 22. Aufl. Berlin, 1969

[71] Pierick, K.: Die Zumutbarkeitgrenzen für Sicherheitsaufwendungen. Schienen der Welt, 1987, S. 63–67

[72] Pierick, K.: Zur Sicherheit der neuen Hochgeschwindigkeitsstrecken. Jahrbuch des Eisenbahnwesens 1988. Darmstadt. S. 76–83

[73] DIN 31000: Allgemeine Leitsätze für das sicherheitsgerechte Gestalten technischer Erzeugnisse, Teil 2: Begriffe der Sicherheitstechnik – Grundbegriffe. Berlin, 1987

[74] VDI/VDE – Richtlinie 3542: Sicherheitstechnische Begriffe für Automatisierungssysteme, Blatt 1: Qualitative Begriffsbestimmungen, Blatt 2: Quantitative Begriffsbestimmungen, 1986

[75] VDI/VDE – Richtlinie 3541: Steuerungseinrichtung mit vereinbarter gesicherter Funktion, Blatt 1: Einführung, Begriffe, Erklärungen, 1987; Blatt 2: Vereinbarung der gesicherten Funktion, 1987; Blatt 3: Maßnahmen für die Erstellung, 1987; Entwurf zu Blatt 4; Maßnahmen im Betrieb

[76] DIN 40041 und 40042: Zuverlässigkeit elektrischer Geräte, Anlagen und Systeme. Berlin, 1970

[77] Pierick, K.: Qualitätssicherung und Aufsichtsbehördliche Prüfung für Sicherungsanlagen des Schienenverkehrs. Schriftenreihe des Instituts für Verkehr, Eisenbahnwesen und Verkehrssicherung, Oktober 1988, S. 267–283

[78] Masing, W.: Handbuch der Qualitätssicherung, Teil 4: Produkthaftung. München, Wien, 1980

[79] Schmidt-Salzer, J.: Entscheidungssammlung Produkthaftung. Berlin, 1976

[80] Hall, A. D.: A Methodology for Systems Engineering. D. van Nostrand Company, Inc., Princeton N. J., Toronto, Melbourne, London, 1968

[81] Studiengesellschaft für Nahverkehr mbH: Sicherheit und Zuverlässigkeit von Nahtransportsystemen. (BMFT TV 7711), Hamburg, 1983

[82] Rigby, L. V.: The Nature of Human Error. 24th Annual Technical Conference Transaction, American Society for Quality Control, Milwaukee, Wisc. 1970

[83] Glöe, G.; Pierick, K.; Walther, H.: Grundsätzliche Aussagen zu aufsichtsbehördlichen Prüfungen von Software-Produkten mit Sicherheitsverantwortung im spurgeführten Verkehr. Signal und Draht (1990), Heft 4

[84] Gayen, J.-T.; Pierick, K.: Eine Systematik von Sicherungsmethoden gegen Ausfälle. Eisenbahntechnische Rundschau 28 (1979), Heft 12, S. 942 bis 944

[85] Siebke, H.: Entscheiden – Bemessen, Bemessungsregeln für Kunstbauten. Die Bundesbahn 9 (1982), S. 641 bis 646

[86] Pierick, K.: Die Grundstruktur der Sicherungsmaßnahmen im Verkehr. ETR **28** (1979), Heft 12, S. 919 bis 922

[87] Pierick, K.: Die signaltechnische Sicherheit elektronischer Systeme. Jahrbuch des Eisenbahnwesens (1982), S. 22 bis 29

[88] Pierick, K.; Wehner, L.: Der Sicherheitsnachweis für die Programmierung elektronischer Systeme. ETR **36** (1987), Heft 11, S. 713 bis 718

[89] Deutsche Bundesbahn: Grundsatz zur technischen Zulassung in der Signal- und Nachrichtentechnik. Drucksache 8004

[90] Eisenbahn-Bau- und Betriebsordnung (EBO) gültig vom 28. Mai 1967 an (BGBl. II S. 1563), geändert durch Verordnung vom 10. Juni 1969 (BGBl. II S. 1563)

[91] Deutsche Bundesbahn: Darstellungszeichen für Lagepläne. Drucksache 800/1

[92] Deutsche Bundesbahn: Sammlung signaltechnischer Verfügungen. Drucksache 810

[93] Deutsche Bundesbahn: Zeichen und Muster für Signalpläne. Drucksache 832

[94] Hruschka, P.: PROMOD Motivation und Einführung. Aachen, 1982

[95] Hommel, G.: Vergleich verschiedener Spezifikationsverfahren am Beispiel einer Paketverteilungsanlage, Teil 1 und 2. KFK-PDV 186, Kernforschungszentrum Karlsruhe, 1980

[96] Balzert, H.: Methoden, Sprachen und Werkzeuge zur Definition, Dokumentation und Analyse von Anforderungen an Software-Produkte. Informatik-Spektrum, Heft 3, 4 (1981). S. 145 bis 163; S. 246 bis 260

[97] Keutgen, H.: DARTS – Design Aid for Real Time Systems –. KFK-PFT 17, Kernforschungszentrum Karlsruhe, 1982

[98] Deutsche Bundesbahn: Prüfblätter für SpDrS-Stellwerke

[99] Howden, W. E.: Reliability of Path Analysis Testing Strategy. IEEE Transaction of Software Engineers (September 1976), Vol. SE-2, No. 3

[100] Huang, J. C.: An Approach to Program Testing. Computing Surveys (September 1975), Vol. 7, No. 3

[101] Gayen, J.-T.; Kuchta, D.: Der mögliche Nutzen der „Symbolische Ausführung von Programmen für den Sicherheitsnachweis". Archiv für Eisenbahntechnik **41** (1986), S. 69 bis 75

[102] Darringer, J. A.; King, J. C.: Application of Symbolic Execution to Program Testing. Computer April 1978

[103] Pierick, K.: Die Sicherungsmethodik des öffentlichen Verkehrs. Der Nahverkehr 2/88, 6. Jahrgang, S. 24 bis 33

[104] Wiegand, K.: Rechnergestützte Durchführung von aufsichtsbehördlichen Prüfungen. Schriftenreihe Institut für Verkehr, Eisenbahnwesen und Verkehrssicherung der Technischen Universität Braunschweig, Februar 1988, S. 157 bis 168

[105] Bauch-Gellseszun, W.: Prüfdatenbank und rechnergestützte Arbeitshilfen zur Prüfung sicherheitsrelevanter Software. Schriftenreihe Institut für Verkehr, Eisenbahnwesen und Verkehrssicherung der Technischen Universität Braunschweig, Februar 1988, S. 170 bis 177

[106] DIN 57831: Bestimmungen für elektrische Bahn-Signalanlagen. Berlin, 1982

[107] ORE-Bericht A 118 Nr. 2: Verwendung von elektronischen Bauelementen in der Signaltechnik. Utrecht, 1981

[108] Deutsche Bundesbahn: Drucksache 43120; 1978

[109] Institut für Verkehr, Eisenbahnwesen und Verkehrssicherung (IVEV): Sichere und wirtschaftliche Prozeßsteuerung im spurgeführten Verkehr. AP 220: Ausfallisten und Ausfallausschlußlisten für elektronische Bauteile und daraus abgeleitete Verfahren für die Konzeption von sicheren Schaltungen; TU Braunschweig, Oktober 1982

[110] Fricke, H.: Sicherheit von Verkehrssystemen. Umschau in Wissenschaft und Technik (1979), H. 10, S. 325 bis 327

[111] Gayen, J.-T.; Reinhold, G.; Wojanowski, E.: Möglichkeiten zur Gewährleistung eines sicheren Betriebs bei spurgeführten Verkehrsmitteln. Signal + Draht (1976), H. 10, S. 203 bis 207

[112] Gayen, J.-T.: Die Gefährdungswahrscheinlichkeit in einem spurgeführten Verkehrssystem unter Berücksichtigung des Verkehrsprozesses. Dissertation TU Braunschweig 1978. Schriftenreihe des Instituts für Verkehr, Eisenbahnwesen und Verkehrssicherung der TU Braunschweig, H. 17

[113] Reinhardt, W.: Gefährdungswahrscheinlichkeit in einem realen spurgeführten Verkehrssystem. Dissertation TU Braunschweig 1982. Schriftenreihe des Instituts für Verkehr, Eisenbahnwesen und Verkehrssicherung der TU Braunschweig, H. 25

[114] Grottker, U.: Die Gefährdungswahrscheinlichkeit als Sicherheitskennwert technischer Systeme am Beispiel des Eisenbahnbetriebs in Abhängigkeit der Verspätungsverteilungen von Zugfahrten. Dissertation TU Braunschweig 1986. Schriftenreihe des Instituts für Verkehr, Eisenbahnwesen und Verkehrssicherung der TU Braunschweig, H. 35

[115] Fricke, H.: Sicherungsmethoden beim Achszählkreis. ETR (1979), H. 12, S. 927 bis 930

[116] Fricke, H.: Fahrzeugbetätigter Gleiskontakt zum Erzeugen von Anwesenheits- und/oder Richtungskriterien. P. 2201769 vom 15. 02. 72

[117] Fricke, H.: Gleisstromkreis mit oder ohne Isolierstöße für Eisenbahnanlagen. P. 3534708 vom 27. 09. 85; P 3732159 vom 24. 9. 87

[118] Fricke, H.; Lagershausen, H.: Nichtisolierte Gleisstromkreise für Eisenbahnsicherungsanlagen. P 1455427 vom 15. 02. 64

[119] Fricke, H.; Lamberts, K.; Patzelt, E.: Grundlagen der elektrischen Nachrichtenübertragung. B. G. Teubner Stuttgart, 1979

[120] Isensee, A.: Der Einfluß verschiedener Betriebsarten und Parameter auf das Verhalten isolierstoßloser Gleisstromkreise bei höheren Frequenzen. Dissertation TU Braunschweig 1971

[121] Fricke, H.; Kieß, J.; Schulmeyer, L.: Elektronischer Trennstoß für mit Wechselstrom gespeiste Gleisstromkreise in Eisenbahnanlagen. P 2951124 vom 19. 12. 79

[122] Schmitz, J. W.: Signalrelais. Eisenbahningenieur 20 (1969), H. 2, S. 55 bis 58

[123] Gad, H.; Fricke, H.: Grundlagen der Verstärker. B. G. Teubner Stuttgart 1983

[124] Jentzsch, W.; Lotz, A.; Schiwek, L.-W.: Das Sicherheitsbausteinsystem LOGISAFE. Signal + Draht 70 (1978), H. 12, S. 275 bis 284

[125] Linde, H.: Logisafe — ein zuverlässiges Sicherheitsbausteinsystem. Schriftenreihe des Instituts für Verkehr, Eisenbahnwesen und Verkehrssicherung der TU Braunschweig (1983), H. 30, S. 150 bis 157, ISBN 3-923325-30-4

[126] Schiwek, L.-W.: Fail-safe-Schaltungen mit der LOGISAFE-GS-Technik. Signal + Draht 78 (1986), H. 8, S. 192 bis 197

[127] Fricke, H.; Schuck, H.: Einrichtung zur Frei- und Besetztmeldung eines Gleisabschnitts. P 3515088 vom 26. 04. 85

[128] Fricke, H.; Form, P.: Einsatz der Nachrichtentechnik in einer zukünftigen Zug- und Streckensicherung. ETR 14 (1965), H. 6, S. 240 bis 264

[129] Graband, M.: Sicherheitsrelevante Funkdatenübertragung mit selbstsynchronisierendem Code für Verkehrssysteme. Dissertation TU Braunschweig 1982. Schriftenreihe des Instituts für Verkehr, Eisenbahnwesen und Verkehrssicherung der TU Braunschweig, H. 27

[130] Wehner, L.: Vom Relais zum Mikrocomputer in der Nachrichtentechnik. Jahrbuch des Eisenbahnwesens (1982), Folge 33, S. 50 bis 58

[131] Schwier, W.: Anwendungen der Mikroelektronik in der Eisenbahntechnik. EuM 99 (1982), H. 3, S. 136 bis 145

[132] Wehner, L.: Methode zur Erfassung und Auswertung der Zuverlässigkeit der Signaltechnik. Dissertation TU Braunschweig 1976. Schriftenreihe des Instituts für Verkehr, Eisenbahnwesen und Verkehrssicherung der TU Braunschweig, H. 10

[133] Zillmer, A.; Hartkopf, H.-O.: Neue Stellwerksgeneration auf der Basis sicherer Mikrocomputer. Internationales Verkehrswesen 35 (1983), H. 5, S. 366 bis 373

[134] Walther, H.; Lennartz, K.: Einsatz von elektronischen Stellwerken bei der Deutschen Bundesbahn. ETR **34** (1985), H. 11, S. 789 bis 796

[135] Tchinda, A.: Energieoptimales automatisches Nahverkehrssystem mit Mikroprozessor auf dem Fahrzeug. Dissertation TU Braunschweig 1980. Schriftenreihe des Instituts für Verkehr, Eisenbahnwesen und Verkehrssicherung der TU Braunschweig, H. 22

[136] Lagershausen, H.: Das Fahren auf elektrische Sicht. Warum und wie? ETR **14** (1965), H. 6, S. 221 bis 239

[137] Form, P.: Die Zug- und Streckensicherung von Eisenbahnen durch impulsverarbeitende Systeme. Dissertation TU Braunschweig 1963

[138] Köth, W.; Murr, E.: Die Linienzugbeeinflussung, T. I bis III. Elsners Taschenbuch der Eisenbahntechnik 1974, 1975, 1976

[139] Fricke, H.: Nachrichtentechnische Verfahren zur Steuerung des Betriebes von Schienenbahnen. NTF **30** (Nachrichtentechnische Fachberichte Fernwirktechnik V) (1964), S. 41 bis 49

[140] Fricke, H.; Form, P.: Linienförmige Nachrichtenübertragung für Sicherungssysteme von Schienenbahnen. NTF 34 (Nachrichtentechnische Fachberichte Fernwirktechnik VII) (1967), S. 81 bis 86

[141] Fricke, H.: Nachrichtenübertragung und Ortung als Grundlage des automatischen Zugbetriebs. Mitt. der TU Carolo-Wilhelmina zu Braunschweig (1970), Band 5, H. III/IV, S. 34 bis 43

[142] Schildt, G.-H.: Grundlagen für Vergleicher mit Sicherheitsverantwortung. Siemens Forschungs- und Entwicklungsberichte Band **9** (1980), Nr. 6, S. 347 bis 343

[143] Schuck, H.: Analoger Fensterkomparator in Fail-safe-Technik. Dissertation TU Braunschweig 1987. Schriftenreihe des Instituts für Verkehr, Eisenbahnwesen und Verkehrssicherung der TU Braunschweig, H. 36

[144] Uebel, H.; Frank, W.: Das Fahrzeuggerät LZB 80. Signal + Draht **76** (1984), H. 3, S. 46 bis 49

[145] Lohmann, H.-J.: Grundlegende Entwicklung eines monolithischen Schaltkreissystems zum Aufbau von Fail-safe-Schaltwerken. Dissertation TU Braunschweig 1969

[146] Lohmann, H.-J.: Sicherheit von Mikrocomputern für die Eisenbahnsignaltechnik. Das sichere Mikrocomputersystem SIMIS. Elektronische Rechenanlagen **22** (1980), H. 5, S. 229 bis 236

[147] Strelow, H.; Uebel, H.: Das Sichere Mikrocomputersystem SIMIS. Signal + Draht **70** (1978), H. 4, S. 82 bis 86

[148] Eue, W.; Gronemeyer, M.: SIMIS-C − Die Kompaktversion des Sicheren Mikrocomputersystems SIMIS. Signal + Draht **79** (1987), H. 4, S. 81 bis 85

[149] Schneider, W.: Berechnung der Sicherheit von parallelredundanten Schaltwerken. Dissertation TU Braunschweig 1974. Schriftenreihe des

Instituts für Verkehr, Eisenbahnwesen und Verkehrssicherung der TU Braunschweig, H. 7

[150] Uebel, H.: Automatische Steuerung von Schienenfahrzeugen. Elektrisches Nachrichtenwesen **52** (1977), H. 4, S. 322 bis 326

[151] Appel, H.: Die rechnergesteuerte LZB der Bauform Lorenz in der Erprobung auf der Strecke Hamburg−Bremen. Signal + Draht **66** (1974), H. 11, S. 202 bis 208

[152] Schwarzwälder, J.: Elektronisches SEL-Stellwerk für den Bahnhof Neufahrn (Niederbayern). ETR **34** (19), H. 11, S. 805 bis 808

[153] Gayen, J.-T.: Verkehrsgerechte Sicherheitsnachweise. ETR **28** (1979), H. 12, S. 923 bis 925

[154] Linde, H.; Schiwek, L.-W.: Der Sicherheitsnachweis auf Bauelementeebene − seine Durchführung und seine Problematik. Signal + Draht **73** (1981), H. 9, S. 206 bis 212 und H. 10, S. 225 bis 228

[155] Sterner, B. T.: On a method using CRT VDU's to display information in a safe manner. Järnvagstechnik **44** (1976), H. 2−3, S. 46 bis 47

[156] Gayen, J.-T.: Ein Beitrag zum Thema Diversität in Sicherungseinrichtungen spurgebundener Verkehrssysteme. Signal + Draht **75** (1983), H. 1/2, S. 12 bis 15

[157] Six, J.: Der Einfluß von Herstellungsfehlern auf die Sicherheit eines 2v2-Mikroprozessorsystems. ETR **32** (1983), H. 11, S. 743 bis 747

[158] Sterner, B. J.: Hammingkoden H(8,4) − en gudagåva åt den moderna signalsäkerhetstekniken. Järnvagstechnik (1974), N. 3/42, S. 62 bis 65

[159] Dernoschek, F.: Grundlagen zuverlässiger und sicherer Rechnersysteme. rtp Regelungstechnische Praxis **25** (1983), H. 9, S. 371 bis 375

[160] Schwier, W.: Bauelementeausfälle und die Sicherheit von elektronischen Schaltungen in der Eisenbahn-Signaltechnik. Schienen der Welt (1984), H. 5, S. 17 bis 25

[161] Krebs, H.: Vergleich einkanaliger und zweikanaliger Rechnersysteme für sicherheitsrelevante Anwendungen. rtp Regelungstechnische Praxis **25** (1983), H. 11, S. 484 bis 489

[162] Krebs, H.: Zum Problem des Entwurfs und der Prüfung sicherheitsrelevanter Software. rtp Regelungstechnische Praxis **26** (1984), H. 1, S. 28 bis 33

[163] Suwe, K. H.: Prüfung von Software mit Sicherheitsfunktionen. Signal + Draht **75** (1983), H. 1/2, S. 3 bis 11

[164] Bussien, Richard: Die verkehrssichere Ausgestaltung des Kraftfahrzeuginneren aufgrund der jetzt vorliegenden Erkenntnisse der Ursachen von Verletzungen bei Unfällen. Westdeutscher Verlag Köln und Opladen 1962

[165] TÜV Rheinland: Innere Sicherheit im Kraftfahrzeug. Verlag TÜV Rheinland GmbH Köln 1979

[166] Adam Opel AG: Fahrzeugsicherheit – Insassenschutz. Verlag Adam Opel AG Rüsselsheim 1977

[167] Deutscher Verkehrssicherheitsbeirat e. V.: Forschungen für die Sicherheit im Straßenverkehr; Heft 1 bis …; 19.. bis 1988. Dr. Arthur Tetzlaff-Verlag Frankfurt/Main

[168] Bundesminister für Verkehr: Gesamtwirtschaftliche Bewertung von Verkehrswegeinvestitionen. Schriftenreihe des Bundesministers für Verkehr, Heft 59; Bonn 1980

[169] Heimerl, G.; Michelfelder, G.: Betriebswirtschaftliche und gesamtwirtschaftliche Kriterien zur Beurteilung von Verkehrswegeinvestitionen und deren Zusammenführung im Bewertungsverfahren. Eisenbahntechnische Rundschau **28** (1978), Heft 4

[170] Heimerl, G.: Sind die verschiedenen Verfahren von Nutzen-Kosten-Untersuchungen als Entscheidungshilfe für Infrastrukturinvestitionen zu verknüpfen? Schienen der Welt (1979), Heft 1

[171] Heimerl, G.; Grote, U.: Standardisierte Bewertung von Verkehrswegeinvestitionen des öffentlichen Personennahverkehrs. Internationales Verkehrswesen **35** (1983), Heft 3

Sachverzeichnis